日米安保と事前協議制度

「対等性」の維持装置

豊田祐基子

吉川弘文館

目次

序章　事前協議制度とは何か——適用除外事項とその意味

(一)「非対称」な協力関係

一九五一年九月八日、サンフランシスコのオペラハウスで日本は連合国側四八ヵ国との間に平和条約を締結し、独立を果たした。その約五時間後、プレシディオ米陸軍基地に赴いた首相吉田茂がたった一人で署名した日米安全保障条約により、日本は講和と引き換えに米軍に基地を提供するという契約関係を交わすこととなった。

平和条約によって法的に担保されたはずの独立は、沖縄の米統治といった既得権の維持と一体となって成立した。もう一方の安全保障条約において、占領国アメリカが日本全土に広がる米軍基地を維持する権利が容認されたが、日本防衛への米軍の関与は明記されていなかった。一九五八年七月に日本を兵站・補給基地として行われた朝鮮戦争が休戦すると、占領時と変わらぬ米軍駐留に対する不満が国内で急速に広まったのは当然の成り行きであった。日米間の不平等性の象徴としてやり玉に挙がった安保条約の改正からより対等性のある条約への改正は、日米両政府にとって喫緊の課題であった。米国にとっては親米日本の確立と極東戦略の要衝である在日米軍基地の確保が、日本にとっては保守政権の維持が文字通りかかっていたのである。

両者の政治的欲求を満たすように成立した「相互協力及び安全保障」を名称とする新条約が一九六〇年一月に調印され、その後の日米関係を規定することとなった。新条約が規定した日米関係を、同条約の第五条と第六条が象徴している。

第五条　各締結国は、日本国の施政下にある領域における、いずれか一方に対する武力攻撃が、自国の平和及び安全を危うくするものであることを認め、自国の憲法上の規定及び手続きに従って共通の危険に対処するように行動することを宣言する。

第六条　日本国の安全に寄与し、並びに極東における国際の平和及び安全の維持に寄与するため、アメリカ合衆国は、その陸軍、空軍及び海軍が日本国において施設及び区域を使用することを許される。

第五条は日米いずれかへの武力攻撃を「共通の危険」とみなし、それぞれが行動を起こすことを記載している。旧条約にはなかった有事における米軍の日本防衛が明記された形であった。憲法で海外派兵を禁じられた日本は同条に基づき日本有事で在日米軍基地を日米共同で守る、という論法で辛うじて「双務性」を整えたことになっている。一方の第六条で、日本は自国防衛と「極東の平和と安全の維持」のために米軍に基地を提供する義務を負う。第五条と第六条は対になっており、機能の点から、日本が米軍に基地を提供する代わりに米軍が日本を守る契約関係となっている。安保条約交渉時の外務省条約局長だった西村熊雄は、それを「物と人との協力関係」と呼んだ。一方、米国からみれば、日本からの基地提供で日本を含む極東の防衛に関与する足掛かりを得る取引となっている。

日米安保条約に基づく同盟関係が「非対称」と称されるのはこうした所以であった。互いを守り合う「対称的」な古典的同盟関係とは異なるためである。日本が第五条で規定された「日本防衛」に軸足を置くのに対し、米国が第六条に象徴される「極東防衛」に比重を置いていることからも、安保条約によって「守るべきもの」という目的に注がれる日米の視線もまた非対称的であるといえる。また、先に指摘したように、安保条約によって負うそれぞれの義務についても、米国が日本防衛に関与することになっている一方で、日本には米国防衛への関与が記載されていない点で非対称的である。

(二) 対等性の担保としての事前協議

安保改定時に設けられた事前協議制度は、旧条約下で米軍に全面的な裁量が委ねられていた在日基地の使用について、ある特定の場合に、事前に日本政府と協議することを米側に義務付けたが、それは非対称な日米関係において対等性を担保するために設置された制度であった。基地を媒介とした協力関係においては、日本が米国に提供する「物＝基地」の使用に関して日本が意思決定に関与できる余地をつくり出すことで両者の均衡が成立するからである。後にみるように、米軍の在日基地使用について日本側が発言権を持たないことが、旧条約が日本国内で非難された最大の要因であった。米ソ対立下の後方支援拠点として米国の極東戦略の要衝を担う在日基地の存在によって、日本が自らの意志に反して米国の紛争に巻き込まれるのではないかとの懸念は継続的な国会論争を引き起こし、一方的な米軍の基地使用に歯止めをかけることが安保改定の最大の目的とみなされたのである。

事前協議制度は、安保条約の付属文書の一つ、米軍への基地提供を定めた「条約第六条の実施に関する交換公文」として定められた。交換公文は事前協議が求められる特定の場合について次のように規定している。

合衆国軍隊の日本国への配置における重要な変更、同軍隊の装備における重要な変更並びに日本国から行われる戦闘作戦行動（前記の条約第五条の規定に基づいて行われるものを除く）のための基地としての日本国内の施設及び区域の使用は、日本国政府との事前の協議の主題とする。

具体的には①日本への米軍配置における重要な変更、②米軍装備の重要な変更、③日本から行われる戦闘作戦行動のための基地使用（安保条約第五条に基づくケースを除く）、が事前協議の対象になる。安保改定時に公表されたのはこの交換公文のみだったため、日本国内で事前協議制度に関する理解が深まることはなかった。国会ではむしろ、与党、自民党への批判の道具として制度が取り上げられたのであった。制度の内容に疑義を抱く野党の追及を受けて日本政府は一九六八年四月に「藤山・マッカーサー口頭了解」を国会に提出、具体的な内容を明らかにした(1)。当時の日本政府の説明によれば、交換公文調印前に藤山愛一郎外相とダグラス・マッカーサー駐日米大使との間で交わされた事前協議制度についての合意内容だという。それによれば、①は陸上部隊の場合は一個師団程度、空軍の場合はこれに相当するもの、海軍なら一機動部隊程度の配置を指す。②は核弾頭及び中距離ミサイルの持ち込み並びに関連する基地の建設を、③は在日米軍基地から戦闘地域への直接出撃を指すが、③では安保条約第五条が定める日本有事の場合を除いて事前協議が適用されるのだという。

自国が関与しない戦闘に巻き込まれる危険性を回避するとの観点からは、とりわけ核兵器持ち込みと在日米軍基地からの戦闘作戦行動を日本が拒否することが世論の絶対的な要請であったが、上記の説明によれば、それらのケースには事前協議制度が適用されることになっている。しかし、事前協議を回避する抜け道が存在しているとの疑惑が払拭されることはなく、国会では制度の運用実態がたびたび取りあげられてきた。なぜなら安保改定後、事前協議制度は一度も発動されたことがなかったからである。日本政府はその理由について「米国が日本の意志に反して行動することはない」ためだと説明し、「密約」の存在を否定してきた。

(三) 秘密の「討論記録」

疑惑に満ちた事前協議制度について秘密合意の存在を明かした複数の米側公文書が公開されたのは、一九九〇年代半ば以降であった。透明性の向上を掲げるクリントン米政権が作成から二五年を経過した政府文書の原則的公開を定めた大統領令を発したことで、厚いベールに覆われてきた秘密文書が機密解除される運びとなった。なかでも包括的に事前協議制度にまつわる「建前」と「本音」を詳述したのが「第五章　日本と琉球諸島における米軍基地権の比較」との名称が付けられた文書である。米国立公文書館に所蔵されているのは「第五章」のみであり、作成日付も明記されていないが、文中の記載と関連文書からこれが一九六六年、沖縄返還問題を米政府内で検討する際に作成された報告書の一つだと判断できる。(2)

同文書の目的は、米統治下で米軍の自由な基地使用が認められていた沖縄の施政権を日本に返還するに当たって軍人・軍属の権利義務を定めた日米地位協定や日米安保条約が適用されることで軍事的な権利がいかに制限を課されるのか、その変化を検証することであった。文書は施政権返還後、米軍の行動を最も拘束する可能性があるのが事前協議制度だと指摘し、安保改定時に調印された交換公文について言及した後にこう続ける。

この合意（事前協議）について米国は公開されない交換公文で相互の解釈を定式化する意向であったが、最終的には日本政府がいかなる秘密合意の存在も否定できるように討論記録において解釈を記録することになった。(3)文書がその全文を所収した「討論記録」の日付は、日米が安保改定交渉中の一九五九年六月である。二項目から構成されており、第一項で交換公文の内容を記載し、続く第二項で交換公文を実施する上で「考慮すべきポイント」として以下の四点を挙げている。

A　「装備における重要な変更」とは核兵器を日本に持ち込む（introduction）ことであり、中長距離ミサイルやそれらの基地建設を指す。たとえば、核コンポーネントを含まない短距離ミサイルの持ち込みは該当しない。

B　「戦闘作戦行動（第五条の規定に基づいて行われるものを除く）」とは日本から直接戦闘作戦行動を仕掛けることである。

C 「事前協議」は、重要な配置の変更を除き、米軍の部隊と装備の日本への進入、米軍機の日本への飛来、米海軍艦船の日本領海及び港湾への進入に関する現行の手続きに影響を与えるものとは解釈されない。

D 交換公文において、米軍の部隊及び装備の日本からの移動に際して「事前協議」を要するとは解釈されない。(4)

いずれの文言も事前協議制度が適用されるケースを可能な限り狭めるよう注意深く考え抜かれたものだ。この四点こそが、事前協議制度を形骸化する秘密の適用除外事項についての解釈を示しているのである。

(四) 事前協議制度の適用除外事項

では、事前協議制度の適用除外事項とは何を指すのか。米公文書「日本と琉球諸島における米軍基地権の比較」の内容に沿って検証すると、日本政府がその時点までに説明を回避してきた例外事項が複数存在していることが分かる。

討論記録二項A（以下二項Aと記す）は一九六八年の国会説明で既に明らかにされていたことのようにみえる。問題になるのは「核の持ち込み（introduction）」である。これは配備（emplacement）と貯蔵（storage）に限定され、日本に寄港する米艦船が搭載する核兵器は対象とならない、としている。これは、搭載装備は艦船や戦闘機と一体であり「持ち込み」には当たらないとの米側解釈に基づいている。

安保改定交渉の米側担当者は、この解釈を受け入れたという明確な同意を日本側から得るように指示されたが、「核兵器の持ち入れについて事前協議をしないとの文書に署名できる日本の指導者はいない」として、直接この件について日本側に持ち出さなかったという。こうした米側の一方的解釈を日本側が最終的に受け入れたのは、一九六三年四月に行われた外相大平正芳と駐日米大使ライシャワーとの会談に於いてであったとしている。一方で、横須賀などに寄港する第七艦隊の艦船が核兵器を搭載しているのではないかとの疑惑に対して、日本政府は「事前協議がない以上、米艦船が核兵器を搭載している事実もない」との答弁に終始し、艦船上の核兵器にも事前協議が適用されるとの説明を繰り返してきたのである。(5)

同様に討論記録の二項Bにも一九六八年の公式解釈で明らかにされなかった例外事項が存在する。まず「戦闘作戦行動」には兵站・補給・諜報などの支援は含まれない。米側は在日基地からの直接出撃に限定するとの文言を提案したが、日本側がshuttle bombing（爆撃のための往復）の際の発着点として在日基地が使用される場合には協議を必要とするべきだと抵抗を示したという。米側は軍事的な柔軟性を確保するために、それ以上「戦闘作戦行動」の定義を明確化するのを回避した。そのため、どの程度の兵站・補給支援が事前協議制度の適用外となるのかは定かではないとしている。

最も分かりづらく、説明を要するのは二項Cであろう。安保改定交渉開始直前の一九五八年八月には中国が金門島を砲撃し、国府（現在の台湾）軍と激しい砲撃戦を繰り広げた。その際、米国も第七艦隊を台湾海峡に結集させるなどの行動を迫られたため、必要とあれば極東の戦闘作戦地域に部隊・艦隊を自由に移動させる権利の確保を重視したのであった。後に米政府内で行われた調査に対して、駐日米大使マッカーサーは、二項Cは本来、日本からもしくは日本を経由地とした米軍の移動を事前協議なしで行うために考案された、と回答しており、日本側もこの点については安保改定時に合意していたという。(6)

二項Dが日本からの部隊・装備の移動に事前協議を要しないことを明記しているため、「移動」や「通過」と読み替えれば、戦闘作戦地域への出撃も事前協議を義務付けられないこととなる。なお、日本からの部隊撤退にも事前協議制度は適用されない。

そして、二項Cにはさらに重大な例外事項が含まれている。安保改定が行われた一九六〇年以前には核兵器を搭載した米海軍の艦船による日本寄港が習慣化していた。米側は「日本の担当者たちが、米艦船が時折、核兵器を搭載して日本領海に入港していることを疑いながらも決して詮索したくないと考えているとの強い印象」を抱いていたために、二項Cで記載されている事前協議制度によって影響を受けない「現行の手続き」には核搭載艦船の寄港を含めると一方的に解釈した。安保改定当時の首相岸信介もこの解釈を「暗黙」のうちに受け入れたと判断したのだという。米側が安保改定交渉時に米軍の艦船や戦闘機が搭載した核兵器について具体的言及を避けたのは、こうした「現行の手続き」が崩壊するのを恐れたためであった。二項Aで「核の持ち込み（introduction）」の定義を狭めただけでなく、二項Cで安保改定前に行われていた艦船の寄港や戦闘機の移動などを「現行の手続き」に含めることで、核搭載の艦船・戦闘機による日本の港及び飛行場への進入は事前協議制度の対象外とされたのだった。

㈤　朝鮮半島有事における適用除外事項

この米公文書「日本と琉球諸島における米軍基地権の比較」は「討論記録」とは別に日米が合意した事前協議の適用除外事項についても言及している。交換公文でも事前協議を要することが明記されている日本からの戦闘作戦行動について、朝鮮半島で戦火が上がった際に在日米軍は事前協議を経ずに日本から出撃できる、との秘密合意が存在していたのである。

日米が安保条約に調印した一九五一年九月、同時に首相吉田茂、国務長官アチソンが署名した交換公文によって、日本は講和後も朝鮮戦争に関連した国連軍の行動を、基地やサービスの提供によって支援することに合意した。日米は安保改定に際してこの交換公文の効力継続を確認する新たな交換公文（吉田・アチソン交換公文等に関する交換公文）

を交わしている。「日本と琉球諸島における米軍基地権の比較」によれば、日米両国は「吉田・アチソン交換公文」の効力継続を確認する際に、日米安全保障協議委員会の準備会合の合意議事録という形式で「秘密の了解」を織り込んだ。その「了解」の中身とは「朝鮮半島の国連軍に対する武力攻撃への対応として、国連軍の統一指揮下で日本に駐留する米軍によって緊急にとられるべき戦闘作戦が事前協議を経ずに開始される」ことだという。

朝鮮戦争当時、日本にあった国連軍司令部はその後の編成替えによってソウルに移動し、韓国の第八軍司令官が国連軍指揮官を兼任する一方、日本の部隊は在日米軍司令官の管轄下に置かれた。両軍とも太平洋軍の指揮下にあり、朝鮮半島有事には相互支援関係が発生すると想定されたのである。そのため吉田・アチソン交換公文の効力が継続するなら、朝鮮半島有事で在日米軍が国連軍として機動した場合の行動は事前協議制度の対象外となるのではないか、との論議が日本国内で巻き起こったが、これに対しても日本政府は「（改定条約に）従って行われる取決めにより規律される」として、事前協議制度が適用されると説明してきたのであった。

以上の内容を総括すれば、安保改定による最大の成果として喧伝された事前協議制度には、主に以下の適用除外事項があったということになる。それは平時、有事の別なく事前協議は行われないことを意味する。

一、核兵器を搭載した米艦船の寄港（核兵器の存在が公にならない限り）
二、在韓国国連軍が攻撃を受けた際の在日基地からの直接出撃
三、兵站補給などの後方支援活動
四、戦闘作戦地域などへの日本からの移動・通過（部隊撤退を含む）

これまでに機密解除された複数の米公文書が適用除外事項の存在を裏付けている。そこから浮き彫りになるのは、旧条約下と変わらぬ米軍の行動と在日基地使用の自由という「実質」を確保したい米国と、米国と対等な主権国家の

関係にあるという「体裁」を獲得したい日本の利害が奇妙な合致をみせた結果、秘密了解は結ばれ、そして維持されてきたということである。

(六) 密約論議と事前協議制度

上記に挙げた事前協議制度における適用除外事項の存在は、日本においても、もはや秘密ではない。二〇〇九年七月の衆院選では、約三八年間政権の座にあった自民党が敗北し、社民党、国民新党との連携で過半数の議席を確保した民主党が新たな政権党となった。「対等」な日米関係の再構築を掲げる鳩山民主党政権の発足により、自民党政権下で結ばれたとされる「密約」についてその存否を検証するべきだとの声が高まったのである。それまでに機密解除された米公文書に基づく諸研究により複数の秘密合意の存在が明らかにされたことに加え、かつて日米交渉に関わった外務省OBたちが自民党の落日と平仄を合わせるようにその存在を認める匿名発言を重ねたこともこの流れを勢いづけた。(7)

二〇一〇年三月、六人の有識者から構成される調査委員会が密約問題に関しての調査報告書を発表した。(8) 米側文書だけでなく、日本側の外交文書や関係者への聞き取り調査に依拠して実施されたこの調査は、核搭載艦船の寄港、朝鮮半島有事の直接出撃、沖縄返還後の核再持ち込み、沖縄返還時の原状回復補償費肩代わりの四事案に関する「密約」を対象としている。国民があずかり知らないうちに権利や義務を負わされたのか、そのような日米合意を記載した外交文書が存在するか——などの観点で狭義と広義の密約を定義づけた上で、各事案について密約の存否を判断した。報告書自体についての評価は他に譲るが、最大の収穫は非公開とされてきた日本側の外交文書が公開される契機となり、不十分ながらも日米交渉に際する日本側作業の一端が明らかになったことであろう。その結果、単なる辻褄合わせの国会答弁を聞き流す以外に手段を持たなかった国民も、対米外交とその過程で結ばれた秘密了解について知悉し、検証に参加することが可能になった。

有識者委員会による調査報告書は、日本側による初の「密約」認定作業であり、半世紀に及ぶ議論に一つの区切りをつけるものであった。しかし、同時に報告書を中心とする密約論議から明らかに抜け落ちたものがあったのは否定できない。有識者委員会が調査対象とした四事案のうち三事案が事前協議制度に関するものであり、多くの報告が(いわゆる「密約」の定義に該当するかの判断は別にして)米側文書などで既に明らかにされていた適用除外事項の存在を認めている。しかし、それらの「密約」が過去に結ばれたものだとしても、例外を孕んだ制度が現在も改変されずに存続している事実について、各委員は個別の見解を明らかにはしていない。その後も事前協議制度の運用や実効性について本格的な議論が行われたことはなく、世論もまた制度の有り様について現状維持を選んだといえるだろう。

ではなぜ、形骸化が証明された制度が存続する必要があるのだろうか。この点に関する有識者委員会などによる言及の欠落は、事前協議制度がこれまでに果たしてきた、そして現在も果たしている一定の役割について示唆しているかのようである。それは、基地を媒介とした非対称な取引関係に基づく以上、決して「対等」ではありえない日米同盟を維持する装置としての役割である。

*

本書は事前協議制度の運用実態と制度に絡む日米交渉の内実を明らかにすることを通して、基地貸与を媒介とした両国の相互協力関係において事前協議制度が果たしてきた役割を検証することを目的としている。旧安保条約から現行安保条約の成立、そして、その運用と展開を含めた六〇年余の時期を対象として、主に日米両政府の公文書と関係者のインタビューに依拠した叙述を採用した。

第一章では、事前協議制度が生まれた背景について取り上げる。日米安全保障条約の成立によって、冷戦下の在日米軍基地は極東防衛を目的として使用されることが決まった。日本が紛争に「巻き込まれる」懸念は増大したが、第五福竜丸事件など五〇年代に発生した複数の出来事によって、米軍の基地使用に日本の意思を反映すべきだとの主張が一層勢いを増していく。それは安保条約の見直しに向けた胎動をつくり出すとともに、事前協議制度にまつわる「二重基準」の萌芽を形成していった。以上の経緯を安保条約の交渉過程、日本の「中立化」を懸念した米政府内での対日政策見直し作業などの検証を通じて明らかにする。また、日米間の事前協議制度のひな形となった米英間の事前協議をめぐる交渉についても言及する。

第二章では、日米安保改定交渉を取り上げ、事前協議制度が設置された経緯を検証する。日本の反米・反基地感情の高まりを受けて基地使用権が侵されるのを懸念した米側は、先手を打つ形で安保改定に向けた綿密なシナリオ作りに着手し、相互的な条約の条件だった日本の海外派兵の要請を取り下げる。日本側は、米側が提示した「憲法と両立する新条約」へと乗り出すが、それは「基地を貸して守ってもらう」構造をより強固にすることを意味していた。この中で米軍の基地使用に対する発言権を確保するための事前協議制度は日米関係における対等性の唯一の担保となり、与野党が激しく対立する五五年体制下の日本の政界では安保改定の〝本丸〟とみなされた。一方で、事前協議で米軍の行動を制約すれば、日本が差し出せる最大の「貢献」である基地の価値を減じかねない、というジレンマに陥った日本側は、安保改定交渉において困難な舵取りを迫られることになるのである。

第三章では、核搭載艦船の寄港を中心とした核「持ち込み」問題を事前協議制度との関わりの視点に立って、日米両国が双方の見解の相違を深追いしない、いわゆる「あいまいな合意」とする一定の方針に至るまでの過程を検証する。新安保体制の幕開けとともに、日米では相次いで新政権が誕生し、軍事面での協力が焦点だった二国間関係は経済協力へと裾野を広げた。経済力を増した日本に求められる責任分担は多様な形を取ったが、米国が引き続き重視したのが在日米軍基地の使用権の維持および拡大であった。米軍の基地使用の歯止めとして成立した事前協議制度と、米国が求める貢献の折り合いの悪さが明らかになる中で、日本は事前協議制度の在り方について答えを迫られていく。安保改定時に、交渉破綻を恐れた日米両国が敢えて議論を回避した核搭載艦船の寄港問題への対処が最初の試金石となった。核「持ち込み」と事前協議制度に関する解釈の相違が表面化したのである。被爆国として核廃絶を標榜する一方で、米国に安全保障を依存する日本政府は困難な局面に直面するが、それは、日本が米国の核の傘から自立した防衛力を持つのか否かという問いに向き合うことでもあった。

第四章では、日米間の沖縄返還交渉との関わりの中で事前協議制度がどう扱われたのかを検証する。戦後日米関係に残された最大の懸案が沖縄返還であった。日本政府は「核抜き・本土並み」返還を公約としたが、それは沖縄を日米安保体制に迎え入れ、事前協議制度を適用するという難題に日米双方が向き合うことを意味した。安保改定で事前協議制度が成立したのは、自由に使える沖縄の基地が米施政権下に残されていたという側面が大きかった。その沖縄に事前協議制度を適用することは、米軍の極東戦略に変更を求めるだけでなく、極東戦略に資する米軍の基地使用について日本に同盟国としての対応の明確化を迫ることであった。このような課題を突きつけた返還交渉の過程で事前協議制度は、基地を媒介とした日米の相互援助関係を強化する装置として日米間で「有効化」されていく。制度の「有効化」とは、実際には協議を行うことなく、米軍の基地使用の現状を温存する装置としての利便性を日米両国が確認する過程を指す。

第五章では、七〇年代に試みられた事前協議制度見直しの経緯と日米折衝の内幕を検証する。沖縄返還という節目を経た日米関係は、米国の国際的地位の低下とそれを是正する試みの中で引き起こされた国際秩序の変動に翻弄された。米国はベトナム介入に終止符を打つべく中ソ接近へと動き出し、日本ではかつての「敵国」との融和を進める米国への不信がふくれあがった。安全保障面では、基地提供と引き替えに日本の防衛を確保するという従来の日米安保体制の在り方に再考を促す機運が生まれ、事前協議制度もまた挑戦を受けることになったのである。空母母港化や日本への核「持ち込み」をめぐる暴露騒動などを契機に幾度となく浮上した運用見直しの試みを通じて、日米両国は事前協議の回避こそが両国の利益であることを再確認し、決して発動しない装置として制度化していく。それは、日米関係が危機から修復へと向かう中、日米安保体制が制度化される過程と軌道を同じくしていたのであった。

終章では八〇年代以降の日米同盟の概観と事前協議制度の位置付けについて触れた上で、以上の全体を通じた分析を基に最終的な論証を行う。ここでは、日本の基地貸与と引き換えに米軍が極東、さらにはアジア太平洋の防衛に関与するという相互援助関係を維持・強化する政治的装置としての事前協議の役割が明確になるであろう。

最後に、先行研究について言及しておきたい。日米安保体制と基地貸与を媒介とした日米間の相互援助関係において事前協議制度は重要な位置付けを占めるが、同制度に関する包括的な研究は為されていない。米側公文書の公開などを契機として、これまで現行の安保条約への改定交渉の経緯、そして安保条約下での日米間の相互作用、あるいは沖縄返還交渉の解明などに研究の焦点が当てられてきた。また、核搭載艦船の扱いを中心とした密約問題との関わりにおいて事前協議制度を取り上げた文献も発表されている。こうした研究成果が生み出されてきたことにより、五〇年代から現時点までも視野に入れる研究が可能になったといえよう。言い換えれば、こうした蓄積が存在する今だからこそ、日米の安全保障関係における中核的存在としての事前協議制度そのものを対象とした研究ができるようになったのである。いずれの研究も、事前協議制度の本質に迫る上で貴重な視点を提示しているが、特定の時期または論点に的を絞った上での論証であるため制度の全容を解明するものではない。本書では、現在に至る日米同盟を支える政治的装置としての事前協議制度について包括的な分析を試み、制度の全体像に迫ることとしたい。

注

（1）一九六八年四月二五日に文書化された「藤山・マッカーサー口頭了解」の内容は次の通り。

日本政府は次のような場合に日米安保条約上の事前協議が行われるものと了解している。

（一）「配置における重要な変更」の場合

陸上部隊の場合は一個師団程度、空軍の場合はこれに相当するもの、海軍の場合は一機動部隊程度の配置

（二）「装備における重要な変更」の場合

核弾頭及び中・長距離ミサイル持ち込み並びにそれらの基地の建設

（三）わが国から行われる先頭作戦行動（条約第五条に基づいて行われるものを除く。）のための基地としての日本国内の施設・区域の使用

（2）我部政明『沖縄返還とは何だったのか―日米戦後交渉史の中で』（NHKブックス、二〇〇〇年）二六〜三八頁、米公文書「日本と琉球諸島における米軍基地権の比較」の存在は我部琉球大教授が同書の基となった地元紙の新聞連載で詳述したものである。

（3）Comparison of U.S. Base Rights in Japan and the Ryukyu Islands, folder of Status of Force Agreement; Box 8, History of the Civil Administration of the Ryukyu Islands: Records of Army Staff, RG 319, National Archives College Park (hereafter NA).

（4）Ibid.

（5）Ibid.「重要な装備の変更」には生物兵器の持ち込みも含まれないと米側は解釈している。

（6）文書は、事前協議を経ずに米軍が日本から戦闘地域に移動した事案が二例あったと記載している。一九六二年のタイへの空軍部隊の移動と一九六四年に行われたベトナムへの空軍機の移動である。いずれも外交上の儀礼として日本政府には事前に通知されたという。

（7）「毎日新聞」二〇〇九年六月三〇日朝刊での元外務次官村田良平氏の証言など。

（8）「いわゆる『密約』問題に関する有識者調査委員会報告書」(http://www.mofa.go.jp/mofaj/gaiko/mitsuyaku/pdfs/hokoku_yushiki.pdf, 二〇一一年四月八日閲覧)。

第一章　事前協議制度の背景

一　安保条約の成立

㈠　対日講和をめぐる米政府内の意見対立

米国の対日講和に向けた検討作業は、一九四九年九月の英外相アーネスト・ベヴィン（Ernest Bevin）と米国務長官ディーン・アチソン（Dean G. Acheson）による英米外相会談を起点に本格化することになった。この会談でベヴィンは「寛容かつ非懲罰的な平和条約」に理解を示すとともに、米国の安全保障上の利益は日米二国間の協定によっても確保できるとの考えを述べたのである。

会談を契機に、アチソンは統合参謀本部（ＪＣＳ）に戦略上の観点から講和推進の可能性を検討するよう指示するが、冷戦の到来を告げる一九四七年三月のトルーマン・ドクトリンの発表、それに続くベルリン封鎖で明確になった米ソ対立を前提として日本の基地を長期的に自由に使用したいと考える国防省・軍部はこれに慎重であった。地理的な位置付けに加え、潜在的な工業生産力とマン・パワーを考慮すれば、日本はアジアにおける重要な「島嶼防衛線」の一部であり、米国がこれを利用できなければ極東の防衛体制に支障を来すというのが、その主な主張であった(1)。また、欧州での米ソ対立に端を発する第三次世界大戦も視野に入れていたＪＣＳは、日本については沖縄を核攻撃も可

能な前進基地とし、本土は現有の軍事力で対応するとの想定で大戦時の作戦計画を立案していたのである。(2)

一方、五年目に入ろうとする占領生活が日本人の反米感情を悪化させることを懸念する国務省は対日講和に積極的であり、国防省・軍部側との見解上の相違は埋めがたいものがあった。当時、戦後体制構築に向けた外交交渉に臨む上で超党派外交の「顔」を必要としていた民主党のハリー・トルーマン（Harry S. Truman）政権は一九五〇年五月、共和党の外交専門家ジョン・F・ダレス（John F. Dulles）を国務長官顧問に任命する。

ダレスが政府内の意見をまとめる上で助けになったのが、連合国軍総司令部（GHQ）最高司令官であり、日本占領の最高責任者である元帥ダグラス・マッカーサー（Douglas MacArthur）の存在であった。講和後の日本の安全保障について「極東のスイスたれ」と述べていたマッカーサーは、日本は軍事的中立性を確保するべきであり、沖縄の領有だけで日本本土防衛の要請を満たすという考えを表明していた。しかし、一九五〇年六月一七日に日本を訪れたダレスに対して対日講和推進のための新たな提案を行っている。

ダレスとの協議のために用意した覚書でマッカーサーは、ポツダム宣言は「無責任な軍国主義が駆逐されるまで」米軍駐留が必要だと規定しているが、共産主義の脅威がはびこるなかでの「駆逐」は困難であり、講和後も米軍が連合国を代表して日本に駐留できるとの見解を示した。(3)本来、ポツダム宣言の「軍国主義」とは日本・ドイツの軍事的脅威を指していたが、マッカーサーはそれを共産主義国の脅威と読み替えたのである。その上で、ダレスに日本の安全保障について尋ねられると、必要な作戦行動を取るためには予め駐留地点を定めるのは時代遅れであり、日本全体を潜在的な作戦領域とみなすべきだと指摘したのであった。(4)

マッカーサーの新提案が仲介役となる形で、国務・国防両省は本土を含む日本の米軍駐留を前提として対日交渉を始めることで合意する。ダレス訪日直後の六月二五日に朝鮮戦争が勃発したために国防省・軍部は対日講和推進に再

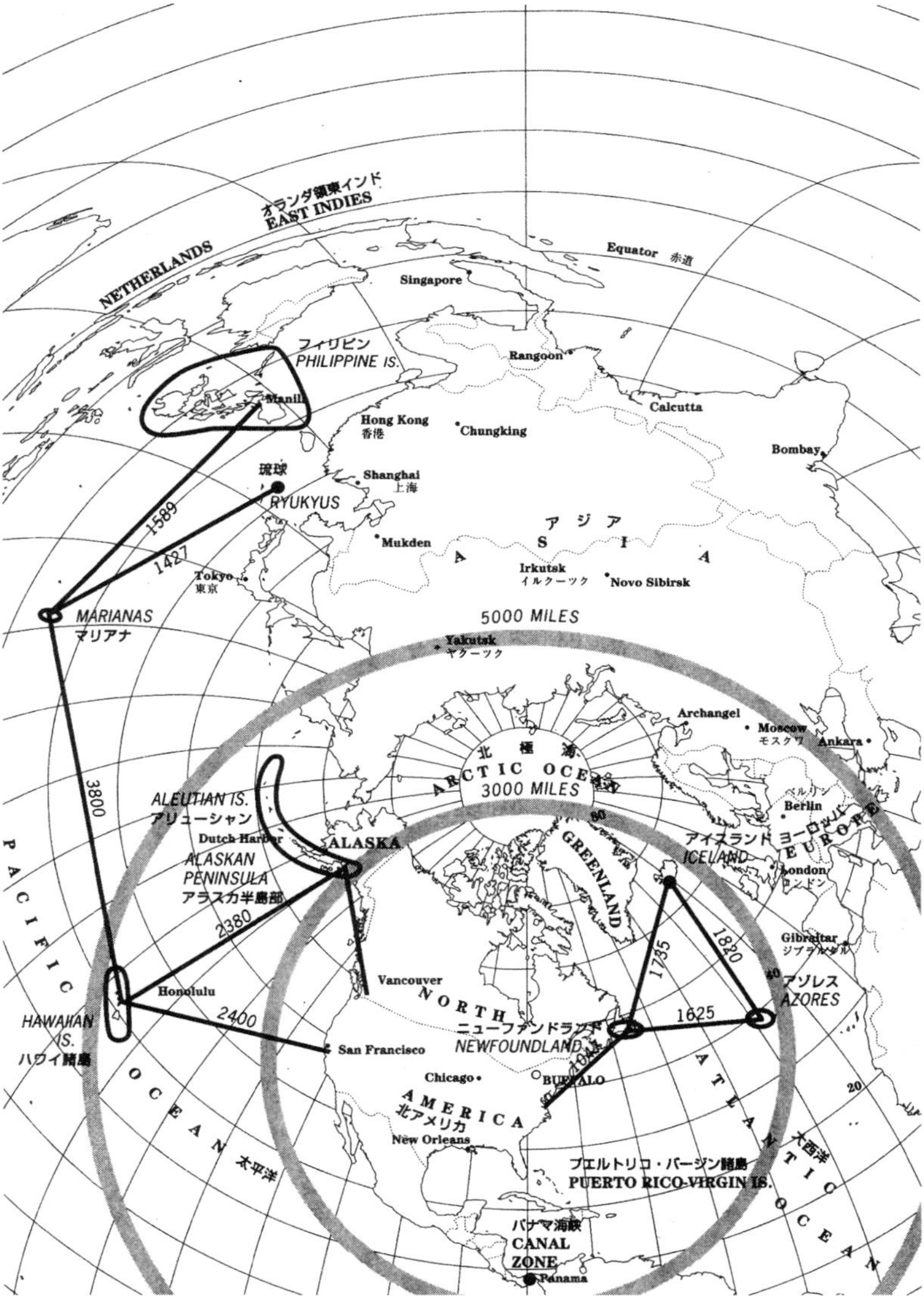

図　主要基地体系（戦後の米海外基地体系を検討していくなかで米統合参謀本部は，1945年10月，沖縄を主要な基地として指定した〈我部政明提供．JCS570/40文書より〉）

び消極的になったが、戦争を国際的緊張の高まりの中で日本を西側陣営に引き込む好機と見たダレスは、国務省もマッカーサーの覚書に基づいて「米国が望む間、日本のどの場所にでも、望むだけの規模の軍隊を駐留させる」方針に同意していると説得し、難色を示す国防省からの承諾を得たのである。(5)

一九五〇年九月七日、国防・国務両省長官の連名で大統領トルーマンに提出された覚書には、安全保障の分野では日米二国間協定に基づく日本本土の米軍駐留権、沖縄(琉球諸島)への排他的戦略統治権などを条件として対日講和交渉を開始すると記載された。極東情勢の緊張激化で、「軍事的真空」状態にある日本がソ連に侵略される恐れがあるとして日本再軍備を求める軍部の声が強まったため、早期に日本が防衛能力を向上させることも条件に加えられたが、これにはフィリピンやオーストラリアなど日本に侵略された友好国が反発する可能性があった。かつての敵国である「日本を対象とする防衛」と自由主義陣営の協力者である「日本のための防衛」の双方を満たすことが要請されるなか、講和後の米軍駐留を正当化する名分と形式をどう確保するかが問題であった。(6)

(二)　米国への基地提供

一九五〇年九月一四日、米大統領トルーマンが対日講和について各国との非公式討議を開始するとの声明を発表すると、日本政府内部でも講和とその後の安全保障について構想をまとめる動きが本格化した。最大の懸案は、独立後の米軍駐留の意味であった。

独立後の安全保障を米軍駐留に求めるという発想の萌芽は「芦田書簡」にみることが出来る。一九四七年三月一七日、日本の非軍事化・民主化は達成されたとして、元帥マッカーサーが早期講和に踏み出すべきだとの声明を発表した。(7)米ソ協調を前提とした発言は冷戦の現実を反映していないとみなされ、米政府内で講和の動きを後押しするには至らなかったが、独立後の安全保障について日本側が検討する契機となった。

同年九月、外相芦田均は外務省内で討議した結果、日本政府の考えをまとめた書簡を私信の形式で終戦連絡横浜事務局長鈴木九萬を通して第八軍司令官アイケルバーガー中将（Robert L. Eichelberger）に渡している。書簡は、講和後の安全保障について「米国と日本の間に特別の協定を結び日本の防衛を米国の手に委ねること」としており、米軍駐留の目的は平和条約の履行を監視することだが、結果的にはそれが日本の安全を確保する手段になると述べている。米軍駐留の形式は「日本に近い外側の軍事的要地」とし、本土については有事駐留としたのが特徴であった。(8) 米軍駐留と日本の自主性との折り合いの悪さを軽減するための主張とみられるが、文書中では、主張を支える法的根拠や条件などは明示されておらず、この時点で日本政府が検討していた米軍駐留案は具体性を欠いたものであった。

芦田書簡から約二年半後、再び日本側から米軍駐留の提案が示されることになった。一九四九年秋の米英外相会談後、米政府内で講和推進の動きがあることが報じられると、日本国内では米国など一部国々との多数講和か、または全面講和かをめぐり議論が活発になった。米ソ対立が激化する中での全面講和論は非現実的であり、早期講和実現のためには日本側から多数講和を選択する用意があることを伝える必要がある、と考えた首相吉田茂は一九五〇年四月、訪米する蔵相池田勇人に米側に向けた極秘メッセージを託している。(9)

（講和後の）日本及びアジアの地域の安全を保障するために、アメリカの軍隊を日本に駐留させる必要があるであろうが、もしアメリカ側からそのような希望を申し出にくいならば、日本政府としては、日本側からそれをオファするような持ち出し方を研究してもよろしい。

米軍駐留を条件に多数講和を受け入れるという日本側の意思表明は、日本回復独立後の米軍駐留を前提に対日講和をめぐる政府内の対立を解消した米政府の動きと呼応して交渉開始へ道を開くことになるが、戦勝国米国と敗戦国日本が目指す安全保障の形には当初から大きな食い違いが存在していたのであった。

(三)　国連憲章に基づく米軍駐留

吉田茂の指揮監督下で、外務省事務当局による対日講和と独立後の安全保障に関する検討作業が行われたが、そこに反映されているのは、ソ連による日本侵略の可能性は極めて低いとする吉田の情勢判断である[10]。さらに吉田は、国民の反戦感情、経済復興の優先、日本の軍国主義復活に対する内外の警戒心などを理由として当面の再軍備を拒否するのが妥当との方針を固めていた。こうした意向を受けて、外務省は「軍備なき安全保障」を米軍駐留に依存する法的根拠を国際連合に求めようとした。

米国との安全保障条約について講和交渉開始までに外務省が原則として定めたのは、平和条約と別個の取り決めにすること、米軍駐留の内容を明確にすること、国連との結び付きを密接にすること——の三つであった[11]。なかでも国連と条約の関係を重視したのは、国連が主導する集団安全保障体制を補強するための国際協力として米軍駐留を位置付けることで、米国との特殊関係に基づく露骨な防衛条約との印象を薄め、非戦を定めた新憲法との整合性も保てると考えたからである。

外務省事務当局は当初、国連決議に依拠した米軍駐留を想定していたが、条約案を「野党の口吻の如し」とする吉田の批判を受けてこれを修正し、国連憲章第五一条を前面に出す方針を定めた。後に条約局長西村熊雄らが交渉経過をまとめた「平和条約の締結に関する調書」（以下「調書」）は「米国の兵力は（国際）連合の決議の前に行動することが認められなければならぬ」とその狙いを説明している[12]。五大国の拒否権のために安全保障理事会が身動きできない状況が生じた場合でも、侵略行為に対して地域的防衛取り決めが発動しうる根拠として個別的・集団的自衛権の行使を認めたのが国連憲章第五一条であった。

しかし、これには理論上、大きな問題が控えていた。国連憲章第五一条を根拠とすれば米軍駐留は相互防衛に必要な措置の一環として位置付けられるが、その場合、基地を貸与するだけの日本が米国と相互に守り合う関係である、と主張するための理屈が必要とされる。そこで、外務省は日米交渉開始前に作成した条約案第一条一項に「合衆国は日本の平和と安全が太平洋地域とくに合衆国の平和と安全と不可分の関係にあることを認める」と記載し[13]、日本と米国の安全の「不可分性」に相互防衛の根拠を求めたのである。「基地を貸して守ってもらう関係」を、対等な主権国家同士の関係として正当化するために事務当局が必死で考え出した理屈であった。

(四) 日本の「要請」による駐留

日米間の講和交渉は一九五一年一月から八月までの間、断続的に行われた。うち安保条約の基本的骨格はダレスが来日した一月二五日以降の第一次交渉で固まっている。

ダレスの最大の関心は、講和後の米軍駐留に関して日本側の本音を聞き出すことであった。一月二六日のスタッフ会議でダレスは「我々は日本に望むだけの期間、望むだけの部隊を駐留する権利を獲得できるだろうか？ それが最大の問題だ」と述べ[14]、そのような権利を外国に与える政府は、主権を譲り渡したとの非難にさらされるだろうと懸念を口にした。ダレスは、日本の独立回復後に全土駐留の権利を要求することは困難だとみていたが、日本が率先して米軍駐留を希望するのであれば事情は異なると判断していた。

米側は一月二六日に領土問題、再軍備などを含む「議題表」を日本側に手交しており、外務省はこれに応える形で策定した文書「わが方見解」を一月三〇日に米側に提示した[15]。注目すべきは、その中の「日本は、自力によって国内治安を確保し、対外的には国際連合あるいは米国との協力（駐兵のごとき）によって国の安全を確保したい」との記述であった。交渉開始後に日本政府が米軍駐留について見解を示した最初の事例とみられるが、米軍駐留について日本側の「希望」を確認したことで、米側は相手国の要請に応じるという名目でいかに日本側から広範な譲歩を引き出すかに照準を絞っていくのである。

「わが方見解」が米側に渡された翌日の一月三一日に行われた吉田との会談で、ダレスは「日本が防衛できるようになるまで米国の軍隊がいる。しかし永久駐兵というわけにはいかぬ。日本の防衛力ができるにつれ縮小していく」と述べ、自由主義陣営への「貢献」として再軍備を要請した(16)。それ以前の会談でもダレスは渋る吉田に再軍備を迫ったが、講和後の米軍駐留について持ち出すことには慎重であった。ところが「わが方見解」提出後の会談では、一転して日本側の「希望」に応えて米軍を駐留させる代償として再軍備を求めるという構図が明確になったことがみてとれる。

二月一日に始まった事務レベルの折衝で、日本側は国連憲章の適用と「日本は相互防衛義務を履行するため米軍が国土に駐屯するのに〝同意〟する」との条項を盛り込んだ条約案を提出した（〝〟は筆者挿入）(17)。日本側が米軍駐留を必要とするのと同様、米軍も日本に駐留したいのは「五分五分のところ」であるから、米軍駐留は両国の合意に基づくという理屈である。さらに、日本が侵略された場合の対米協力について問われて、軍事力ではなく基地の提供で相互防衛に貢献するとの立場を明らかにしている(18)。

しかし、翌日に提示された米側草案は、日本側見解を否定した。「日本領域内における米軍の駐屯を日本は〝要請〟し合衆国は同意する」（〝〟は筆者挿入）と記載し、国連憲章は自衛の手段を持たない日本が米軍駐留を要請できる根拠として言及されただけであった(19)。講和後の米軍駐留を国連憲章に結び付けることを目指した日本側は大きく失望した。

西村熊雄は「調書」で米国が「日本の要請」の維持にこだわったのは「米国の根本方針にふれるところであろう」と第一次交渉を振り返っている[20]。米側はなぜ「日本の要請」にこだわったのか。一九四八年六月、北大西洋条約機構（NATO）成立に際して上院が採決した「ヴァンデンバーグ決議」で米国が地域的取り決めに参加する条件として「継続的かつ効果的な自助及び相互援助」の存在が規定されており、自衛力を持たない日本との間では相互防衛関係は成立しないというのが、日本側に伝えられた表向きの理由である[21]。

しかし、一九五一年二月五日に行われたスタッフ会議の記録が、米側の立場を明確に伝えている。この会議でダレスは、日本が相応な自衛義務を果たせるようになるまで「米国は義務よりも権利を求める」と述べている。ダレスは日本防衛の義務を拒否することで米国は柔軟な立場を維持できると考えていたのである[22]。

そこでは、日本が再軍備に踏みきり自由世界に「貢献」できるようになってはじめて米国は日本防衛の義務を負う用意があるとの主張が貫かれている。米軍駐留は「日本の要請」に応えての「援助」であり、その意味では日本側の基地提供は相互援助に資する「貢献」には当たらないという論理である[23]。米軍部が日本の再軍備を強く要求する中、自衛力を持たない日本にNATO並みの扱いを認めることは、他の友好国の手前もあり容易に受け入れられることではなかったかもしれない。だが、米国がこうした論理に固執したのは、基地権を維持した上で再軍備などでも譲歩を引き出すのに都合が良かったためだと考えるべきであろう。再軍備を頑強に拒否していた吉田も、ダレスの圧力に押される形で第一次交渉中に五万人の保安隊配備構想を提示する結果となった。米側にとっては「なにもないよりまし」な水準に過ぎなかったが、これを契機に米側は交渉中の再軍備要求を控えるのである[24]。

日米安全保障条約の大枠は第一次交渉（一九五一年一月二五日〜二月一三日）で形成され、その後、マッカーサー解任に伴うダレス再来日中に行われた第二次交渉（一九五一年四月一八日〜二三日）、第三次交渉（一九五一年六月二四日〜七月三日）と続くなかで最終案へと発展していくが、第三次交渉終了後に米側が提示した修正案で条約の性格を大きく変える変更が含まれることになった。いわゆる「極東条項」である。

(五)「極東条項」の波紋

一九五一年七月三〇日、GHQ外交局長ウィリアム・シーボルト（William J. Sebald）は最新の条約案に修正を施したものを提示した。(25) シーボルトは、米軍駐留を規定した第一条について「合衆国は外部からの武力攻撃に対する日本の安全に寄与するためにあることが規定されていたが、それでは日本以外の地域において朝鮮事変の如きが起こった場合に日本にある合衆国軍隊が動けるかどうかが明確でない」と述べ、次の修正を申し入れた。

この軍隊は極東における国際の平和と安全の維持ならびに（中略）外部からの武力攻撃に対する日本の安全に寄与するために使用することができる。

シーボルトはここで「従来は、朝鮮事変については追加文書で明らかにされていた。実質的に、こうでなくては動きがとれない」と指摘している。「追加文書」とは第一次交渉中の一九五一年二月八日に米側が手交した「集団的自衛のための日米協定にたいする補追提案」のことで、講和条約発効後も朝鮮戦争が続行した場合に「国連軍」として機動する米軍が在日基地を継続使用することを定めたこの文書に日本側も署名していた。だが、米軍が日本の基地を使用する根拠を「極東の安全と平和」とした極東条項は、朝鮮戦争時の協力を規定した追加文書を大きく上回る支援を日本に求めるものであった。

極東条項は、朝鮮半島情勢の緊迫が続く中で、日本の基地を自由に使用したいと考える軍部の要請を反映していた。追加文書では米軍が軍事行動を取る法的根拠が国連決議のみに依拠しており、朝鮮半島以外の地域へ戦況が拡大し、国連決議に基づかない「一方的行動」を取る必要性が生じた場合を想定していないため、米軍の行動を制限する恐れがあるとＪＣＳなどは主張していたのである。[26]

一九五一年七月一〇日、ダレスは日米安保条約草案を国防長官ジョージ・マーシャル（George C. Marshall）に送付し、国防省・軍部からのコメントを求めた。これを受けて作成された陸海空軍とＪＣＳ議長からの覚書を含むコメントは、次の趣旨の規定を条約に設けるよう要求するものであった。[27]

必要ならば中国本土（満州を含む）、ソ連に対する、さらには公海での作戦を含む極東での軍事作戦のための基地として日本を使用する、しかもそれが国連の支持の下にあるか否かに関わらず使用できる、そのような措置を米国に付与する。

中国本土やソ連までも「極東」とみなした上で、当該地域に関わる事案であれば、国連決議に依拠しない「一方的行動」も可能にする根拠を条約に記載するよう求めたのである。このような軍部の意向を汲んで作成された米側の修正案は、解釈次第で広範囲に拡大しうる「極東の平和と安全」を伴ったものであった。

西村を筆頭とする事務方は極東条項の挿入をほとんど議論なく受け入れた。後に安保条約が批判される最大の原因となったこのときの修正について、極東の範囲や米軍の基地使用について日本がどの程度関与できるのかを考慮せずに「簡単に総理にＯＫしかるべきと申し上げた」として「汗顔の至り」と反省の弁を記録している。[28]

安保交渉時の外務当局が問題視したのは、極東条項自体より、その挿入によって「米国は日本の安全に寄与する」とあった第一条の表現が「日本の安全に寄与するため使用することができる」に変更され、米軍による日本防衛の確実性がさらに弱まったことであった。

(六)　不完全な条約

極東条項こそは冷戦を戦う米国が日本の基地を重要視している事実を浮き彫りにし、日本が米軍駐留を希望するのと同様、米国が日本に駐兵したいのも「五分五分」であることを裏付ける存在であったにもかかわらず、日本側は国連憲章に基づく相互防衛を米軍駐留の根拠として主張するのをこの段階で諦めたようである。(29) 武力攻撃時には「使用されるであろう」と解釈することに米側の理解を取り付けようとしたが、回答を得られなかった。

だが、極東条項がもたらしたより深刻な欠陥は、米軍駐留の法的根拠が一層曖昧さを増したことであろう。政府の公的見解によれば、極東条項の「極東」とは在日米軍の使用目的であって使用地域ではない。西村熊雄の言葉を借りれば「(在日米軍は)条約上は極東に限定されるのではなく、極東の平和と安全のためならば極東地域の外に出て行動してもさしつかえないことになる」のであった。(30) かくして、「適用地域(日本国)とは別に地域外における軍隊の使用を規定する方式」をとる「他にない」条約が生まれた。(31)

西村は完成した安保条約を「日本は施設を提供し、アメリカは軍隊を提供して日本の防衛を全うしようとするものである。物と人との協力である」と定義付けた。しかし、その根底を貫くのは強者米国の論理、つまり「自助能力のない日本を守ってやるのだから、日本の基地貸与は当然の義務であり、米国の極東戦略に貢献する必要がある」という三段論法である。交渉時に作成した準備書類に、外務省がいみじくも記載したように「施設と他国軍隊の間の協力でその国の安全保障が完全ではありえない」(32)のであり、それは対等なパートナーの関係とは言い難かった。米軍の日本防衛義務が不確実である点において「物と人の協力関係」としても不完全であった(33)。

また、日本国内の内乱を鎮圧する目的での米軍出動を許し、米国の許可なしに日本が第三国に基地使用・通過の権利を与えることを禁ずるなど国家の自主性の観点からも受け入れがたい条項を多く含む欠陥の多い条約でもあった。そして、極東条項で米軍に広範な基地権を許しながらも日本側に一切の発言権がないことは、対米従属性の象徴として最も激しい批判を呼ぶ。独立回復後、基地使用をめぐる米国との協議の在り方を中心に安保改定の機運が高まっていったのである。

二　事前協議の争点化

(一)　第五福竜丸事件の衝撃

一九五一年九月八日、戦勝国と日本との間に平和条約が結ばれると同時に日米安全保障条約が調印された。米兵・軍属の権利・義務を定めた「日米行政協定」、朝鮮半島有事での米軍への施設提供を義務付けた「吉田・アチソン交換公文」など安保条約に基づく関連の取り決めが交わされたが、いずれも日米の合意下で占領時と同様の行動の自由を米軍に保証するものであった。〝日本の要請〟による米軍駐留を定めた本体の安保条約は「占領の残滓」と批判を集めたが、敗戦後の混乱期を過ごす国民の懸念は、米軍が条約を根拠に核を持ち込み、日本が直接関与しない戦闘に巻き込まれる可能性であった。

一九五四年三月、静岡県焼津港から出港したマグロ漁船「第五福竜丸」がマーシャル諸島で操業中にビキニ環礁で行われていた米国の水爆実験によって被爆し、乗組員二三人が入院した。(34) 第五福竜丸事件は、広島、長崎への原爆投下に次ぐ「第三の被爆」として大々的に報道されると、核兵器による「死の灰」に対する恐怖を被爆国に蘇らせるとともに、国民が抱く「巻き込まれる恐怖」は一気に現実味を増すことになった。

一九五五年三月一四日には首相鳩山一郎が外国人記者団との会見で、日本での原爆貯蔵を認めるかを問われて「力による平和を是認するなら、原爆貯蔵を認めなくてはならないだろう」と発言した。核弾頭が装着可能な短距離ミサイル「オネストジョン」が在日基地に持ち込まれることになっていた折りであり、日本に原水爆を持ち込まない保証を米国から得るよう野党が追及し、国会が紛糾する事態となった。

同年六月二七日、外相重光葵は駐日米大使ジョン・アリソン（John M. Allison）との間に「米国は日本の承諾なしに核兵器を持ち込まない」との了解が存在すると答弁した。しかし、返答に窮した重光が米国との相談なしに持ち出したもので、実際には日米間の了解など存在しなかったのである。在日米大使館の抗議を受けた重光は上記答弁の一週間後の七月二日にアリソンに「左翼勢力から日米関係を守るために仕方がなかった」と釈明を行っている。米側記録によると、この問題について米側の見解を明らかにしないよう懇願した重光は「日米間の安全保障上の諸取り決めが核兵器の日本持ち込みを禁止しているとは解釈していない」し、現行条約の運用をめぐっては「柔軟性の維持」が望ましいと述べたという。(35) 国内向けに米軍の行動を制御すると主張しながら、米側には限りない軍事的柔軟性を許容する日本政府の対応は、後に事前協議制度の運用をめぐって採用された二重基準の先行例であった。

この年、立川米空軍基地の滑走路延長のための土地収用計画に端を発した「砂川闘争」が展開され、警官隊との衝突で一〇〇〇人以上の負傷者が出た。核持ち込み問題にとどまらず日米安保体制における基地問題は、深刻な社会問題と化しており、日米安保体制の見直しを迫る圧力は日本国内で加速度的に高まっていた。

(二) 重光の「相互防衛」条約案

日米安保条約への批判が強まる中、一九五五年八月末の日米外相会談で、外相重光葵が日本側として初めて条約改定をドワイト・アイゼンハワー（Dwight D. Eisenhower）政権へと代替わりしていた米側に申し入れることになった。訪米約一ヵ月前の七月、駐日米大使アリソンは重光が私案として改定案を提示したと国務省に報告している(36)。

外務省条約局を中心にまとめた「重光案」は次の特徴を備えていた。条約区域を「西太平洋」とし、日本本土と米施政権下の沖縄・小笠原、グアムに限定して日本が米国と「共通の危険」に対処すると明記した。米地上部隊は六年後に予定される長期防衛計画完遂時に撤退し、地上部隊撤退から六年以内に海空軍も撤退する。その間、日本に残留する米軍は相互防衛目的に限って基地を使用できるという(37)。提案の主眼は「西太平洋」に限って日米が相互防衛義務を負うことであった。相互防衛条約の体裁をとることで米国の日本防衛義務を明確化し、基地使用についての発言権確保を狙ったのである。

日本の改定案を米側がどう評価したかは、七月二八日に国務省次官補代理ウィリアム・シーボルト(38)が国務長官ダレスに宛てたメモで知ることが出来る(39)。シーボルトは「太平洋における集団安全保障体制に日本を組み込むという目標にとって大きな一歩」と評価したが、一二年後の全軍撤退やその間の基地使用が相互防衛目的に限定されていることを問題視し、「極東」のための基地使用を認めた「現行条約下の権利を制限することは明らかに許容できない」と指摘した。日本側の防衛努力も不十分とみていた米側にとって、日本側改定案は基地使用をめぐる権利を手放すほどの魅力はない、と映ったのであった(40)。

一九五五年八月二九日から三日間にわたってワシントンで行われた日米外相会談で、重光は米軍の全面撤退こそ持ち出さなかったものの、条約に対する国民の不満に左翼勢力がつけ込んでおり、現状を変えるには相互防衛条約への改定が必要だと訴えた。(41)これに対してダレスは、日本が相互的な条約を望むのであれば、海外派兵を可能にする軍事力増強と憲法改正が必要だと指摘し「日本は米国を守ることが出来るか。たとえばグアムが攻撃された場合はどうか」と問いただしたのである。(42)会議終了後に発表された共同声明は、重光に配慮して「相互性のある条約」へと将来改定する可能性に言及したが、日本側が門前払いを食らったのが実情であった。(43)

重光・ダレス会談には、後に首相として安保改定を手掛ける岸信介が自民党幹事長として同席しており、この会談で「やはり日米安保体制を合理的にあらためなければならない」と決意したと回顧している。(44)重光の提案は、安保条約見直しを求める国内世論を受けて相互防衛条約への全面改定を目指す内容であったが、「グアムに派兵もできないではないか」とダレスに一蹴された場面は、岸や外務省事務方の記憶に強烈に刻み付けられることとなった。(45)重光案の挫折を契機に日本政府は、米側に全面改定を申し入れるのに慎重な姿勢を取らざるをえなくなったのである。

重光案は、ヴァンデンバーグ決議を理由に相互防衛条約を結ぶことはできない、とする米側の主張を踏まえ、国内で支持を得ることが不可能な海外派兵にまで踏み込んで、米国から改定の言質を取ろうとするものであった。(46)ダレスは米国との相互防衛が可能だと言い張る重光に「日本が海外派兵をできるとは知らなかった」と皮肉を述べているが、この時点までに日本は国会決議で海外派兵を禁じていたのである。

一九五四年六月二日、参議院は自衛隊による海外派兵を禁止する決議を可決した。翌六月三日には外務省条約局長下田武三が衆議院外務委員会で「日本が攻撃されれば相手国は日本を助ける、相手国が攻撃されたら日本は相手国を助ける」関係に基づく集団的自衛権の行使は憲法上許されないとする政府初の答弁を行っている。(47)

講和交渉時、外務省が米軍駐留の根拠を国連憲章第五一条が定める集団的自衛権の行使に求めていたことは既に述べたが、集団的自衛権の概念について整理ができていたわけではない。想定されていたのは、日本に対する武力攻撃が発生した場合の日米協力である。しかし、自衛隊設置に伴い「自衛力」の概念を明確化するよう求める声が上がる中で示された政府解釈は、野党の追及をかわすため後先を考えずに押し出された方便に近いものであった。米国との相互防衛関係の確立を目指しながら、自ら集団的自衛権の行使を禁じたことで安保条約見直しに臨む日本側の思考は縛られていくのである。

一九五七年六月一六日に首相として初訪米を果たした岸信介は、事前協議制度の設置を柱とする安保条約見直しを申し入れた。だが、後に見るように、このとき岸が提案したのは重光のような全面改定ではなく、条約の部分修正というべき内容であった。重光同様、岸も日米を対等に位置付ける相互防衛条約へ改定すべきだと考えていたが、現行の防衛力では米側の要求に届かないばかりか、海外派兵を可能にする憲法改正には時間がかかるとみていた。一方で、岸が首相に就任する直前の一九五七年一月には、米兵が農婦を射殺した「ジラード事件」が発生し、現行条約に対する国民の不満を抑えるための早急な措置が必要とされていたのである。その意味では、事前協議制度は相互防衛条約に向かう過程における中間的措置、言い換えれば相互防衛条約に代わる次善の策として浮上したものであった。米側との協議問題とは、本来、相互防衛関係を確立してから個別に取り組む課題のはずだったが、米国との相互性をどう確保するかという最も重要な懸案を政治的な事情から後回しにせざるを得なかったのである。

(三) 日本「中立化」の懸念

第五福竜丸事件の被害者に対する補償をめぐる交渉は難航し、かねてから基地問題による風圧にさらされていた日米間の摩擦はさらに深刻化した。駐日米大使アリソンは、一九五四年五月二〇日付の国務省への極秘公電で、第五福竜丸事件が対日政策に及ぼす影響について「不快かつ不吉でさえある」と警告している。(48)アリソンによれば、事件は日本国内で感情的に受け止められ、中立主義者に日米離反のプロパガンダを展開する格好の機会を与えている。米ソが核兵器を保有し、にらみ合う時代に日本再軍備を進めることの妥当性についても疑念が深まっているという。

米政府にとって、アリソンの警告は第五福竜丸事件で勢いづく日本のナショナリズムの動向に不安を抱かせるのに十分であり、国務長官ダレスからの回覧で電文を目にした大統領アイゼンハワーが対策を指示することになった。

このとき在日米大使館が提言したのは、講和以来の防衛力増強要求の見直しだった。戦後日本の防衛力増強ペースを議題とした一九五三年一〇月の池田・ロバートソン会談(49)を皮切りに、米側は兵力増強と防衛予算増額を日本に求め続けてきたが、一九五四年九月九日付でダレスに宛てた公電で、アリソンは「わずかな増額を得ようと伝票を突きつける前に、事の損得について熟慮する必要がある」と指摘し、日本のような脆弱な国家に防衛力増強を要求することは現実的ではなく、米国の努力は非共産主義国との関係強化に向けられるべきだと主張した。(50)アリソンの提言は一九五五年四月九日にまとめられた国家安全保障会議（NSC）文書五五一六／一に結実する。(51)NSC五五一六／一は「政治的・経済的安定を犠牲にして防衛力増強を日本に迫るのは回避するべきだ」とし、それまでの対日政策方針に明記されていた具体的な兵力目標を削除した。

第五福竜丸事件が吉田政権の弱体化に重なったことも、米側が対日政策の再検討を急いだ要因であった。一九五四年に入ると朝鮮戦争の特需が減少して不況が深刻化し、さらにその年一月には造船会社への融資割り当て立法をめぐる収賄事件「造船疑獄」が表面化した。吉田政権の足元は大きく揺らぎ、前年の総選挙で躍進した左右社会党による反米キャンペーンを抑えられる状態にはないと米側が危惧する根拠となったのである。

国際情勢に目を転じると、朝鮮戦争休戦に続き一九五四年七月にはインドシナでフランスが降伏し、ディエン・ビエン・フーが陥落した。陥落は「自由世界にとっての手痛い敗北」と受け止められ、米国では東アジア諸国でのドミノ効果について懸念が浮上していた。その後、吉田茂の退陣（一九五四年一二月）、反吉田・自主外交路線を掲げる鳩山一郎政権の登場と日ソ国交正常化（一九五六年一〇月）、対中関係の改善を目指した石橋湛山政権の発足（一九五六年一二月）によって、米国の日本中立化への懸念はさらに深まっていった。

しかし、留意すべきは一連の対日政策見直しが基地態様の変化にはつながらなかったことである。在日米大使館は日米連携を確実にするためにも国内の保守勢力を支援する必要があると考えており、野党の攻撃対象である米軍基地の縮小を検討するよう訴えていたが、米軍部はそうした見解を受け入れなかった(52)。

在日基地を管轄する極東軍は、一九五五年一月七日付の文書で「西半球の防衛システムの強力な前哨基地の役割を果たし、アジアにおいて共産勢力を食い止め、敗北させる機能を有している」として日本の基地の重要性を強調した(53)。海空軍複合拠点並びに太平洋地域の補給施設として最大規模の在日基地を失うことがあれば、米軍の報復力は大きく損なわれると強調したのである。結局、日本の戦略重要性が再確認される形となり、NSC五五一六／一には基地態様の見直しは盛り込まれなかった。再軍備から経済復興へと対日政策の重心が入れ替わる一方で、基地の価値は高止まりしていたのであった。

さらに、朝鮮戦争後に始まったアイゼンハワー政権による海外核持ち込みの本格化に伴い日本には新たな戦略的価値が付加された。米側記録によると、一九五三年に核兵器を積載した最初の空母「オリスカニ」が日本に寄港している。一九五四年から沖縄・嘉手納基地付近に核兵器管理部隊が常駐し、核兵器の常時貯蔵が始まった。沖縄には計一九種類の核兵器が持ち込まれ、五〇年代末までに世界最大の核攻撃基地の一つとなった(54)。

一九五四年九月、中国人民解放軍が金門島を砲撃したことを発端とする第一次台湾海峡危機が発生し、第七艦隊が台湾海峡に出動する事態となった。東アジアにおける軍事衝突の懸念が高まる中で前方展開拠点としての日本の重要性はむしろ増していたのである。

第五福竜丸事件を契機に高まった日本の反米感情をガス抜きするためにも米政府内では国務省中心に安保条約を「相互防衛条約」へと改定すべきか否かが検討されていたが、これには軍部だけではなく、国務長官であるダレスも難色を示していた。

対日政策文書NSC五五一六／一が議題となった一九五五年四月七日のNSC会議では、相互防衛条約への改定の可能性に言及した国務省の草案について、ダレスが「日本で軍と基地を保持する権利を手放し、日本政府の同意にすがらなくてはならなくなる」と発言し、該当する表現の削除を強硬に要求した。(55) 日本には集団安全保障体制に参加する気概がない、と不満を漏らしていたダレスにとって、再軍備から経済重視へと対日政策の軸足が移行するなかで唯一確実な資産は米国の基地権であった。(56)

(四)「寛大」な基地権

日本の「価値」は軍事的重要性にとどまらなかった。安保条約で米国に与えられた「寛大な基地権」そのものに依拠していたのである。一九五七年末にアイゼンハワーの指示で海外基地態勢に関する「ナッシュ報告書」が作成されたが、在日米大使館はその準備書類の中で在日基地の特徴をこう記している。(57)

日本での米国の軍事的規模に加えて際立つもう一つの特徴は、米国に与えられた基地権の寛大さである。安保条約第三条に基づき規定された行政協定は、占領中に米国が有していた軍事活動遂行のための大幅な自立的行動の権限を米国のために保証している。安保条約下では、日本政府との〝協議なしに〟「極東における国際の平和と安全の維持に寄与」するためにわが軍を使うことができる（〝〟は筆者挿入）。

だが、こうした状況は大きく変わりつつあった。同文書で在日米大使館は、日本との協議なしでの自由使用は「米軍基地の維持を進んで黙認する」日本政府の姿勢によって支えられてきたが、それに制限を加える圧力が高まっていると指摘。現状が続けば、数年内に反基地を主張する日本の世論によって基地権が浸食されるのは確実であり、それを防ぐために米国も安保条約の再検討を始める必要があると進言した。また、一九五七年一月には国務次官補ウォルター・ロバートソン（Walter S. Robertson）がダレスに「日本が中立化すれば、途方もなく高くつく」として、日本の保守政権を強化し、米国の利益を最大化する「タイミングをはかって」安保改定の主導権を握るべきだと提言していた。(58) これらは長期的に安定した日米関係こそが、従来の基地権を維持する前提との認識に基づいており、近い将来に安保条約の改定が必要になるとの見解は米政府内にも広がりつつあった。問題は、日本の「価値」を損なうことなく改定が可能になる条件と時機であった。

三　米国と事前協議

㈠　拡大抑止と同盟国

広島・長崎への原爆投下を決定した米大統領トルーマンは、核兵器について「ライフルや大砲や他の通常の武器とは違った方法で取り扱わなければならない」を持論としていたという。(59) 第二次大戦後は原子力委員会を設置し、軍事利用目的の核開発を文民統制下に置いたほか、国際連合を通じた核の国際管理推進を試みるが、その構想は米国の核先制使用禁止を要求するソ連の反対提案によって挫折し、ベルリン危機や朝鮮戦争などを通じて東西陣営の緊張が高まる中、核戦力重視に傾斜していった。一方で、一九五〇年四月一四日に策定され、米国の冷戦戦略のバイブルとされたNSC六八は、通常戦力と核戦力の組み合わせによる抑止力の確立を基本路線としており、核兵器を主軸とした軍事戦略の限界を意識したものであった。トルーマンは米ソ双方が強大な核戦力を有することで、互いに身動きが取れなくなる「核の手詰まり」の到来を予測していたのである(60)。

一九五三年一月に発足したアイゼンハワー政権はこうした核依存への抑制を一気に取り払った。朝鮮戦争戦費で膨らんだ財政赤字が国民の生活を圧迫していた当時の状況を踏まえて、コストが嵩む地上・通常戦力の縮小を目指す一方、必要な軍事力を実現するための手段として比類のない破壊力を持ちながら比較的安上がりで製造できる核兵器が選択されたのである。アイゼンハワー政権下の核政策の特徴を顕著に表したのが、一九五三年一〇月にまとめられたNSC一六二／二「基本的な国家安全保障政策」である(61)。文書は、交戦状態では「核兵器が他の火器と同様に使用可能」だと明記した上で、ソ連など共産主義勢力による敵対的行動を抑止するのに必要な報復能力は大量の核戦力で構成されるべきだとする「大量報復戦略」を公式に打ち出した。

NSC一六二／二に基づく政権の核戦略は、当時パリで流行したファッションになぞらえて「ニュールック戦略」と呼ばれた。新戦略の下で長距離爆撃機の改良とともに大陸間弾道ミサイル（ICBM）、潜水艦発射弾頭ミサイル（SLBM）の開発が進み、「核の三本柱」と称される核兵器の運搬手段が整備された。さらに、ソ連本土を直撃する大型の戦略核と区別して、戦術核と呼ばれる小型核を同盟国に大量配備したのもこの時期である。核戦力による大量報復能力の重視と並ぶニュールック戦略の柱が同盟国の活用であった。米国単独では通常戦力増強を担うことはできないため、海外基地に核兵器と運搬システムを配備することで抑止力の補強を図ったのである。

戦術核の多くは米軍が駐留していたイギリスを含むＮＡＴＯ加盟国に配備されたが、英国をはじめとした核配備を受けた同盟国は米軍の基地使用に加えて米国の核政策に深く関与したいとの政治的欲求を強めていくことになった。

二　トルーマン・チャーチル共同声明

米英核協力の起点は、第二次世界大戦前に遡る。カナダを交えた三ヵ国の研究者が原爆開発に取り組んだ「マンハッタン計画」は一九四三年八月に極秘に結ばれたケベック協定に依拠したものだったが、協定は互いに対しては核兵器を使用せず、第三国に核兵器を使用する際は合意を必要とすることを規定しており、日本への原爆投下もこれに基づいて英国の同意を得て行われたのであった。

戦後、米国は議会の反対を受けて核使用に関する英国の発言権を制限する措置を取った。まず、一九四六年に原子力法を改正して他国への核兵器関連情報の提供を禁じるとともに、核使用の最終決定権は米大統領にあることを確認した。そして、一九四八年一月にはイギリスと暫定協定を結び、米国の核使用についてケベック協定が規定した英国の「拒否権」を正式に廃棄するに至るのである。(62)

米国が核搭載可能な戦略爆撃機を英国に配置したのは一九四八年だが、核使用をめぐる二国間の調整が本格化するのは一九五〇年一二月の首脳会談であった。中国が朝鮮戦争に本格介入したことで、国連軍が北朝鮮からの撤退を余儀なくされた中で行われた一九五〇年一一月の記者会見で、米大統領トルーマンは「核使用に国連承認は必要ない」と述べている。(63)この発言で米国による一方的な核使用を懸念した英首相クレメント・アトリー（Clement R. Attlee）が自制を求めようと一二月に訪米した。トルーマンは首脳会談で「英国の同意なしに核兵器を使用することはあり得ない」とアトリーに請け負ったが、事前協議の保証を文書化することは拒んだ。共同声明には「大統領は首相に対し状況の変化をもたらしうる展開について常に通知することを望む」との表現だけが残された。(64)

トルーマン・アトリー会談の成果を「米国が協議するという保証は何も得られていない」と批判したウィンストン・チャーチル（Winston L. S. Churchill）は、一九五一年一〇月に政権に返り咲くと事前協議の確認に乗り出す。翌年一月に訪米したチャーチルに対し、トルーマンはソ連の動静などに関する情報提供には応じる姿勢を示したが、核兵器使用に関する協議の確約は依然として大統領個人の保証に止まった。(65) 会談後に発表された共同声明は、米英間協議について次のように記している。

共同防衛のための取り決めにおいて、米国は英国内の基地を使用する。非常時におけるこれらの基地の利用は、その時の状況に照らして（in the light of circumstancesprevailing at the time）共同決定（joint decision）の対象となるであろう。(66)

「共同決定」の文言が盛り込まれたことで英側が発言権を確保した形だが、声明は同時に共同決定が「その時の状況に照らして」行われるとの条件を併記することで、米国が事前協議義務には決して縛られないことを示していた。米側は核使用に他国の特別な許可を要するとの突出した印象を避けるため、声明で「核兵器」という言葉自体を使用するのにも慎重だったのである。このトルーマン・チャーチル共同声明が後の米英了解の雛形となり、米国の核を受け入れたカナダとの間でも適用された。(67) 後述するように在日基地使用に関する事前協議制度にも「イギリス型フォーミュラ」を応用したのである。

アイゼンハワー政権誕生に伴って一九五八年二月に英外相アンソニー・イーデン（R. Anthony Eden）が訪米し、前年の了解の再確認を試みた。アイゼンハワーはトルーマン・チャーチル共同声明の確認に応じて「戦争の脅威が生じたときに米国は英国やその他の同盟国と協議を行うためにあらゆる手段を講じる」と述べたが、米大統領が歴代英首相に与えてきた個人的保証さえ拒否した。英国が要望する個人的保証について、国務長官ダレスは会談に臨むアイゼンハワーに「要求通りの個人的な保証を与えることが賢明かどうか疑わしい。議会との関係でややこしい事態を招きかねない」と進言していた。(68)

米国は大量報復戦略を承認したNSC一六二／二で「同盟国の軍事基地からこれらの兵器を使用するために必要な場合、米国は迅速に同盟国の事前の同意を〝得るべき〟である」(〝〟は筆者挿入)と主張している。同盟国との協議は望ましいが、拒否権で米軍の作戦が制限される恐れがあるなら必須ではないとするのが一貫した立場であった。(69)

(三) 英国の核保有と了解確認

政治的に不利な立場にあることを実感した英国は、独自の核保有を契機に核兵器に関する情報提供などを通じて米側から実質的な関与を引き出す行動に出た。

英国が英連邦の一員であるオーストラリア沖で初の核実験を実施したのは一九五二年一〇月である。通常戦力で既に欧州を凌駕していたソ連が一九四九年に核実験に成功したことで、ソ連が欧州に侵攻した場合に米国が参戦するのか、その確実性が英国で議論になった。米国による拡大抑止への不信が付きまとうなか、独自核は英国自身を防衛する確実な手段として選択されたが、対米発言権を確保する上でも有効だと考えられていた。英国にとっての核保有は米国からの自立を主張しながら、その軍事力に依存せざるを得ない英国の複雑な戦略構造を反映していた。

米国の核使用をめぐり協議を続けていた最中の一九五一年一二月、英国空軍幹部は「将来の戦争をめぐる決定的な戦略の管理や方向付けについて、英国自身の貢献によって的確な地位を得るまで不利は続くだろう」との考えを示していた。こうした見解に基づき英国は、自国の核兵器を自国防衛のみならずＮＡＴＯを通じた集団安全保障体制に貢献する手段と定義づけた。これによりＮＡＴＯの同盟国に配備した戦術核による抑止力を大量報復戦力の要諦とする米国にとっても、英国と核政策を調整する必要性が強まったのである。[70]

一九五二年一月の米英首脳会談などで英首相チャーチルは、近く核実験を予定していることに触れた上で自国の水爆開発のために情報を提供するよう米側に譲歩を迫っていたが、米国はこれに応じる形で一九五四年に米英核協力の障害となっていた原子力法を改正し、核兵器設計の核心部分を除く情報提供を可能にした。一九五八年には同法を再び改正し、提供の対象を核弾頭に関連する情報にも拡大する措置を取っている。これと並行して米英は核協議を深化させていった。一九五七年の米英国防相会議では英国の戦略爆撃機が米国の核爆弾を搭載し、英国領土内に米国の核兵器を保管することで合意し、さらに核攻撃の標的選定を協議することで一致した。

機密解除された米公文書からは、この間、英国がトルーマン・チャーチル共同声明に基づく米英了解の確認を執拗に迫ったことが見て取れる。[71]両国の政権交代時などに当時の英首相が書簡で米大統領に対して確認を求めているが、中でも一九五八年四月三〇日、英首相ハロルド・マクミラン（Maurice Harold Macmillan）がアイゼンハワーに核使用に関する協議を要請したことは、米英核協力の在り方を方向づけた重要な節目と言えよう。マクミランの書簡には、ソ連が敵対行動に出た際に核使用を含む報復行動に迅速に移ることを目的として核使用に至るまでの両国の手続きを調整したい、と書かれていた。同年二月、両国は英国内に中距離核ミサイルを配備するための合意文書に署名したが、ミサイル運用に絡む協議の在り方を再点検する必要があるとの趣旨であった。[72]米国務省はマクミランの要請が「英国が継続して抱いている懸念」を反映していると見ていた。それは「米国が適切な時宜に英国を支援しに来ないか、米国が引き起こした行動に英国が巻き込まれるか――米国の一方的な行動が引き起こす結果に対する紛れもない不安」

だという。(73)

米英両国は一九五八年六月までの協議でトルーマン・チャーチル共同声明の有効性を再確認し、さらに英国に配置された両国の核報復戦力部隊が出動するまでの手続きを規定することに合意した。この合意は米英双方の代表、米国務次官（政治担当）ロバート・マーフィー（Robert Murphy）と英合同情報委員会議長のパトリック・ディーン（Patrick Dean）の名前を取ってマーフィー・ディーン協定（The Murphy-Dean Agreement）と呼ばれ、両国が該当部隊の出動を許可する際に「英国を拠点とする核攻撃報復戦力に関する共同決定について首相と大統領は協議する」ことなどを定めた。(74)協定は、緊急時の在英基地の利用を「そのときの状況に照らし」協議の対象とするなどトルーマン・チャーチル共同声明をほぼ踏襲した内容だが、付属文書で核攻撃の急迫度に基づき「戦略的警戒態勢」と「戦力的警戒態勢」を取るべき場合を分類し、指揮系統の在り方や連絡体制を具体的に定めたのが特徴である。

マーフィー・ディーン協定は、一九六〇年にはポラリス型潜水艦からのSLBM発射にも適用対象を拡大するなど英米軍の配置・配備の変更に伴う修正を付属文書に加えながら、トルーマン・チャーチル共同声明を履行するための基本合意として引き継がれた。(75)

(四) 米国のNCND政策

中距離核ミサイル配備をめぐり欧州諸国との交渉を展開していた米国は、核使用に関する事前協議を求める同盟国による拒否権行使を封じるため手段を講じる必要に迫られることになった。一九五八年一月に国務省で行われた省庁合同会議で、外国政府から核兵器を構成するコンポーネントの所在について問い合わせがあった際、その存在について「肯定も否定もしない（neither confirm nor deny: NCND）」政策を公式に採用した。(76)

ＮＣＮＤ政策を採用した理由について、米政府はテロリストやソ連などの敵対勢力から核兵器を防護するためだと説明していたが、協議の要請につながる情報の開示を恣意的に制限することで核運用における他国の拒否権を骨抜きにするのが主な目的であった。領土内への核兵器持ち込みに反発する同盟国の世論によって、米軍の行動の自由が妨害されるのを回避したいとの思惑が働いていたのである。政策の目的が多分に政治的であるため、その適用も恣意的になることを免れなかった。米国が自国の利益になると判断すれば運用は柔軟となり、逆に米国の核政策への風当たりが強いとなれば厳格な政策運用が強調されることになる。

米国が英領土内からの核使用をめぐりマーフィー・ディーン協定に合意したのは、ＮＣＮＤ政策を決定した直後であった。英国との「核同盟」構築は、軍事予算を抑制すると同時に拡大抑止力を強化するという背反する目標を追う米国にとって負担分担の観点からも利に適った選択であった。あくまで拒否権は排除しながらも、英国の関与拡大に応じたのは二国間の協議に利点を見出したためである。

そして、英国は核使用の最終的決定権は譲らないという米国の基本方針を理解していたからこそ事前協議の権利について執拗に確認を繰り返したのであった。その上で、米側が譲歩する可能性が低いトルーマン・チャーチル共同声明の文言修正などによって形式的な保証を求めるよりも、実質的に米国との協議を確保する手段を模索したのである。核兵器を所有し、その運用のために必要な軍隊を移動させるのは米国である以上、米軍を受け入れる同盟国側が要請しなければ協議は実施されないのは厳然たる事実であった。

日本が事前協議の合意を米国から取り付ける上でも、こうした米国の姿勢に変わりはなかった。日米が安保条約改定交渉を開始する直前の一九五八年九月に国防省が作成した報告書は、核貯蔵について日本から了解を得るのは「非現実的」である以上、日本での核兵器の運用は「現状維持」が最適だと述べ、「米軍の配置について、日本に拒否権を与えることは直接的にも間接的にもあってはならない」と結論付けたのである。[77]

注

（1）Note of the Executive Secretary to the National Security Council, June 15, 1949, Top Secret, Department of State, *Foreign Relations of the United States* (hereafter, *FRUS*), 1949, vol. VII, The Far East and Australia, Part 2, pp. 773–777.

（2）五十嵐武士『戦後日米関係の形成』（講談社学術文庫、一九九五年）二三五頁。

（3）Memorandum by the Supreme Commander for the Allied Powers (MacArthur), June 14, 1950, Secret, *FRUS*, 1950, vol. VI East Asia and Pacific, pp. 1213–21.

（4）Memorandum by the Supreme Commander for the Allied Powers (MacArthur), June 23, 1950, Secret, *FRUS*, 1950, VI East Asia and Pacific, pp. 1227–28.

（5）Memorandum of Telephone Conversation by the Consultant to the Secretary of State (Dulles), Top Secret, August 3, 1950, *FRUS*, 1950, VI East Asia and Pacific, pp. 1264–65.

（6）米政府内でダレスを中心に検討された日本との安全保障構想については、多くの先行研究が言及しているが、大別して①（安全保障理事会に対する施設・兵力の提供を定めた）国連憲章四三条に基づく平和条約②米軍の基地駐留権を定めた二国間条約③集団的自衛権を規定した国連憲章五一条に基づくニュージーランド、オーストラリア、フィリピンなどとの太平洋協定——を主軸としていた（中西寛「吉田・ダレス会談再考——未完の安全保障対話」、京都大学法学会『法学論叢』第一四〇巻一＝二号、一九九六年一一月）。

（7）国立国会図書館「日本国憲法の誕生　詳細年表５」(http://www.ndl.go.jp/constitution/etc/history05.html, 二〇一二年一月七日閲覧)。

（8）進藤栄一、下河辺元春編集『芦田均日記』第七巻（岩波書店、一九八六年）三九八〜四〇三頁。

（9）宮沢喜一『東京―ワシントンの密談』（備後会、一九七五年）四四〜五九頁。

（10）外務省条約局法規課『平和条約の締結に関する調書Ⅲ　昭和二五年九月〜昭和二六年一月　準備作業』（以下『調書Ⅲ』と

略す）九、七七頁。西村熊雄元外務省条約局長は、「調書」で再軍備に関する吉田の見解について次のように述べている。「戦争になるぞ！　戦争になるぞ！　との神経戦にひっかかってはならぬ。ソ連は断じて日本に侵入しないであろうと考えられる。かような見透しに立てば、再武装を否とし、その他の方式に安全保障の途を見だそうとする総理の考えは納得がゆくような気がした」。

（11）『調書Ⅲ』、一二八〜一三一頁。

（12）『調書Ⅲ』、一三〇〜一三一頁。

（13）『調書Ⅲ』、三〇二頁。

（14）Minutes-Dulles Mission Staff Meeting January 26, 10: 00AM, Top Secret, *FRUS*, 1951, vol. VI, Asia and the Pacific, pp. 811–815.

（15）外務省条約局法規課『平和条約の締結に関する調書Ⅳ　一九五一年一月〜二月の第一次交渉』（以下『調書Ⅳ』）一三〜一九頁：「わが方見解」を掲載した『調書Ⅳ』の付録では「駐兵のごとき」の言葉が原文、英訳文ともに削除されているが、米側が日本政府から受領した同文書を掲載した *FRUS*（1951 VI, p. 84）には「such as stationing troops（軍駐留のような）」の文言が残されている。なお、この文言は吉田首相自らが口述させたという。

（16）『調書Ⅳ』、二七〜三一頁。

（17）文書を提出した理由について、外務省条約局長だった西村熊雄氏は、吉田・ダレス会談が、吉田の再軍備拒否によって不調に終わったことで、米側から「総理は米国の誠意を理解してない」との不満が寄せられ、外務事務当局が具体的な議題に討議を進めるための提案が必要だと判断したためだと説明している（『調書Ⅳ』、三一頁）。

（18）『調書Ⅳ』、三二頁。

（19）『調書Ⅳ』、四〇、一六五〜一七二頁。

（20）『調書Ⅳ』、二七四頁。

（21）『調書Ⅳ』、六二頁。

（22）Memorandum by Mr. Robert A. Fearey of the office of Northeast Asian Affairs, Secret, *FRUS*, 1951, VI, pp. 857–859.

(23) 第二次交渉を終えて帰国したダレスは一九五一年三月三一日にロサンゼルスで演説し、「安全保障にたいし頼むに足る貢献をなす能力を有する国は無賃乗車をしてはならない」と述べている。これについて豊下楢彦氏は「米国が日本に駐兵したいことも真理」であることを否定し、米軍駐留に恩を着せるという米側の交渉姿勢は、今日の日米関係を規定する「安保タダ乗り」論の原型だと指摘している（豊下楢彦『安保条約の成立―吉田外交と天皇外交』（岩波書店、一九九六年）、七四〜七六頁。

(24) マイケル・ヨシツ、宮里政玄・草野厚訳『日本が独立した日』（講談社、一九八四年）一一〇頁。

(25) 外務省条約局法規課『平和条約の締結に関する調書Ⅵ 昭和26年5月〜8月』（以下『調書Ⅵ』と記載する）二一五頁。

(26) The Secretary of Defense (Marshall) to the Secretary of State, April 19, 1951, Top Secret, *FRUS*, 1951, VI, pp. 989–992.

(27) The Secretary of Defense to the Secretary of State, June 28, 1951, Secret, *FRUS*, 1951, VI, pp. 1155–1159.

(28) 『調書Ⅵ』、二三三頁。

(29) 豊下、前掲書、一一二〜一一四頁。

(30) 西村、前掲書、六五〜六六頁。

(31) 西村、前掲書、五八頁。

(32) 西村、前掲書、三一〜三二頁。

(33) 西村、前掲書、四七〜四八頁。

(34) 「読売新聞」一九五四年三月一六日朝刊。

(35) Hans M. Kristensen, "Japan Under the Nuclear Umbrella: U.S. Nuclear Weapons and Nuclear War Planning in Japan During the Cold War (A Working Paper)", July 1999, The Nautilus Institute (www.nukestrat.com/pubs/JapanUmbrella.pdf).

(36) Tokyo 201 (794. 5/7–2555) RG59, NA.

(37) 平成二二年度第一回外交記録公開文書、日米安保条約の改正にかかる経緯⑧（0120–2010–0791–08）、「日本国とアメリカ合衆国との間の相互防衛条約（試案）」（一九五五年七月二七日）。

（38）ＧＨＱ外交局長であったウィリアム・シーボルトと同人物。

（39）Memorandum from the Assistant Secretary for Far Eastern Affairs to the Secretary of State, July 28, 1955, Top Secret, *FRUS*, 1955–57, vol. XXII, Part I Japan, pp. 78–80.

（40）米軍部は日本の防衛努力に大きな不満を抱いていた。重光・ダレス会談に同席した統合参謀本部議長のラドフォード（Arthur W. Radford）も防衛庁の防衛六ヵ年計画案に言及して日本の防衛力は不十分だと指摘している。Memorandum of Conversation, Department of State, August 30, 1955, Subject: Second Meeting with Shigemitsu: Defense Matters, Secret, *FRUS*, 1955–57, vol. XXII, Part I Japan, pp. 99–100.

（41）重光外相が会談で米軍の全面撤退を持ち出さなかった背景については、天皇の影響を指摘する文献がある。例として、波田野澄雄『歴史としての安保条約　機密外交記録が明かす「密約」の虚実』（岩波書店、二〇一〇年）。

（42）平成二二年度第一回外交記録公開文書、「日米安保条約の改正にかかる経緯⑧」（0120–2010–0791–08）、「外務大臣国務長官会談メモ」（第二回）（一九五五年八月三〇日）。

（43）会談に同席した河野一郎氏は、ダレスが共同声明に「自分でペンをとって」手を加えたと回想している（河野一郎『今だから話そう』春陽堂書店、一九五八年、九六―一〇二頁）。

（44）原彬久『岸信介証言録』（毎日新聞社、二〇〇三年）一二三頁。

（45）後にみるように、岸が首相として初訪米を果たした際に申し出た条約再検討は、部分的な微調整というべき内容であった。この理由について当時外務省条約課長の井川克一氏は「余り強いことを言って海外派兵を要求されると困ると考えた」と共同通信とのインタビューに答えている（共同通信配信記事、二〇〇七年五月二九日）。

（46）Foreign Minister Shigemitsu Visit, Washington August 25-September 1, 1955, Conservative Merger (August 22, 1955) Lot 60 D 330, RG 59, NA. 重光が安保改定案を提出した背景について、米側は「提案が認められれば凱旋将軍として帰国を果たせる」と目論む政治的な意図があると分析していた。

（47）国会会議録、衆院外務委員会第五七号（一九五四年六月三日）（http://kokkai.ndl.go.jp/, 以下に引用の国会会議録出典は全て同ウェブサイト）。

（48）Tokyo 2853, Subject: Fukuryu Maru, from The Ambassador in Japan (Allison) to the Department of State, May

20, 1954, Top Secret, *FRUS*, 1952–1954, Vol., XIV, China and Japan, Part2, pp. 1643–1648.

(48) Memorandum of Discussion at the 244th Meeting of the National Security Council, April 7, 1955, Top Secret, *FRUS*, 1955–1957, Vol., XXII, pp. 40–4.

(49) 会談は一九五三年一〇月に行われた。当時、池田勇人は自由党政党副会長、ロバートソン（Walter S. Robertson）は極東担当の国務次官補。池田・ロバートソン会談については多くの研究文献がある。代表的なものに、植村秀樹『再軍備と55年体制』（木鐸社、一九九五年）、大嶽秀夫『再軍備とナショナリズム―保守、リベラル、社会民主主義者の防衛観』（中公新書、一九八八年）など。

(50) Memorandum by the Ambassador in Japan to the Secretary of State, September 9, 1954, Secret, *FRUS*, 1952–1954, Vol., XIV, pp. 1717–1720.

(51) NSC 5516/1, April 9, 1955, *FRUS*, 1952–1954, Vol., XXIII, pp. 53–62. 細谷千尋、有賀貞、石井修、佐々木卓也編『日米関係資料集、一九四五―九七』（東京大学出版会、一九九九年）三二五〜三三一頁。

(52) Memorandum by the Ambassador in Japan to the Secretary of State, September 9, 1954, Secret, *FRUS*, 1952–1954, Vol., XIV, p. 1718.

(53) Editorial Note, *FRUS*, 1955–1957, Vol., XXII, pp. 3–4.

(54) 新原昭治『日米「密約」外交と人民のたたかい』（新日本出版社、二〇一一年）一一二〜一一三頁。

(55) Memorandum of Discussion at the 244th Meeting of the National Security Council, April 7, 1955, Top Secret, *FRUS*, 1955–1957, Vol., XXII, pp. 40–48.

(56) Telegram from the Secretary of State to the Ambassador in Japan, December 28, 1953, Confidential, *FRUS*, 1952–1954, Vol., XIV, p. 1572.

(57) U.S. Bases and Operating Facilities-Japan, from American Embassy in Japan to the Department of State, February 14, 1957, Secret, Decimal Files 1955–59, 711. 563994/1–1155 to 711. 56394/1–2159, Box 2918, RG 59, NA.「ナッシュ報告書」と関連文書の存在については日米史研究家の新原昭治氏にご教授いただいた。

(58) Memorandum of the Assistant Secretary of State for Far Eastern Affairs to the Secretary of State, Subject: Our

Japan Policy: Need for a Reappraisal and Certain Immediate Actions, January 7, 1955, Secret, *FRUS*, 1955–1957, Vol., XXII, pp. 240–243.

（59）モートン・H・ハルペリン、岡崎維徳訳『アメリカ新核戦略』（筑摩書房、一九八九年）一〇頁。

（60）トルーマン政権下で核兵器への依存回避を出張する立場を代表するものとしてジョージ・ケナン、清水俊雄訳『ジョージ・F・ケナン回顧録（上）』（読売新聞社、一九七三年）四四一～四四三頁。

（61）NSC 162/2, Report to the National Security Council by the Executive Secretary, October 30, 1953, Top Secret, *FRUS*, 1952–1954, Vol., II, pp. 577–597.

（62）前掲「いわゆる『密約』問題に関する有識者委員会報告書」、一三頁。

（63）Stephen Twigge and Len Scott, *Planning Armageddon: Britain, the United States, and the Command of Western Nuclear Forces, 1945–1964* (Amsterdam: Harwood Academic Publishers, 2000), p. 1051.

（64）Memorandum for the record: Excerpt from meeting between the President and Prime Minister in the Cabinet Room of the White House, Thursday, December 7, 1950, Top Secret; National Security Archive Electronic Briefing Book, No. 159, “Consultation is Presidential Business, Secret Understanding on the Use of Nuclear Weapons”, 1950–1974”, National Security Archive (http://www.gwu.edu/~nsarchiv/NSAEBB/NSAEBB159/,二〇一一年一二月一六日～一二年二月八日閲覧). National Security Archive（以下、NSAと記載）は米ワシントンを拠点とするシンクタンクで、情報の自由公開法（FOIA）などに基づく情報公開請求を続け、米国の安全保障政策について膨大な機密文書を入手、データベース化してウェブサイト上で契約機関や会員向けに公開している。以下、NSAからの出典はNSA's websiteとした上で、文書群名、文書番号を記載する。

（65）Memorandum for the Record by Special Assistant to the Secretary of State R. Gordon Arneson, “Truman-Atlee Conversations of December 1950 Use of Atomic Weapons”, December 16, 1953; NSA Electronic Briefing Book, No. 159, Document 1, NSA's website.

（66）Ibid.

（67）Memorandum for the President from Secretary of State John Foster Dulles, “The Eden Visit: Use of Atomic

Weapons", Annex I "Facts Bearing on the Problem", Top Secret, February 25, 1953; NSA Electronic Briefing Book, No. 159, Document 5B, NSA's website.

(68) Memorandum for the President from Secretary of State, Subject: The Eden Visit: Use of Atomic Weapons, March 7, 1953, Top Secret; NSA Electronic Briefing Book, No. 159, Document 5B, NSA's website.

(69) NSC 162/2, October 30, 1953, *FRUS*, 1952-1954, II, p. 593.

(70) 米国がアイゼンハワー政権下で同盟国との核政策調整を進めた背景には、英国に続く形で核開発を進めたフランス以外に欧州で独自核保有に向かう動きを抑えようとしたとの指摘がある（吉田文彦『核のアメリカ』岩波書店、二〇〇九年、三一〜三三頁）。

(71) 例として、Memorandum from Mr. Merchant to the Secretary, Top Secret, January 27, 1961,; NSA Electronic Briefing Book No. 159 Document 13 または Memorandum from Assistant Secretary of State for European Affairs to Secretary of State, Subject: Confirmation of existing U.S. commitment to consult with the UK before the use of nuclear weapon, Top Secret, December 9, 1963; NSA Electronic Briefing Book, No. 159, Document 15 NSA's website.

(72) Letter from Dulles to Secretary, Top Secret, April 30, 1958; NSA Electronic Briefing Book, No. 159, Document 6B, NSA's website. なお英国内の配備が決まった。PGM-17（Thor）については米英両国が同意するときのみ使用できるとする「二重鍵」措置が想定されていた。

(73) Memorandum, Subject: British Prime Minister's Letter of April 24, 1958 to the President on Procedure for Decision to Launch Nuclear Retaliation, Top Secret, May 8, 1958, NSA Electronic Briefing Book, No. 159, Document 6A, NSA's website.

(74) Report to the President and Prime Minister, Subject: Procedure Preceding Attack By United States Retaliatory Forces From The United Kingdom, June 7, 1958; Top Secret; NSA Electronic Briefing Book, No. 159, Document 8, NSA's website.

(75) Telegram from Harter to Macmillan, July 15, 1960; NSA Electronic Briefing Book, No. 159, Document 10A, NSA's website.

(76) Hans M. Kristensen, "The Neither Confirm nor Deny Policy: Nuclear Diplomacy at Work (A Working Paper)", February 2006, p. 12 (http://www.nukestrat.com/pubs/NCND.pdf，二〇一一年三月五日閲覧).

(77) Ibid, p14.

第二章　安保改定と事前協議制度

一　日米対等を目指して

(一)　岸政権の発足

日米安保条約の改定は、首相岸信介が自らの政権の最大の課題に据えたことで対米交渉に向けて動き出す。事前協議制度は安保改定によって設置され、新条約の最大の成果としてみなされることになった。その過程では、岸が胸中に温めていた政治プログラムにおいて安保改定をどう位置付けていたかが、日本の交渉方針を左右していったのである。

対米開戦への関与を問われ、A級戦犯容疑者として拘留されていた巣鴨プリズンから釈放された後の一九五二年四月に公職追放が解除されると、岸が目標として掲げたのは「占領体制」の是正と独立の回復であった。翌年一九五三年には衆議院議員に当選し自由党に入党、改憲や自衛力整備の手段としての保守勢力結集を強く打ち出す。敗戦後の日本再建を自ら行うと任じていた岸の構想において改憲や再軍備は不平等な日米関係を是正するのに欠かせず、保守合同は憲法改正に必要な議席数を獲得するための手段であった(1)。

岸は吉田茂が構築した占領体制の清算を目指したが、鳩山一郎ら反吉田勢力が対米自立を掲げたのに対し、岸は理想論としては米軍の全面撤退による自主防衛の確立が望ましいとしながらも、国家再建には経済復興の面からも米国の協力が必要だと考えていた。官僚時代に築いた人脈・金脈を基盤に勢力を拡大し、鳩山を党首に担いで民主党結党に道を開いた岸が、当時から米中央情報局（ＣＩＡ）や在日米大使館関係者と頻繁に接触していたのは興味深い。(2)一九五五年の重光・ダレス会談直前に作成された国務省文書では、訪米団の顔触れに触れて、自立を振り回す戦前派政治家である重光を「みじめ」と酷評する一方で、保守合同の立役者である岸に「最も鋭敏な政治家」と高い評価を与えている。これは米政府が岸を潜在的な協力者としてみなしていたことの証左といえよう。(3)

左右両社会党の統一に背中を押される形で、約一ヵ月後の一九五五年一一月に自由、民主両党の主勢力を束ねた自由民主党が誕生すると、岸は初代幹事長に就任した。健康問題を抱えていた鳩山の退陣を受けて、一九五六年一二月の自民党総裁選に打って出るが、石橋湛山に惜敗している。しかし、石橋が病気を理由に在任わずか二ヵ月で辞職する波乱があり、一九五七年二月、副首相格の外相だった岸が首相の座に就いたのであった。

岸が首相に就任する前月に「ジラード事件」が発生し、日米安保体制の是正を求める声は待ったなしの様相を呈していた。群馬県相馬が原の米軍演習場で、米兵が薬莢集めの主婦を射殺したこの事件では、行政協定に基づき米側が公務中の作為に対する第一次裁判権を主張し身柄引き渡しなどを拒否、裁判権さえ持ち得ない安保条約の不平等性に再び批判が集まっていた。一九五五年の重光・ダレス会談に同席し、「日米安保条約を対等のものにすべき」との考えをすでに堅固にしていた岸は「独立の完成」への布石として安保改定に照準を合わせていくが、米側に最初の提案を繰り出したその姿勢はごく慎重であった。

(二)　改定への原則的合意

岸が「日米新時代」のキャッチフレーズを掲げて、首相として初訪米を果たしたのは一九五七年六月であった。日米首脳会談では米地上軍の撤退で合意したほか、将来の安保改定について米側から原則的な合意を取り付けた。首脳会談の共同声明は、安保条約が「本質的に暫定的」で「そのままの形で永久に存続しない」と明示したのであった。

しかし、相互防衛条約を念頭に全面改定を提案した重光と異なり、岸の提案は条約の微調整というべき内容であった。アイゼンハワーとの首脳会談で具体的に求めたのは、条約と国連の関係の明確化、条約の満了期限設定、事前協議―の三点であった。この年四月に外務省北米二課長に就任した東郷文彦は、相互防衛条約が望ましくとも、海外派兵を含むヴァンデンバーグ決議の要請に応えるには「憲法上の問題」があり、身動きがとれなかったと回想している。そのため、条文自体の改定に踏み込むことなく、米軍駐留に伴う「派生的な問題」を処理することで実質的な修正を加えようというのが外務省の結論であった(4)。

「派生的な問題」として最も重視されたのは、核兵器を含む米軍の装備変更や日本の基地使用について、日本の意思を反映する仕組みを構築することであった。日本防衛以外の目的で在日米軍基地が使用され、日本が戦争に介入を強いられるという「巻き込まれ論」は野党の安保批判の論拠となっており、差し当たっては、野党を抑え込むことが対米交渉に臨む日本側の主眼であった。この時点での岸は、まず国内の安保批判に対抗する手段を講じてから世論の支持を確実にして念願の憲法改正を果たし、その後に本格的な相互防衛条約に移行するという「二段階の改定」を描いていたようである(5)。

日本側の要請のうち国連と安保条約の関係の明確化は、安保条約交渉時から外務省が強く希望していた項目であり、国連の権威下に置くことで米軍の行動を正当化することが想定されていた。これは岸訪米後の九月に「日米安全保障条約の国際連合憲章との関係にかんする交換公文」として日米が合意するところとなる。しかし、事前協議制度につ

いて米側は言質を与えなかった。日米首脳会談の共同声明は次のように記載する。(6)

合衆国によるその軍隊の日本における配備及び使用について実行可能なときはいつでも協議することを含めて、安全保障条約に関して生ずる問題を検討するために政府間の委員会を設置することに意見が一致した。

「配備及び使用」に関して協議を行うことを声明に押し込みたい日本の要請には応えたが、「実行可能なときはいつでも」との表現を盛り込むことで、協議の可否を決めるのは米国次第との立場を崩さず、その実効性はなきに等しかった。

米側は条約の期限設定についても拒否した。期限設定は条約の修正に相当するため上院の三分の二の承認が必要であり、その後の日米関係について満足のゆく説明ができない以上は受け入れが困難だと米側は主張した。(7)首脳会談の合意に基づいて設置された政府間委員会（日米安全保障委員会）でも米地上軍撤退にまつわる労務問題や極東情勢が主要議題となったのみで、事前協議を含む安保改定問題は取りあげられていない。(8)米側は具体的な交渉へと踏み込むことについては固く扉を閉ざしたままであった。

㈢　マッカーサー大使の進言

日米が米地上軍撤退に合意したことで、基地問題にまつわる緊張は一時沈静化したかに見えたが、再び日米関係に再検討を迫る出来事が持ち上がった。

一九五七年一〇月七日、ソ連が人類初の人工衛星「スプートニク」打ち上げに成功する。大陸間弾道ミサイル開発でソ連が先陣を切ったことを意味しており、「真珠湾以来の大敗北」と報じられた。「スプートニク・ショック」を受け在日米大使館からは米国との連携に疑問を呈する声が日本国内で広がっているとの報告が寄せられていた。さらに一九五八年一月一二日には軍用地代支払をめぐり「島ぐるみ」の反米・反基地運動が巻き起こっていた沖縄の那覇市長選挙で、占領政策を批判して辞職に追い込まれた前市長を支持する兼次佐一が当選する。一連の出来事により「日本と沖縄において現在の体制を確実に維持できるとは思えない」と危機感を募らせたダレスが駐日米大使ダグラス・マッカーサー二世（Douglas MacArthur, Jr.）に対日政策の見直しを指示したのは一月三一日であった。(9)

マッカーサーが提案したのは、「真に相互的な安全保障条約」への改定だった。マッカーサーによれば、現行条約が米国によって押しつけられた片務的な内容であると多くの日本人が不満を抱いており、急場しのぎの部分的な修正ではなく全面改定で条約への不満を払い去り、持続可能な日米関係を再構築することが必要なのだという。(10)

新条約の最大のポイントは、日本の海外派兵義務を新条約の条件から取り下げることだった。マッカーサーはダレスに宛てた二月一八日付の公電でその真意を説明している。(11)

　米国大陸や太平洋上の米領土が攻撃されたとき、日本が支援に駆けつけるべきだと云う人々がかつて私たちの中にもいた。日本の憲法解釈や同国の政治情勢を勘案すると、そのような条件は真に相互的な条約締結を阻むだけです。日本をパートナーとし、私たちにとって非常に重要である軍事・兵站施設を確実に使い続けようとするなら、日本がごく限られた地域を除いてわが国に援軍を派遣することは必要ではありません。

マッカーサーが添付した改定草案の条約区域は「西太平洋」とされている。これは、一九五五年の重光・ダレス会談で日本側が提示した改定草案を原型としているが、断り書きによれば、実際に日本による防衛上の義務が要請されるのは日本本土と米施政権下の沖縄・小笠原地域に限定されているという。マッカーサーは、米国が日本を守ることと引き換えに獲得できる最大の収穫は基地提供だと割り切っていた。

マッカーサーは、米軍部が期待する「対等な軍事力」など日本は永続的に持ち得ないし、海外派兵を禁じた憲法第九条の改正は近い将来に実現する見通しはないとみていた。(12)むしろ、そうした条件に固執しているうちに日本が「代替の取り決めなしに現行の条約を破棄することが最も国益に適う」と判断しかねず、佐世保や横須賀など極東作戦のための機動性維持に不可欠な拠点さえ失う恐れがあった。(13)マッカーサーは、軍部は現行条約が保証した一方的な基地権にしがみついているが、日米の友好的な関係なくしてそのような権利など幻想に過ぎない、と指摘したのである。そして、親米的な岸が首相の座にある間に、米国が日本に先行して条約改定の主導権を握ることが重要だとダレスに行動を迫ったのであった。

安保改定の進言は、沖縄や日本本土で反米・反基地感情が吹き荒れる中、日本が自由主義陣営から離脱することへの強い危機感に裏付けられていた。米国の悪夢は、軍事戦略上の要衝である日本が中立化することであり、そのような最悪の事態を食い止めるためには、日本を他の同盟国と同様「平等なパートナー」として扱う必要があった。マッカーサーは米国が率先して全面改定に応じることで、岸ら米国との連携を推進する人々の立場を強化できるとも考えていたのである。それは、日本を自由主義陣営につなぎとめ、基地を確実に使用し続けるための安保改定であった。

㈣　憲法と両立する新条約

安保改定に向けた瀬踏みの交渉は、一九五八年五月に岸政権が保守合同後初の総選挙に大勝した直後に始まった。岸は党内指導力が高まったこのタイミングを見計らって安保改定に向けた態勢作りに着手した。旧来のスポンサーの藤山愛一郎を外相に据え、同年六月に入ると安保改定に向けた「内密かつ真剣」な議論を開始したいと米大使館に伝えている。(14)

外務省も作業チームを設置し、安保見直しに向けた準備を開始した。懸案である対日防衛義務を取り付けるには

「相互防衛援助型」条約への改定が必要だが、それには憲法問題が立ちはだかる。そのため条文には触らずに、補助的な取り決めで「運用上派生する問題」に対処するという基本方針は前年の岸訪米時と変わらなかった[15]。最終的に米側に要請したのは、核持ち込みと域外への戦闘作戦行動について事前協議を行う保証であった[16]。

これに対してマッカーサーは、「新条約」を提案して日本側を驚かせている。七月三〇日に行われた藤山との会談で「問題を全部さらけ出して長期的に耐えうる体制樹立を試みるか、あるいは不安定な状態を続け生起する問題に追われて予防策を続けるか」の選択について決断を迫ったのだった。その上で、日本が「海外派兵しなくてもよいという形での相互防衛援助条約」を希望するなら、実現のため最大限努力すると伝えた[17]。マッカーサーが日本側を全面改定へと誘導していく手並みは実に周到である。

マッカーサーが提案した相互防衛条約について外務省と藤山は、国会での論戦を回避する観点からも消極的だったが、全面改定へと舵を切ったのは岸本人であった[18]。八月二五日、藤山を伴いマッカーサーとの会談に臨んだ岸はこう述べている[19]。

出来れば現行条約を根本的に改定する事が望ましい。根本的に改定する事になれば日本の国会でも大いに議論される事になろう（中略）論議は烈しいものであろうが、此を経た上は相当期間に亘って日米関係を安定した基礎におく事ができる。

それまでに岸はマッカーサーと事務方を交えない会談を複数回行っており、その過程で「憲法と両立する相互援助型条約」へと意志を固めたとみられる。八月一八日の米大使館の報告によれば、岸は「海外派兵の問題さえクリアーできれば新条約を結びたい」との内意をマッカーサーに明かしていた[20]。補助的取り決めで条約の微調整を行った後に、憲法改正を経て相互防衛条約への改定を果たすという「二段階の改定」を想定していた岸が、マッカーサーの示唆を得て方向性を変えたのは明らかであった。

原彬久氏とのインタビューで、岸は「新条約」を決意した理由について「アメリカの日本防衛義務」を新条約に明文化し、国会での論議を通して国民の防衛意識を喚起するためだったと述べている。[21] 日米対等化の布石として安保改定を位置付けた岸が、相互援助形式を備えた新条約の締結が望ましいと考えたことは間違いない。総選挙勝利の勢いを得て野党との全面対決にも自信を高めていた最中であり、新条約で世論を味方につければ宿願の憲法改正へ近道を開けるとの見解を固めたとみられる。[22]

八月二五日の会談記録によれば、岸は新条約に時間がかかる場合「中間的」に処理すべき問題として事前協議に言及している。事前協議に加えて新たに相互性を備えた新条約が成立するのであれば、自らの親米路線の正当性を主張する格好の機会となるはずであった。

一方で、「憲法と両立する相互援助型条約」を選び取った岸が、見落としていた点がある。米国から日本防衛義務を取り付ける上で憲法との緊張関係を回避しようとすれば、引き換えに日本が提供できる貢献は基地提供しかない。新条約が「物と人との協力関係」を強化することにつながれば、岸が目指す双務的な関係に基づく日米対等化の実現をかえって難しくする可能性があった。その構造においては「中間的」な問題とみなされていた事前協議制度が、唯一の対等性の担保としての性格を帯びていくのである。

二　事前協議制度のジレンマ

(一)「拒否権」への抵抗

マッカーサーによる新条約の提案は米政府内でもすぐに賛同を得たわけではなかった。一九五八年八月一九日に作成した極秘公電で太平洋軍司令部は「日本との間に安全保障における真の相互性など存在し得ない」と全面改定に難色を示した。さらに防衛努力に欠ける日本を威厳付けることは「他の同盟国に不公平だ」として「相互防衛条約」を条約名に用いることにも反対した。[23]だが、最も受け入れがたいとみなされたのは、新条約下で日本を守る見返りが「配備や配置に制限を受けた上で限られた基地を使用できる」程度に過ぎないことであった。事前協議制度によって基地の価値が損なわれることを恐れたのである。太平洋軍は、日本が事前協議を要請する二つの事項―核持ち込みと米軍の域外戦闘作戦出動が「重大な問題」であるとして、こう述べている。[24]

米国は安全保障上の関与を果たす上で必要な作戦について日本が拒否権を行使するのを受け入れられない。日本の指導者たちは日本防衛だけに資する基地が米国にとってはわずかな価値しか持たないことを認識すべきだ。

守ってもらうだけの日本が米国の極東戦略に貢献するのは当然だという軍部の主張は旧条約交渉時から不変であり、その論理構造においては、極東戦略の要衝である在日基地使用について日本の「拒否権」は認められないのであった。

一九五八年九月九日、ワシントンでは国防・国務両省による合同会議が開催された。数日後に控えた藤山、ダレスによる日米外相会談の議題となる安保条約改定について最終的な意見調整を行うのが目的だったが、ここでも事前協議の扱いが討議の中心となった。[25]

朝鮮半島有事での米軍出動で日本の協力が得られるかを質されたマッカーサーは、朝鮮半島の国連軍への支援を規定した「吉田・アチソン交換公文」でカバーされると答え、その効力は条約改定後も持続すると説明した。しかし、軍部は不満であった。英国の場合でも米軍は同意なしで行動できないのだから日本を例外扱いするべきでないと主張するマッカーサーに将軍レミニッツァー（Lyman L. Lemnitzer）は「日本に頼んでも拒否されるが、英国なら拒否しないだろう」と反論している。

マッカーサーはまた、首相の岸が日本を核武装する構想を抱いており、日本が将来核兵器を受け入れる余地があるとして事前協議を受け入れるよう説得を試みている。だが、核搭載艦船の扱いについては「日米双方が満足する処方せんはない」としていた軍部と同様の見解を明らかにした。[26]

日本のマスコミは（米艦船が核兵器を搭載している）問題に気付いているが、日本政府は決して持ち出すことはない。にべもなく拒否されるだけだから日本には尋ねないのが最善だ。物事は正しい方向に進んでいる。

正面から尋ねれば核搭載艦船の寄港が拒否される恐れがあるが、日本側はあえて問題提起をしない。だから、この問題では協議を行わずに核兵器に対する日本の対応が変わるのを待つべきだ。これがマッカーサーの発言趣旨であったとみられる。

この会議では軍部から条約改定に大筋の了解を得たものの、日本の拒否権を含む事前協議問題は結論に至らないままであった。二日後の九月一一日に行われた藤山・ダレス会談では新条約に向けた交渉開始で合意するが、核持ち込みに際し事前協議を行うことで交渉前にも合意できないかと打診する藤山にダレスは回答を避けている。[27] ダレスは、新条約で米国が広範な軍事的権利を放棄し、義務を負おうとするのは日本との「精神的紐帯」を重んじるからだと述べたが、事前協議に関する限り日米の要請には大きな隔たりがあった。

(二) 交渉開始

新条約交渉が実質的に開始したのは、岸、藤山、マッカーサー三者による一九五八年一〇月四日の会談である。冒頭、マッカーサーは「日米関係を持続的なものとするため、真に相互的な条約を考えるに至った」と述べ、改定草案を配布した(28)。この米側草案を叩き台に交渉が進むことになるが、そこに描かれた新条約は以下の特徴を備えていた(29)。

まず条約区域である。草案は第五条で「太平洋地域におけるいずれか一方の締約国に対する武力攻撃が、自国の平和と安全を危うくするものであることを認め、自国の憲法の手続きに従って共通の危険に対処する」として米側の日本防衛義務を明記した。

一九五八年二月時点の草案で「西太平洋」だった条約区域が、「太平洋地域」に変更されている。これについてマッカーサーは「太平洋地域」は日本本土と米施政権下の沖縄・小笠原、さらに太平洋上の米領土を指すが、自国の憲法の範囲内で対処すればよいため日本に海外派兵の義務はないと説明し、「完全にミューチュアルにすれば、日本側に支障が生ずるが、この表現であれば憲法上の問題は解決されると思う」と述べている(30)。

続く第六条では、第五条で記載した目的のために米軍が在日基地を使用し、米軍の権利義務を規定した行政協定が存続することを明記した。マッカーサーは第六条に関連して在日基地が日本防衛だけでなく「極東」地域の安全のために使用されると説明した。

第三条には「単独及び共同して、自助及び相互援助により、武力攻撃に抵抗するため個別的及び集団的能力を維持、発展させる」というヴァンデンバーグ条項が含まれている。新条約で「相互援助型」の形式を整えるのに米側が欠かせないと主張する文言である。十年間の存続後は一年前の予告で廃棄できる、とした条約期限条項も盛り込まれた。さらにマッカーサーは、吉田・アチソン交換公文の効力継続、日米行政協定の一次裁判権の扱いに変更がないことなどを条約改定に応じる条件として列挙した(31)。

日本の要請を受けた改定という体裁を取りながら、草案が米国の利益確保を目的としていることは明らかだった。マッカーサーが先行した草案提示に固執したのは自国に有利なシナリオを提示するためだが、とりわけ拒否権を伴う事前協議の要請を日本から突きつけられるのを恐れたのである(32)。事前協議制度は条約の付属文書として次のように日本側に提案された。

共同防衛のための取極めに従い、アメリカは日本における基地を使用する。基地への米軍の配置と装備（The deployment of United States forces and their equipment into bases in Japan）、緊急事態における在日基地の作戦的使用は〝その時に照らして〟双方の共同協議事項となるであろう（〝〟は筆者挿入）。

付属文書の文案は、英国との「共同決定」合意に倣っている。ここでは、「共同決定（joint decision）」は「共同協議（joint consultation）」に置き換えられているが、英国との合意同様「その時に照らして」の文言が含まれているのは、米国が協議義務に縛られないことが含意である(33)。

マッカーサーは、付属文書について核兵器のみに関する了解、非常時における基地の作戦的使用に関する了解の二点から構成されており、核兵器の持ち込みと米軍の域外作戦出動に関して日本側の要望を満たすための「フォーミュラ」だと説明した。この中で核兵器以外の通常兵器に関する了解は「従来通り」であり、緊急時の協議義務は補給協力に適用されないことについても念を押している。また、これを条約本体の一部とするのではなく、合意議事録か交換公文の形式とすることが望ましいと述べているが、事前協議を拘束力の強い条約本体に盛り込んで軍部を刺激したくなかったからであろう。

一方、日本側は独自の草案をまとめられずに交渉に臨んだ。東郷文彦は、外交の常道として自国の原案を基礎に交渉を進めることが望ましかったが「日本憲法と両立する対等双務的な条約」を目指す上で、海外派兵をせずに米国の日本防衛義務をいかにして規定するかという難題にぶつかり、日本側の作業は「案のための案」に終わったと回想している。[34] この後の日米交渉は、米側草案への対応に日本側が追われる形で進行するのである。

(三) 「自主性」と「双務性」

日本側の記録によると、日米交渉の開始を告げた一九五八年一〇月四日の会談を終えた岸信介、藤山愛一郎と外務省事務方はその場に一時間ほど残って米側草案への対応を話し合った。その際に岸はこう述べたという。[35]

日本の国民は戦争を嫌悪すること顕著なものがあり新条約が双務的であることを期待し、そのため日本も責任を負うということは当然であるが、新条約により日本が現状より以上に戦争に巻き込まれる危険が増すという様な感じなることは避けなければならぬ。

米国に日本防衛義務を期待する以上、日本も応分の義務を引き受ける必要があるが、日本防衛以外の米国の軍事作戦に関与することは極力回避しなくてはならない。岸の発言は、こうした難関にぶつかった戸惑いを表したものといえよう。日本側が直面したのは、日本側が安保改定に求める二つの要請――「双務性」と「自主性」をいかにして両立するかというジレンマであった。この場合、「双務性」とは基地提供と引き換えに米国から日本防衛義務を取り付けることであり、「自主性」とは米軍の基地使用に関する日本の発言権を指している。岸の言う「双務性」は、いずれかへの攻撃を自国の攻撃とみなし軍事行動を互いに認め合う本来の「双務性」とは異なる含意で使われていることに留意すべきであろう。

交渉開始直後の一〇月六日付の外務省内部文書は、このジレンマの内実をよく伝えている。日本が米軍駐留から得る利益は「極東の集団安全保障の一環としての駐留米軍の抑止力」であり「わが国に直接戦禍を及ぼす危険のある作戦的基地使用の場合の事前協議を米国に承諾せしめ得るなら双方に均衡が存する」という。一方で「米軍の域外使用に事前協議の条件を課し、米国に日本防衛の義務を負わそうとするだけでは自主性のみに走って双務性を欠（く）」と交渉成立を危ぶんでいるのであった。(36)

日本側の理解によれば、米側草案の第五条と第六条は、米軍の日本防衛義務と極東の安全保障に資する基地の提供が「両々相俟って双方の利益に合致するという考え方」を表していた。(37)つまり「基地を貸して守ってもらう」関係にほかならない。この協力関係は、事前協議の合意を取り付けることで日本が「自主性」を獲得し、初めて対等なものとなる。しかし、米軍の域外行動に事前協議を義務付ければ、日本防衛を取り付けるために提供する基地の価値を損なうことにつながり、「双務性」の確立が危うくなるという矛盾に交渉の初期段階でつまずいてしまったのである。(38)問題は、日本が提供する基地を使用して米軍が守るのが日本だけではない、極東であることに起因していた。

このジレンマを緩和する手段が無かったわけではない。米国の日本防衛義務と引き換えに日本が果たす義務について基地提供以外の交渉カードを提示し、米国との相互性を強化することである。日本が日本以外の領域で防衛上の関与を打ち出せるのか、前提となる条約区域をいかに設定するのかが重要であった。

三　条約区域をめぐる交渉

(一)　ヴァンデンバーグ条項と「共通の危険」

日本側にとって、マッカーサーが提示した米側草案において最大の難題となったのが条約区域である。草案は条約区域を「太平洋地域」とし、いずれか一方の締結国に対する武力攻撃を「共通の危険」と認めて対処すると規定していた。東郷文彦によれば、これは現行条約の「極東」と比較して「地理的範囲が著しく拡大されると云う印象も具合の悪いもの」であった(39)。

一九五八年一〇月二二日に行われたマッカーサーとの会談で、外相藤山は「岸が海外派兵を目論んでいると非難を浴びる」と米側草案の条約区域に懸念を表明し、グアムが攻撃されても実際に日本にできることは基地提供だけだと訴えた。これに対しマッカーサーは条約区域が拡大しても「自国の憲法の手続に従って」対処すればよく、武力による対米支援は期待していない、他方への武力攻撃を共通の敵と認めて行動を起こすことが重要だ、と精神的側面を強調したのであった(40)。しかし、海外派兵義務の有無にかかわらず、米領土に対する攻撃を「共通の危険」として対処することと自体が集団的自衛権行使を禁止した憲法解釈に抵触する恐れがあり、野党の追及を招くと外務省は懸念したのである。

同様にヴァンデンバーグ決議に関する第三条も日本側にはのみ難い内容であった。とりわけ武力攻撃に対抗するため「個別的及び集団的能力を、単独で及び共同して維持し、発展させる」の箇所が、集団的自衛権行使に当てはまると解釈される懸念があった。旧条約で「自助及び相互援助」能力がないことを理由に米国との相互援助関係を否定された日本にとって、集団的自衛権を持つことが新条約に明記されるのは望ましいはずであった。しかし、安保条約が集団的自衛権に依拠することを明確化したいと考えながら、それを禁ずる憲法解釈に阻まれるという矛盾した立場が日本側の交渉方針を複雑化した。

日本側は一九五八年一一月二六日に対案となる草案を米側に提出した。米側草案から第三条のヴァンデンバーグ条項を、第五条から「共通の危険に対処」をそれぞれ削除し、条約区域を「日本本土」に制限したものだ。草案下書きに「大臣公邸にて。日本の国内的に最も都合の良い案、或いは日本として最も強い案ということで本案を検討」との但し書きがあるように、憲法解釈や国会で議論を呼ぶ文言を全て取り除いたのが特徴であった(41)。

マッカーサーは「ワシントンに提出したら試合終了だ」と日本側草案を批判した。ヴァンデンバーグ条項については、「此の条項なしでは上院を通らない」と存置にこだわり、「共通の危険」を削った点でも「条約地域を日本だけに迄狭めた上、更にコンセプト迄変えるという理由が分からない」と不満を露わにした。マッカーサーによれば「共通の危険」は「最も強い表現」であり「之があればワシントン説得上やり《ママ》よくなる」のである(42)。「基地を借りて守ってあげる」関係を、相互援助条約として議会に売り込むためには、見栄えの問題が重要であった。

(二)　条約区域制限で利害一致

「共通の危険」概念と並んで、日本側を悩ませたのが、沖縄・小笠原の扱いであった。沖縄、小笠原地域はサンフランシスコ講和条約第三条で米施政権下に置かれた。日本には「残存主権」が認められるが、米軍統治下で日本から法的に切り離されることが決まった。沖縄・小笠原を条約区域に含むことは、沖縄の施政権返還を「独立の完成」のため克服すべき課題と位置付けていた岸政権には当然であり、新条約で日米の相互性を強化する上でもプラスに働くはずである。(43)しかし、米側に提出した草案で、日本側が条約区域を本土に限定したことからも明らかな通り、事態はそう単純には運ばなかったのである。

米国が施政権を行使する沖縄・小笠原に自衛隊を派遣する事態となれば、米領土への派遣となり集団的自衛権行使に該当するのではないか、との疑問が生じたのであった。国会でこの点を問われた岸は、有事での自衛隊の沖縄派遣や基地設置はあくまで自衛権行使の範囲内であって「(米国の)排他的な施政権はそれだけへこむ」と回答したが、かえって安保改定を奇貨として施政権返還に持ち込むべきだとの議論を誘発する結果となった。(44)また、野党側が展開した別の反対論は、有事には沖縄を扇の要にしてＮＥＡＴＯ（北東アジア集団安全保障条約）が実質的に形成され、日本が米国の戦争に巻き込まれるという内容であった。(45)

この間の一九五八年一〇月八日、日本政府は野党との対決法案である警察官職務執行法（警職法）改正案を国会に提出している。法案は職務質問などに関する警官の予防的権限強化を主眼とし、岸政権にとっては安保改定に備えた秩序維持の前提作業であった。世論は「元Ａ級戦犯容疑者」岸の強権発動とみなして法案に強く反発し、ストライキや抗議集会が全国で展開された。改正案は一一月下旬に廃案に追い込まれるが、勢いを得た自民党内の反主流派は岸政権に対する攻撃の的を安保改定に向けることとなり、沖縄を条約区域に含めるか否かも党内論争の争点として取りあげられた。(46)

野党の反発に加えて党内の派閥抗争の波に洗われるうちに、岸政権は沖縄・小笠原の条約区域化を断念した。外務省は「日本の寄与が基地使用以外実質的に意味なしとすれば、むしろ米軍の日本防衛義務に見合うものとして基地使用を一括して規定することが考えられる」と述べ、米軍政下にある沖縄・小笠原の切り離しが「事態を単純化する」

と総括していた[47]。沖縄の条約区域化を期待した岸も、一九五八年末には警職法改正問題と絡んで党内抗争が再燃する事態を回避するため、最終的には外務省の見解に同調した[48]。

米側もまた沖縄・小笠原の除外に利点を見出すこととなった。「共通の危険」概念の存置を強く迫ったマッカーサーだが、条約区域については日本側に譲歩する用意があることを交渉の早い段階から示唆していた。一九五八年一一月三日付の文書で、マッカーサーは日本側が条約区域の縮小を提案した場合、受け入れるよう国務省に進言している[49]。条約区域の維持は「われわれの目的にとって不可欠ではない」として次の理由を挙げた。第一に米国との連携を強化し、日本の中立化を防ぐことができる。第二に平時に横須賀のような軍事・兵站施設の使用を継続できる。そして、第三に極東有事でも兵站目的でこれらの基地の使用が可能になる。受け入れ困難な条約区域を日本に押しつけるより、日本が率先して米国と連携するよう促すことで在日基地にまつわる権利を確保できると説いたのである。

マッカーサーは、実質的に日本が沖縄・小笠原に関与するのは不要かつ望ましくないとも考えていた。一九五八年六月二〇日付で国務省に宛てた公電で、日本本土以外を条約区域とすることは「日本を多国間の地域枠組みに組み入れる上で役立つ」が「（講和条約）第三条の島々に核兵器を持ち込む権利を相殺してはならない」と強調している[50]。この文脈においては、事前協議制度が沖縄・小笠原に適用されるのを防ぐことが肝心であった[51]。

安保改定が沖縄の施政権返還論議に結び付けられるのも懸念材料であった。マッカーサーは一一月七日の会談で、藤山に「施政権返還とバーゲンになるような印象を与えているなら含めない方がよい」として条約区域を本土に限定する用意があることを伝えている[52]。米軍部も自由に使える基地が広がる沖縄・小笠原の条約区域化には消極的であったため、米側は一九五九年初頭までに条約区域の制限に同意することになった[53]。

最終的に条約区域を規定した第五条は「日本国の施政の下にある領域における、いずれか一方に対する武力攻撃」

を「共通の危険」とみなして対処するとの表現に落ち着いた。米国の日本防衛義務に対して、日本は在日米軍を共同して防衛するという理屈で、辛うじて「共通の危険」を活かした形だ。(54)

ヴァンデンバーグ条項の第三条についても、日本側の要請に配慮して、米草案にあった「自助及び相互援助」は「個別的及び相互に」協力するとの表現に、さらに武力攻撃に対処するための「個別的及び集団的能力」は「それぞれの能力を」「憲法上の規定に従うことを条件として」発展させるとの表現に変更することで合意した。

なお条約の批准国会では、日米いずれか一方への武力攻撃を「共通の危険」とみなして行動を起こすことが集団的自衛権行使に該当するとして野党からの追及が為されたが、日本に駐留する米軍への攻撃は日本領土への攻撃に相当するため個別的自衛権の範囲内にとどまる、との説明が繰り返されたのであった。(55)

(三) 極東条項の存置

日本本土への条約区域変更について、国務・国防両省は無条件に了承したわけではない。条約区域を制限することで、本土防衛以外の基地使用を制限する圧力がうまれることを懸念したのであった。(56) 国務次官クリスチャン・ハーター(Christian A. Herter)は、一九五八年一一月一〇日付公電で新条約の相互性は「米国が日本を防衛する代わりに太平洋上の自由主義陣営のために日本の基地を使用する」ことだと米大使館にくぎを刺している。(57)

一九五九年に入ると、国務省は条約区域を制限する条件として前文に「太平洋における国際の平和と安全の維持は共通の関心」との文言を挿入するよう要求したが、これはマッカーサーの提言を下敷きにしたとみられる。(58) 条約区域の縮小を国務省に提言した一九五八年一一月三日付の公電で、マッカーサーは新たに「極東における国際の平和と安全は共通の関心」の文言を挿入した第五条の修正案を提案していた。条約区域を変更しても「第五条が規定する領域外で日本が関与しない戦争に米国が巻き込まれた場合、日本の軍事施設を使用できる根拠が与えられる」よう考案されているという。マッカーサーは旧条約で使用した「極東」なら、日本側も受け入れる余地があるとみていた。(59)

一九五八年一二月九日付の外務省内部文書は、抑止力の観点から米軍が「極東の安定のため」日本の基地を使用できることが重要だとして「日本側の援助義務が限定されているのだから、この点は（米側の）日本援助義務と見合う」と述べている。(60) 一九五九年三月一九日付で日本側が作成した草案は、第六条で日本の基地が「日本国の安全」と並び「極東における国際の平和及び安全の維持」のために使用されると明記した。(61) しかし、条約区域外での在日米軍の展開をめぐり、日本政府がどの程度関与しうるかについて外務省が議論した形跡はない。日本本土以外で展開する米軍の行動について政治的責任を回避するという基本姿勢は後の事前協議制度をめぐる交渉でより鮮明になる。

米側も一九五九年六月までには「極東」の表現を採用することに同意した。(62)「極東」に関する記述は第五条ではなく、最終的に前文と第四条（随時協議）、第六条（基地貸与）に盛り込まれた。それぞれに「極東における国際の平和及び安全」の文言が盛り込まれ、第六条では米国が日本と極東の安全保障のために在日基地を使用できることが明記された。

旧条約と同様に条文中の「極東」とは米軍の行動範囲の地理的限界ではなく、基地使用の目的を示すものとされた。新条約の批准国会では「極東」をめぐって激しい論争が繰り広げられたが、一九六〇年二月二六日の衆議院日米安全保障条約等特別委員会で、首相岸信介は、「極東」の範囲について「フィリピン以北並びに日本及びその周辺の地域であって、韓国及び中華民国の支配下にある地域もこれに含まれている」との政府見解を明らかにした。一方で、武力攻撃を受けた際の米軍の行動範囲は「攻撃又は脅威の性質」に依拠するのであり、極東という「区域に極限されるわけではない」と述べたのであった。(63)

「極東における国際の平和と安全の維持」との名目さえ立てば、米軍は極東だけでなく太平洋地域で発生する事案に関連して日本の基地を使用できることが確認されたのである。国会での議論の行方を懸念したマッカーサーが、極東の範囲を限定しないよう日本政府に依頼したことを受けて米軍の行動範囲を制限しないよう考案された見解であった。[64]こうして、旧条約で最大の非難の的となった極東条項は、条約区域の制限に米側が応じた代償として、より広範な米軍の行動の自由を容認する内容を伴って温存されたのである。

一方、岸は同じ日の答弁で、新条約は旧条約のような駐軍協定とは事前協議制度が設けられるという点で大きく異なると強調した。[65]日本の基地から米軍が域外に展開する場合、「日本の意思に反して行動はできないという取り決めをした」と述べたのである。紛糾する国会論議を鎮めるため、政府は基地使用の目的を指す「極東の平和と安全の維持」という概念も事前協議によって制限を受けると説明した。しかし、米軍の一方的な基地使用に歯止めをかける担保として喧伝された制度は、既に形骸化していたのも同然であった。

四　事前協議制度の成立

(一)　米側解釈の提示

一九五九年初頭までに日米は新条約の基本的な枠組みで合意した。第五条で有事に米国が日本防衛のために行動をとることが明記され、第六条で日本が日本と極東防衛のための基地を米国に提供することが義務付けられた。新たな日米関係の構造が構築される中、残存主権を持つ沖縄・小笠原の条約区域化をも断念したことで、日本側が米国の日本防衛義務との相互性を確保する手段は基地提供のみであった。米軍の支援と基地提供を掛け合わせたいびつな相互性において、日本が主権国家として米国と対等な立場に立つためには、日本防衛以外の米軍の基地使用について日本の意図を反映する仕組みが機能していることが必要であった。

だが一方で、日本側に積極的な協議をためらう理由があるのは歴然としていた。米軍の域外基地使用について発言権を得ることは必要だが、日本防衛の保証を得るためには「極東」の安全保障に資する基地の価値を減ずることはできない――。日本側は事前協議をめぐるこうした「ジレンマ」に陥ることを当初から予見していたが、基地提供以外の交渉カードを実質的に放棄し、袋小路に自らを追い込んだ状態で事前協議制度の交渉に臨むことになった。日本が置かれた困難な立場は、旧条約と同等の基地権を維持しようとする米側の利害と奇妙な一致を見せ、事前協議制度の成立過程を極めて不透明なものにしていくのである。

警職法改正法案提出を契機とした混乱の影響が及ぶのを懸念して、安保改定交渉の公式会談も一九五八年一二月から翌年四月まで中断を余儀なくされた。日米はこの間に行われた非公式折衝で事前協議制度のフォーミュラ案や文書形式についての協議を開始し、一九五九年に入ると制度の内容について本格的な交渉に着手した。

一九五九年三月二〇日、日本側は前年一〇月四日に米側が提示したフォーミュラ案の対案を提出している。形式を議定書としたほか、表題を米案の「共同協議」から「事前協議」へと変更し、「そのときに照らして」の文言を削除したものだ(66)。マッカーサーは、文書の形式について議定書では米議会にかけることが必要になるので交換公文等の形式を検討してほしいと要請し、一九五九年四月一日には日米が大筋合意に至っている。

「そのときに照らして」を残すかどうかでは最後までもめた。存置にこだわる米側に対して、日本側が「事前協議を行うこと自体がその時の状況による、という懸念」があると削除を要求したために調整が難航した。藤山は「全体を曖昧にし反対党が女子供にアピールするよい材料になるのである」と岸の意向を伝えて米側の配慮を求めている。最終的にはマッカーサーの働き掛けにより、一九五九年六月二〇日に日本側の削除要請が受け入れられたのであった。(67)英国との合意に用いられた「そのときに照らして」は、米国の行動の自由を担保する表現であるため残すことが望ましかったが、より重要なのは事前協議制度の運用にまつわる米側の解釈を日本が受け入れることであった。

米側が制度に関する自国の解釈を伝えたのは一九五九年三月二八日のマッカーサー・藤山会談である。(68)同じ内容を文書化したものを四月九日に日本側に送付したが、米側記録によれば、日米が共有すべき四点の理解を記載した同文書について、藤山は即座に「米側の理解を受け入れる」と回答したという。(69)四点の理解とは以下の通りである。

(一)戦闘機を含む米軍装備の日本への配置や、米海軍艦船による日本領海や港の出入りに関する現行の手続きは満足に運用されており、フォーミュラは影響を与えない。

(二)重要な配置の変更とは日本への核持ち込み(introduction)に限定され、核弾頭を装備しない通常兵器には適用されない。

(三)撤退は事前協議の対象とはならない。しかし、好意的に日本側に事前に通知される。

(四)第五条が規定する事態を除いた日本の施設区域の作戦的使用とは軍事戦闘作戦を直接仕掛けることを指す。

フォーミュラ案を初めて提示した際、マッカーサーは事前協議制度が補給協力に適用されないこと、さらに「核兵器以外に関する了解は従前通り」であることを日本側に説明していたが、この二点を含む米側の理解について念を押した形であった。以上の米側解釈について日本から同意を得るようマッカーサーに指示した一九五八年一二月六日付公電で、国務長官ダレスは「重要なのは協議を制限する事案についての理解がなされていることである」と強調している。(70)つまり、日本側に伝達された米側解釈とは事前協議制度の例外事項を指しており、これが秘密の「討論記録」

へと発展することになった。

(二)　議論されなかった「現行の手続き」

マッカーサーが日本側に伝えた内容を「討論記録」の内容に沿って整理すると、四点の「米側の理解」には次のような事前協議制度の適用除外事項が含まれている。

(一)戦闘機を含む米軍装備の日本への配置や、米海軍艦船による日本領海や港の出入りに関する「現行の手続き」（討論記録二項C）

(二)核兵器の持ち込み（introduction）以外の米軍装備の重要な変更（討論記録二項A）

(三)米軍の撤退（討論記録二項D）

(四)兵站、補給、諜報などの後方支援活動（討論記録二項B）

文言からは事前協議制度のフォーミュラによって影響を受けない（一）の「現行の手続き」とは何かが不明瞭だが、安保改定交渉開始に当たり国務省が在日米大使館に出した指示がその内容を明確に伝えている。一九五八年九月二九日付の秘密公電で、事前協議制度について日本政府から次の点で同意を得るよう迫っている。

核兵器を搭載した米軍艦の日本領海及び港湾への立ち入りへの問題は、過去と同様のやり方で続き、事前協議のフォーミュラの範囲ではないこと。(71)

（一）は旧条約下と同様に継続する核搭載艦船の寄港・通過を、事前協議の対象外とする米側解釈を指しているのである。交渉開始直後の一九五八年一〇月二三日付の国防省幹部と海軍幹部の会談記録では、新条約に伴う変更は緊急時の配備（deployment）に適用されるが、日本の港湾を通過（transit）する艦上の核兵器には適用されないことが

明確に言及されており、この解釈が軍部の意向を反映したものであることは間違いないであろう。(72)

しかし、事前協議制度のフォーミュラ案について説明した際、マッカーサーは明確に「核搭載艦船」と口にしたわけではない。国務省への報告によれば、マッカーサーは交渉が始まった一九五八年一〇月四日に「合衆国軍隊とその装備の日本国内の基地への配置」とは核兵器の持ち込みを指すとし「他の点では、米国軍艦の日本領海及び港湾への立ち入りの手続きを含めて、現在の手続きが続くことになる」と述べただけである。(73)また、核搭載艦船の寄港を事前協議の適用外とするには、艦船の核装備が（二）の核兵器の「持ち込み」に該当しないことが前提となるが、その定義についてもマッカーサーは言及していない。(74)その後の交渉でも米側が「現行の手続き」や核兵器の「持ち込み」について明確化を試みた形跡はない。というのも、日本側もこの点を問いただそうとしなかったからである。

米側草案を受け取った日本側は、事前協議制度のフォーミュラ案について意味の確認を求めている。一九五八年一〇月一三日付で米大使館が作成した記録によれば、外務事務当局はフォーミュラ案にある「基地への米軍の配置(The deployment of United States forces …… into bases in Japan)」について、「deployment …… into」との表現を使用した理由を尋ねた。この表現では、第七艦隊の艦船が日本に寄港するたびに事前協議を必要とすると解釈されるのではないかという点を問題にしたのである。

これに対して米大使館側は、これまでと同様の説明を行った。「通常の艦船の入港には事前協議は適用されない」として、米軍艦船の入港などに関する「現行の手続き」でカバーされるとだけ述べたのである。一連のやり取りについて米大使館は、外務省が「第七艦隊の入港問題がもたらす問題を十分認識しており、そのことで交渉を困難にしたくないと考えている」とみていた。日本側がこの回答を受けてどのような検討作業を行ったかを示す文書は公開されていないが、米側にさらなる明確化を求めた記録は見当たらない。(75)日本の反核感情の強さを認識していたマッカーサーらは、核搭載艦船問題について正面から事前協議制度の適用除外を申し入れれば交渉自体が破綻しかねないと判断したとみられる。

外務省は交渉開始前の内部作業で、核兵器を搭載した船艦や航空機が臨時に日本に立ち入る場合も「事前同意」を要するとした提案を作成するなど核搭載艦船の寄港問題については明確に意識していたが、米側が「核兵器を日本に持ち込まないと義務として約束することは拒まざるを得ない」と予想していた(76)。日本側もまた交渉頓挫を恐れて問題の提起を控えたと考えるのが自然であろう。事前協議で領土内への核貯蔵ばかりか日常的に日本周辺を航行しているとみられる核搭載艦船の運用までも制限すれば、日米安保体制自体が破綻する恐れさえあった。国内的にも核を搭載した艦船・戦闘機の往来を公に受け入れることはできない以上、日本側から「協議」を口にすることは極めて困難であったと考えられる。

(三)「討論記録」をめぐる折衝

核持ち込み問題についてほとんど議論を試みなかった日本側が固執したのは、協議すべき内容ではなく事前協議制度の「体裁」の問題であった。

米側は、四点の米側解釈について再三日本側に念を押していたが、一九五九年五月一一日の会談では公表される交換公文（フォーミュラ）とは別に撤退以外の三点の解釈を非公開の了解として記録するよう提案した。さらにこのとき、米軍撤退を協議対象外とする（三）の内容を付け加えた新たな交換公文（フォーミュラ）案も提出したが、日本側はこれに難色を示した。五月一四日の会談では外務次官山田久就が、藤山と岸が野党側から秘密了解の有無について問いただされることを懸念しているのだと述べ、次のような日本側の代案を提示した(77)。

通常の移動による合衆国軍隊の進入を除き、核兵器の日本への持ち込み（introduction）、同軍隊の日本への配置、日本以外の地域に直接発進する軍事作戦のための基地として日本の施設及び区域の使用は、日本政府との事前協議の主題とする。

日本案は、米案から米軍撤退の記載を削除したほか、事前協議の対象を「核兵器の持ち込み」と「（米軍の）日本への配置」に限定することを明記している。山田は公式の交換公文で「撤退」について言及すれば「戦時に米国は日本を見捨てるつもりだ」との誤解を招くと理解を求めた。米軍撤退を事前協議制度の例外とすることに反対したわけではない。該当する表現が引き起こす日本国内の反応を懸念したのである。(78)

マッカーサーは撤退の自由はNATOでも留保された基本的な立場だと説明したほか、日本案の「核兵器」の表現を問題視した。日本側には核持ち込みで事前協議の合意を取り付けたことを喧伝したいとの思惑があったが、核兵器の存在を示唆しNCND政策に反する表現は米側には受け入れられなかった。マッカーサーは「核兵器と通常兵器の区別を公表文に明記すれば世間の先入観を煽る。実に悪い考えだ」と山田に指摘している。(79)

日本側の抵抗は続いた。六月九日の会談でも藤山が「最大限秘密了解を回避しなくてはならないと考えている」と懇願し、再度交換公文案を提案している。核兵器の表現を削除した代わりに、非公表文書に「核兵器と中長距離ミサイルの持ち込みは事前協議の対象」とだけ記載するという内容であったが、米側は即座に拒否した。

マッカーサーは「米船艦や航空機などの日本への進入」が新たな合意によって影響を受けないことや、米軍撤退に事前協議が適用されないことを含む米側解釈が「明確な記録」として残されなければならないと強調した。マッカーサーは基地権維持のために事前協議制度を制限する事項を全て記録に残すことが必要だと考えていたのである。(80)

鉄壁の拒否にぶつかった日本側は六月一〇日になって、一連の米側解釈を「討論記録」に残す案を検討中だと米大使館に伝えた。山田次官は沖縄問題でも同じ形式の文書を作成することを検討しており、これなら「日米双方の立場を十分に併記できる」と説明している。沖縄に関する記録とは、琉球諸島に武力攻撃が行われた際に日米が協議するという趣旨を記載した文書を指すが、こちらは最終的に「合意された議事録」として公表された。

日本側の新提案を受けたマッカーサーは六月一一日の公電で「討論記録であれば、日本側の問題を解消するだけでなく、記録に残さなくてはならない我々の立場も守られる」と国務省に日本側提案を受け入れるよう進言した。(81) 米側は双方の見解の記録という形式であれば、露見しても「合意ではない」と釈明できる余地がある点で日本政府の政治的立場も守られるとみていた。(82)

日米は六月一九日までに適用除外事項を討論記録に残すことに合意した。形式は日本側の提案通りだが、内容は米側の解釈を全面的に踏襲したものだ。一九六〇年一月六日、藤山とマッカーサーが署名し、討論記録は非公表の日米合意として国務省に保管されることになった。一方、米軍の配置・装備に関する「重要な変更」についての事前協議を決めたフォーミュラは「条約第六条の実施に関する交換公文（岸・ハーター交換公文）」として公表され、日本が米軍の基地使用をめぐり発言権を確保したという体裁は保たれた。

(四)　朝鮮半島有事で「例外」要求

元来、事前協議制度を理由に安保改定に難色を示していた米軍部は、「討論記録」だけでは重要な懸案が網羅されていないとの結論を下すことになった。朝鮮戦争に関連した国連軍の行動に対する後方支援を約束した「吉田・アチソン交換公文」の取り扱いである。この交換公文の効力継続に関連して、朝鮮半島有事の際に在日米軍が国連軍として取る行動に事前協議制度が適用されるかが問題となった。

旧安保条約と同時に調印されたこの交換公文の効力が新条約発効後も継続することが米側の要請であった。これに対して日本側は吉田・アチソン交換公文は旧条約の付属文書として扱われてきたので新条約発効後は効力を失うが、一九五四年に署名した国連軍地位協定で交換公文の内容はカバーされているため問題は生じない、と回答していた[83]。日本側が吉田・アチソン交換公文について詳細な見解を示したのは一九五九年五月八日である。外相藤山は、国連軍協定が存続する限り効力が延長することを規定した交換公文と、日本側の解釈を記載した非公表の付属文書を米大使館に提示した。付属文書は、吉田・アチソン交換公文で約束した「支援」が補給協力など後方支援を指すと記載したほか、米軍が軍事作戦行動のために日本の基地を使用する場合は事前協議を要するとし、国連軍としての米軍の行動も事前協議の対象とする見解を明らかにしていた。

米軍部が日本側の見解に真っ向から反論したのは、日米が討論記録で合意した六月一九日であった。統合参謀本部（JCS）は、ただでさえ事前協議制度によって減ずる軍事的効率性を大きく制限するばかりか日米間の相互性を損なうと日本側見解に不満を表明し、極東有事での国連軍の行動を以前と同じ条件で支援するよう「内密の保証」を取り付けるよう主張した。保証を得られなければ、日本からの軍撤退を検討するとさえ匂わせたのである[84]。秘密の討論記録の二項Bには日本有事以外の戦闘作戦行動での基地使用に事前協議制度が適用されることが規定されている[85]。JCSは討論記録の内容をも押し広げる例外事項を要求したのであった。

「占領期同様」のJCSの主張には、マッカーサーも自国が関係しない有事で協議なしの基地使用を受け入れる同盟国などないと抗議し、対等なパートナーシップという日米関係の精神に反すると国務省に進言した[86]。だが、国務長官ハーター（病気で辞任したダレスに代わり、一九五九年四月に長官就任）は、JCSの立場に理解を示した。事前協議なしでの直接出撃は朝鮮半島有事に限定するべきだが、「可能な限り強い言葉で」岸から了解を取り付けるようマッカ

ーサーに指示したのであった。(87)

一九五九年七月六日、岸と会談したマッカーサーは、吉田・アチソン交換公文について日本側が「事前協議なしの作戦行動は含まれないと了解されるお考えである」と承知しているが、米側はそれを認められないと伝えている。そして次のように述べたのである。

日本にある米軍が朝鮮にある国連軍を積極的に助ける必要が生じた場合、日本側に事前に協議しなければならないという約束はなし得ない。蓋し、朝鮮においては既に国連の決議に基づいて国連軍が存在しており、万一共産側が戦闘を再開するような場合は、フォーミュラでいっている普通の作戦行動とは自から別種のものである。（略）朝鮮においては、非常の場合日本側と協議することなく機動することあるべきを留保せざるを得ない。(88)

米側記録に残されたマッカーサーの発言は、さらに強い調子で朝鮮半島における共産主義勢力への最大の抑止力が、日本を含む極東の基地から即座に機動できる能力に依拠していることに言及し「米国が国連軍の支援を行うことを許すという日本が結んだ約束を無効にする恐れがある、いかなる理解も黙認できない」と述べている。(89)

マッカーサーの迫力に岸は「協議の問題は重要だ。対等な主権国家同士の新たな日米関係の核心に触れる」と検討を約束するのがやっとであった。(90) 国内の政治状況に押し出される形で安保改定の最重要懸案と化した事前協議制度に、例外を設けるよう正面から要請された日本政府は対応に苦慮することになった。

(五)　強まる「拒否権」要求

朝鮮半島有事における自由出撃を認めよ、との要求が突きつけられたのは、岸政権が安保改定をめぐる国内事情に翻弄されていた最中であった。岸政権は当初一九五九年四月までの条約調印を目標としていたが、国会対策の難航で六月下旬には三度目の調印延期に追い込まれている。警職法改正案提出後の混乱で新条約交渉が中断していた間に自民党の反主流派は日米行政協定の改定を要求し、政府は全面改定に消極的だった米側に協定の大幅改定を申し入れることを余儀なくされた。さらに六月の調印延期後には事前協議制度をめぐり日本の「拒否権」を明文化するよう求める声が党内外で強まっていったのである。(91)

「拒否権」が争点化する中、事前協議制度の例外を認めることは岸政権にとって困難な選択肢であった。日本側は八月二三日の会談で、五月八日に米側に示していた吉田・アチソン交換公文の効力継続に関する交換公文案に、朝鮮半島有事での日本の基地使用に「同意することを好意的に考慮する」との一項を付け加えることを提案した。(92)後に安保課長東郷文彦が作成した経緯説明によれば「国連軍たる米軍の行動も事前協議の枠外に非ることを明らかにすると共に併せて事前協議は同意を要するものなる趣旨」を含めたというが、表現上の問題であって米側の要請に異を唱えたわけではなかった。

米側記録によれば、日本側はこのとき「新条約下で朝鮮半島に関連した作戦について行われる事前協議の手続き」について別の文書を提出しており、そこには朝鮮半島の米軍が攻撃された場合、在日米軍が「必要であれば、迅速かつその後の協議なしで対処できる」と記載されていた。(93)日本側は公表される交換公文で朝鮮有事の事前協議に対する「好意的な考慮」を打ち出す一方で、別文書で事前協議をバイパスする仕組みについて記載することを提案したことが分かる。しかし、日本側はその後見解を変えることになった。

米側は「協議の時間的余裕なき場合の手当が必要なり」として文言の調整を求めた後、一〇月六日の会談で日本側の提案を「交換公文の追加条項」と「第一回安保委員会の議事録」の二文書に収めることを提案している。(94)ちなみに「安保委員会（安全保障委員会）」とは一九五七年六月の岸・アイゼンハワー会談に基づき設置された政府間委員会を母体にしており、新条約に伴い新たに「日米安全保障協議委員会」として設置されることになる。

提案を受けた日本側は「苦心研究」を重ねたが一一月二七日には交換公文の追加条項を取り下げ、翌二八日に日米安全保障協議委員会の議事録について代案を提案した。このとき、岸自らが「慎重に考えた結果、朝鮮問題で提案できる限界」として提示したという安保協議委員会議事録の代案を基に朝鮮有事の自由出撃を認める最終合意が形成されることになった。日本側が提案内容を変更した背景について、米側記録は次のように記す。

岸首相は後に日本側の立場を変更することになった。最初の日本側提案では次期以降の政権は秘密合意があるのではないかという追及に耐えきれず、結果的に破棄されてしまうとの結論を下したのである。(95)

岸らは公表される交換公文で朝鮮有事の事前協議で自動的に「イエス」と回答するかのような文言を残せば、実際に事前協議を迂回することを約束した秘密合意も詮索に耐えきれなくなると考えたのではないだろうか。九月には極東有事での米軍出動で「日本政府がこの米軍出動を拒否できるという保証を条文のなかにはっきりさせるべきである」と河野一郎が自民党執行部に申し入れたほか、反主流派の三木武夫も拒否権問題について米国から了解を得ることを求めるなど国内の「拒否権」要求は激しさを増していた。米側の要請を満たすには秘密合意しかないとの決断を下すにあたっては、党内外の反岸勢力から安保改定を守るとの大義名分が日本側交渉者の間に共有されていたとみるべきであろう。

(六)「日米安保協議委員第一回会合合意議事録」

一九五九年一一月の日本側提案を基に議論を重ねた結果、日米は「吉田・アチソン交換公文等に関する交換公文」で効力延長を確認することに加えて、朝鮮半島有事での自由出撃についての取り決めを非公表の「日米安保協議委員会第一回会合議事録」として残すことで合意した。(96) 最終的な合意議事録（仮訳）は以下の通りである。

マッカーサー大使：朝鮮半島では、米国の軍隊が直ちに日本から軍事戦闘作戦に着手しなければ、国連軍部隊は停戦協定に違反した武力攻撃を撃退できない事態が生じうる。そのような例外的な緊急事態が生じた場合、日本における基地を作戦上使用することについて日本政府の見解を伺いたい。

藤山外相：在韓国連軍に対する攻撃といった緊急事態が生じた場合、例外的措置として停戦協定違反による攻撃に対して国連軍の反撃が可能になるよう国連統一司令部の下にある在日米軍によって直ちに行う必要のある戦闘作戦行動のため、日本の施設・区域は使用され得るというのが日本政府の立場であることを、岸総理の許可を得て発言する。

米側に提出された最初の日本側草案とみられる一一月二八日付文書では、朝鮮半島で「予期しない攻撃（surprise attack）」が起きた際の「最初の反応（initial response）」として日本の基地を使えると記載されていた、国防省は攻撃発生後の継続的な自由使用を制限する表現だと抵抗し、より強い文言で日本から保証を得るよう迫ったのである。これらの表現は最終的に削除されたが、国務省は日本側の基本的立場を受け入れるよう強く進言した。

国務省極東局で作成された一九五九年一二月一一日付メモは「マッカーサー大使と我々は、政治的にみて岸が協議なしでの永続的な基地使用で譲歩することは困難と判断した」と国務長官に報告している。同メモによれば、日本は協議の実施を望んではいるが、実際の朝鮮半島有事で米軍の基地使用を「拒否することはありえない」という。その上で「日本において西側陣営と米国に友好的な側面を強化し、朝鮮半島で共産主義勢力が再び攻撃を仕掛けた場合、日本が米国側につく」という交渉の基本的な目標は既に達成されているとして、国防省との調整を進言したのであった。(97)

合意議事録をめぐる交渉記録はほとんど公開されていないが、結果的には一一月に提出された日本側草案は文言の微調整を加えたのみで一二月二三日には最終案として日米が合意するところとなった。米軍部は国務省の進言を基本的に受け入れたとみられる。合意議事録には、藤山とマッカーサーが討論記録と同じ一九六〇年一月六日に署名したが、実際の日米安保協議委員会は新条約調印後に正式に設置されるという変則的な形が取られた。

五　安保改定の帰結

㈠　拒否権問題の顚末

一九六〇年一月一九日、首相岸信介はワシントンで米大統領アイゼンハワーとの新条約調印式に臨んだ。発表された岸・アイゼンハワー共同声明には「事前協議にかかる事項については、米国政府は日本国民の意思に反して行動する意図のないことを保証した」と日本側の拒否権行使が認められたかのような一文が挿入されたが、事前協議制度の枠組み自体に変更がないことは日米の当局者がよく知るところであった。

河野一郎ら自民党内の反岸勢力が安保改定を認める条件として事前協議制度に関する日本の拒否権を日米合意に明示するよう要求したのを受けて、日本側は「事前協議は日本の同意を前提とする」と国内向けの説明をすることについて米側の理解を求めている。

一九五九年一〇月二一日の会談で藤山が「米軍が日本への核持ち込みや日本からの域外出撃ができるのかと問われた場合、日本政府は日本の同意なしでそのような事態は生じないと回答することになる」と述べたのに対し、マッカーサーは反論はしないが「協議はアグリーメント（同意）だとは文書では差し上げられない」と強調している。日本側も米側の基本方針に抵抗することはなく、藤山は「其の点誤解なし」として「（協議の）字自体、同意を含むので、同意なしに米側が何かやることはあり得ず、との趣旨で説明している」と応じた。[98]

だが、一九五九年一二月に入って日米の一部メディアが、朝鮮有事の際に国連軍として在日米軍が取る行動には事前協議を適用しない、との日米合意が存在することを米政府当局者の話として報道したことで事態は急変する。[99]国会で追及の矢面に立たされた藤山や外務省は朝鮮有事での日本からの出撃も事前協議制度の対象になると従来の説明を繰り返したが、紛糾を収めるには強力な措置が必要となった。

日本側は「英米の取り決めなしに英国内の基地が作戦的に使用されない」とする英首相の発言をモデルとした内容を公表される議事録にまとめることを提案したが、米側は「国内に核兵器を置いている英国とは異なる」と拒否した。[100]代替案として米側が提示したのが、共同声明に「日本の意志に背馳しない」という趣旨の文言を入れることであった。国務省はこの案であれば「同意（agreement）」の表現を直接使用していないので米側にとっても問題がないと評価している。[101]岸も藤山を通して新条約批准を左右する「鍵」である事前協議制度について米側が示した配慮に謝意を伝え、これを受け入れることとなった。[102]

米側が日本の政治的事情に配慮を示したのは、日本が事前協議制度に絡み数々の適用除外事項を受け入れた代償のようなものであった。新条約調印に伴い、日米行政協定に代わる新協定とともに事前協議制度の設置を決める「条約第六条の実施に関する交換公文」など七文書が交わされた。[103]一方で公表されない合意文書のリストには、事前協議の適用除外事項について記した「討論記録」と「第一回日米安保協議委員会議事録」が含まれている。日本側の「拒否権」が国内調整を円滑にするための文言に過ぎないことを、岸は最も認識していた一人であっただろう。後年、回顧録で次のように述べている。

危急存亡の際、事前に協議して熟慮の結果拒否権を発動することに決めてノーと言ったからといって、それが日本の安全に効果があるかどうかは議論するまでもないであろう。[104]

(二)　日本側説明の二重基準

新たに設置された事前協議制度の内実について、日本政府は対米交渉の実態とは異なる国内向けの説明を行うことに米側の理解を求めていたが、新条約批准のための国会はそうした二重基準が横行する場となった。一九六〇年二月に外務省が作成した「想定問答」は事前協議の拒否権について以下のように記す。[105]

問　「事前協議」には同意が含まれているか。

答　（略）協議が成り立つためには同意が必要なのであって、わが国の意に反して米側がそれらの行為をすることはこの事前協議制度の趣旨からいってありえない。（略）

問　事前協議を受けた際わが方には拒否権があるのか。

答　（略）米側は日本側の意志に反する行動を執る考えはないといっているのであるから、拒否権の問題が起りようがないのである。（略）

岸・アイゼンハワー共同声明を最大限アピールした内容であり、実際の答弁もこの内容に沿って行われた。しかし、はじめから拒否権の問題が生じないのであれば、事前協議制度自体が不要ではないか、と指摘されかねない本末転倒な内容であり、野党の追及が続いたのも無理からぬことであった。そのため政府は拒否権の問題については「イエスという場合もノーという場合もある」と答えるのが常であった。[106]

また、個別案件では、日本から行われる戦闘作戦行動のための基地使用に事前協議制度が適用されるかが問われた。これに対しては航空部隊、空挺作戦部隊等の発進基地としての使用という定義が示され、補給基地としての使用は含まれないことが明らかにされた。一方で、朝鮮有事で在日米軍が国連軍として機動する場合も制度の対象になるという日米合意とは異なる説明が行われた。ただ「国連協力という日本の基本的政策からして、当然作戦基地としての使用についても好意的に考慮すべき筋合いである」と含みが残された。(107)

「条約第六条の実施に関する交換公文」で事前協議の対象とされた「配置」や「装備」における「重要な変更」の定義も取り上げられた。前者について想定問答は「一個師団程度の兵力」を新たに日本に配置することであり、撤退のほか「艦艇、航空機の一時寄港、着陸」はこれに該当しないと記載している。後者には、核弾頭や中長距離ミサイルの持ち込み、これらミサイルの基地建設が該当し、核弾頭を装着しない短距離ミサイルの持ち込みは含まれないとした。「持ち込み」自体が何を指すのかについては触れていない。

第七艦隊が日本に配置された軍隊に入るかという質問に対し、防衛庁長官赤城宗徳は「第七艦隊は日本に駐留しているアメリカ軍の指揮下にありませんから、在日米軍には入りません」と想定問答に沿って回答を行った。(108)問題は、第七艦隊の艦船が搭載した核兵器に事前協議制度が適用されるかであるが、赤城は一九六〇年四月一九日の衆議院日米安全保障条約特別委員会で社会党議員横路節雄の質問にこう答えている。

日本の港に入っておる場合に、そういう装備(核装備)をする場合には、第七艦隊といえども、これは事前協議の対象になります。(109)

米側とは協議していない、日本の独自解釈を表明した形であった。条約局長高橋通敏の回想によれば、新条約調印後の早い時期から「核持ち込み」の説明について外務省や防衛庁などで話し合いを行い、「核持ち込みには寄港・通過も含むということで一致した」のだという。(110)この経緯について日本側の記録は沈黙しているが、激しさを増す野党の追及に直面して独自見解を表明せざるをなくなったとみられる。以降、核搭載艦船の寄港・通過が事前協議の対象か否かをめぐる日米の公的な説明は平行線を辿ることになった。

しかし、日本の独自解釈が示されたのは核搭載艦船の寄港問題に限らない。事前協議の対象として国会で詳しく説明が行われた戦闘作戦行動のための基地使用や、装備・配置の「重要な変更」の定義についても日米間で詳しく協議された形跡はない。それらは日本政府が国内向けに説明したい内容であって、米側と実際に協議を実施することを想定していたのではなかったということである。米側も例外事項を含む事前協議制度の実質に影響が及ばない限りにおいては、日本側の二重基準を黙認したのであった。

(三)「密約」としての事前協議制度

新条約では内乱条項や第三国への基地権付与禁止条項が削除された。より重要な変化は第五条で米国の日本防衛義務を明記し、武力攻撃の際に「共通の危険」に対処するという相互防衛条約の体裁を整えたことであった。旧条約最大の欠陥とみなされていた米国の日本防衛義務の欠落は是正されたが、日米が互いを守り合う関係へと変化したわけではない。米国は日本を守るが、日本が守るのは在日米軍とその基地に限られている。外からは集団的自衛権の行使とみえるが、国内では個別的自衛権の行使と釈明できる仕組みである。

条約は一方で、第六条で日本が自国防衛と「極東の平和と安全」のために米軍に基地を提供する義務を負うことを規定した。米国の日本防衛を決めた第五条と米国への基地提供義務を決めた第六条は日本にとって「基地を貸して守ってもらう」関係に該当する。米国にとっては、日本の基地提供によって極東への足掛かりを得る関係である。相互防衛の形式を巧妙にまとってはいるが、新条約はむしろ旧条約で構築された基地を媒介とした取引関係を強固にしたのであった。

安保改定は旧条約と同様に極東作戦に資する基地権を長期的に維持することを最大目標に位置付ける米国のイニシアチブで進められた。条約改定を認める前提条件から海外派兵義務を取り下げ、条約区域を日本本土に限定することにも応じたのは、日本の政治事情を慮ったというよりは、日本側の防衛努力を引き出そうと圧力をかけることが日本中立化の危険を増大させ、最大目標の達成を危うくすると判断したからである(111)。

新条約調印を控えたマッカーサーが指摘している通り「米軍駐留は本質的には我々自身の利益によるもので、日本に便宜を図るものではない。駐留の権利をできるだけ控えることが新条約を政治的に受け入れやすいものにする」のであった(112)。双務的な義務を要求せずに日本を守る代償として極東条項の存置に成功するなど、米国は日本の価値を減じることは決してなかった。むしろ安保改定を契機に日本政府の承認下で基地権をこれまで以上に安定的に維持することが可能になったのである。

米軍の既得権が大幅に維持される中で、その基地使用について日本の発言権を確保する仕組みが事前協議制度であった。基地を媒介とする非対称な協力関係においては、一方的に守られる側がどう守られたいのかを意思表示することで初めて主権国家として対等な立場に立つことができる。その意味では、事前協議制度は新条約下の日米関係における対等性の唯一の担保であり、制度確立は国内世論の要請であった。それは、政治的争点として浮上するに伴い安保改定の成立を左右する最重要課題と位置付けられていったのである。

しかし、新たな軍事的義務の負担を諦めた日本側は、米国の日本防衛義務と引き換えに差し出せるのが基地に限定される以上、米軍の域外使用に事前協議を課することで基地の価値を損なうことを懸念した。同時に国内政治上、本土防衛以外の基地使用を積極的に認めることもできなかったのである。事前協議のジレンマを打破できるかは、どのように守られたいか、または守られることを拒否するかを主体的に選ぶことを前提としていたが、日本政府は安保改定の挫折を恐れてこうした選択自体を放棄したのであった。米国にとっても在日米軍基地は極東戦略実行の足場であり、その使用を日本が制限することはあってはならなかったのである。

東郷文彦は「現行安保条約は相互防衛と憲法を両立させるぎりぎりの所で出来上がっている」と述べているが、本来は両立しない二つを寄り合わせた構造ということである。[113]言い換えれば、新条約は「日本防衛」と「極東防衛」という方向性の異なる目的を両立させた構造になっている。この構造において事前協議とは、具体的な交渉に踏み込む前から実質的には存在し得ない制度であった。

当然の帰結として、事前協議制度をめぐる日米交渉は、協議の対象となる部隊配置や装備の具体的な内容ではなく、日本の国内向け説明の文言や合意文書の形式に終止した。必要なのは事前協議制度が機能するという建前であった。実質的な協議内容にまで踏み込むことは、このジレンマに対して日本側が回答を迫られることを意味するからだ。一方の米国にとっては、事前協議制度が適用される事案を最大限狭めることが重要であり、建前の問題では譲歩が可能であった。日米関係を堅固に再構築するという当初の目的からも、岸ら日本国内の親米保守派の基盤を強化することは合理的だったのである。

国内向けに米国との「対等性」を証明したい日本側と、極東作戦における軍事的柔軟性を維持したい米側。双方の利益を実現するために、事前協議制度の設置や日本の拒否権は公表される交換公文や共同声明に盛り込まれ、事前協議を迂回する事案は非公表の文書に書き込まれたのであった。一連の作業は「体裁」を重視する日本と「実質」に固執する米国による歴然たる共同作業であった。事前協議制度をめぐる日米交渉の経緯は、制度が日本側の政治的体面を保持しつつ、日本を拠点とした米軍の極東防衛を支える装置として設定されたことを示しているのである。

かくて事前協議の実施が必要とされた二つの重要事案—核搭載艦船の寄港と域外への直接出撃についても同様の扱いが取られた。日本の反核感情の深刻度に配慮した米側が明確に持ち出さなかった核搭載艦船の扱いについては、一貫して議論が行われないまま秘密文書が作成された。一方、米側が正面から事前協議制度の例外扱いを求めた朝鮮有事の直接出撃では、日本も米側の要請を明確に理解した上で秘密文書が作成された。違いは米国の提案の手法を反映したもので、日本側が内容を追及したり、反対したりしなかったという点では大差がない。秘密の文書を作成する上で交渉当事者に「密約」の認識があったかが議論されてきたが、問題の全体像からすれば核心ではないように思える。より深刻なのは、協議を行おうとする日本側の意志が見えないことである。その意味では、安保改定の最大の成果として喧伝された事前協議制度自体が一つの「密約」であったといえるのかもしれない。仮に日本側に協議が必要となる事態が起きた際に制度の詳細を再検討しようとの意思があったとしても、この「密約」は日米双方の要請を満たすよう綿密に構築されていたために簡単に変更されることはなかったのである。

注

（1）米国に対する岸の評価について、原彬久『岸信介—権勢の政治家』（岩波書店、一九九五年）、拙著『共犯の同盟史—日米密約と自民党政権』（岩波書店、二〇〇九年）などを参照。

（2）岸とCIAの関係については次の著書が詳しい。春名幹男『秘密のファイル』上・下（新潮文庫、二〇〇三年）、マイケル・シャラー、市川洋一訳『日米関係とは何だったのか』（草思社、二〇〇四年）。

（3）Position Paper, Subject: Foreign Minister Shigemitsu Visit, Washington August 25-September 1, 1955, Conservative Merger（August 22, 1955）Lot 60 D 330, RG 59, NA.

（4）東郷文彦『日米外交三十年—安保・沖縄とその後』（世界の動き社、一九八二年）四八〜五〇頁。

（5）坂元一哉『日米同盟の絆—安保条約と相互性の模索』（有斐閣、二〇〇〇年）一八三〜一八八頁。
（6）細谷・有賀・石井・佐々木編、前掲書、四一二〜四一三頁。
（7）Memorandum or Conversation, Subject: Conversation between Prime Minister Kishi and Secretary Dulles, June 20, 1957, secret, *FRUS*: 1955–57, Vol. XXIII, pp. 387–388.
（8）東郷、前掲書、四七頁。
（9）Telegram from the Embassy of Japan to the Department of State, February 12, 1958, Secret, *FRUS*: 1958–60, Vol. XVIII, Japan; Korea, pp. 4–7.
（10）Letter from the Ambassador to Japan to Secretary of State, April 18, 1958, Secret, *FRUS*: 1958–60, Vol. XVIII, p. 24.
（11）Letter from the Ambassador to Japan to Secretary of State, February 18, 1958, Secret, *FRUS*: 1958–60, Vol. XVIII, pp. 8–10.
（12）Letter from the Ambassador to Japan to Secretary of State, April 18, 1958, Secret, *FRUS*: 1958–60, Vol. XVIII, p. 25.
（13）Letter from the Ambassador to Japan to Secretary of State, February 18, 1958, Secret, *FRUS*: 1958–60, Vol. XVIII, p. 9.
（14）Tokyo 3202（611. 94/6–558）RG59, NA.
（15）東郷、前掲書、五六〜五九頁。
（16）Tokyo 3202（611. 94/6–558）RG59, NA.　事前協議のほかに日本政府は自衛隊と在日米軍の協力の確認についても要請した。これは、日本に対する侵略行為が発生した場合の米軍の援助を間接的に明確化するためであった（東郷、前掲書、五六〜五七頁）。
（17）いわゆる「密約」問題に関する調査に伴う外務省公開文書（以下、「密約」調査に伴う外務省公開文書）、その他関連文書①—9「七月三十日藤山大臣在京米大使会談録抜萃」（一九五八年七月三〇日）http://www.mofa.go.jp/mofaj/gaiko/mitsuyaku/kanren_bunsho.html（以下、有識者委員会報告書発表に伴って公開された外務省文書のうち「その他関連文書」

の出典は同ウェブサイト、文書番号の表記は外務省が作成した文書一覧リストに準ずる）。

（18）東郷、前掲書、六一頁。

（19）「密約」調査に伴う外務省公開文書、その他関連文書①―12「八月二十五日総理、外務大臣、在京米大使会談録」（一九五八年八月二五日）。

（20）Tokyo 357（611. 94/8-1858）RG59, NA.

（21）原彬久『日米関係の構図　安保改定を検証する』（NHK出版、一九九一年）一二三～一二五頁。

（22）マッカーサーと内密に行った会談の中で岸は、教育界における左翼勢力の影響力を排除すると宣言。翌年の参院選後には憲法改正に必要な議席を確保するための選挙制度改正法を導入したいとの見解を述べている。Tokyo 83（794. 00/7-1258）RG59, NA.

（23）Telegram from the Commander in Chief, Pacific to the Joint Chiefs of Staff, August 19, 1958, Top Secret, *FRUS*: 1958–60, Vol. XVIII, pp. 52–57.

（24）Ibid.

（25）Memorandum of Conversation, Subject: State-Defense Discussion Concerning Revision of Japanese Security Arrangements in Preparation for Meeting the Secretary and Foreign Minister Fujiyama（794. 5/9-958）RG59, NA.

（26）Ibid.

（27）Memorandum of Conversation, September 11, 1958, Secret, *FRUS*: 1958–60, Vol. XVIII, pp. 73–84.

（28）Tokyo 743（794. 5/10-558）RG59, NA.

（29）「密約」調査に伴う外務省公開文書、その他関連文書①―18「十月四日総理、外務大臣、在京米大使会談録」（一九五八年一〇月四日）。

（30）前掲「十月四日総理、外務大臣、在京米大使会談録」。マッカーサーが一九五八年二月一八日付の公電に添付した草案では、条約区域は「西太平洋」とされている。実際の適用範囲は日本本土と沖縄、小笠原であるため実質的な変化はないが、新条約により広範な相互性を要求する軍部などの意向を反映して「太平洋」に変更されたとみられる。

（31）日米安保条約にまつわるもう一つの密約として挙げられるのが、米軍人・軍属が起こした事件事故処理における刑事裁判権放棄の合意である。マッカーサーはこの日の会合で一次裁判権を引き続き日本が放棄するよう求めたのだった。裁判権放棄の密約については以下の文献が詳しい。布施祐仁『日米密約　裁かれない米兵犯罪』（岩波書店、二〇一〇年）。

（32）Tokyo 728 (794. 5/10–358) RG59, NA.

（33）序章で取りあげた米公文書「日本と琉球諸島における米軍基地権の比較」は、「その時の状況に照らして」の文言を設けた意図は、緊急時の行動の自由を担保するためであったと明記している。Comparison of U.S. Base Rights in Japan and the Ryukyu Islands, folder of Status of Force Agreement; Box 8, History of the Civil Administration of the Ryukyu Islands, Records of Army Staff, RG 319 NA.

（34）東郷、前掲書、七一頁。

（35）前掲「十月四日総理、外務大臣、在京米大使会談録」。

（36）「密約」調査に伴う外務省公開文書、その他関連文書①―19「安全保障調整に関する件」（一九五八年一〇月六日）。

（37）「密約」調査に伴う外務省公開文書、報告書文書1―2「日米相互協力及び安全保障条約交渉経緯」（一九六〇年六月）。

（38）日本側は交渉に先立ち、核搭載艦船の入港を含む核兵器持ち込みに「事前同意」を義務づける交換公文案を作成したが、米側には提出しなかった。外務省は日米安保体制下で米軍が日本に駐留する限り、米国は「核兵器を日本に持ち込まないと義務として約束することは拒まざるを得ない」と結論づけていた。「密約」調査に伴う外務省公開文書、その他関連文書①―2「安保問題に関し大臣より総理に協議願ふべき事項」（一九五八年六月一七日）。

（39）東郷、前掲書、七六〜七七頁。

（40）Tokyo 874 (794. 5/10–2258) RG59, NA.

（41）「密約」調査に伴う外務省公開文書、その他関連文書①―31「DRAFT TREATY OF MUTUAL COOPERATION FOR SECURITY BETWEEN JAPAN AND THE UNITED STATES」（一九五八年一一月二五日）。

（42）「密約」調査に伴う外務省公開文書、その他関連文書①―32「十一月二十六日藤山大臣在京米大使会談録」（一九五八年一一月二六日）。

（43）平成二二年度第一回外交記録公開文書、日米安保条約の改正にかかる経緯①（0611–2010–0798–01）、「沖縄を条約区域に含ませる場合の問題点」（一九五八年一〇月九日）。

(44) 国会会議録、衆議院外務委員会第一一号（一九五八年一〇月三一日）、岸の狙いも安保改定を契機に施政権返還の端緒を開くことにあったと指摘する文献もある（波田野、前掲書、九〇〜九一頁）。
(45) 国会会議録、衆議院外務委員会第四号（一九五八年一〇月二一日）。
(46) 平成二二年度第一回外交記録公開文書、日米安保条約の改正にかかる経緯②（0611-2010-0798-02）、「十二月三日藤山外務大臣マッカーサー大使会談録」（一九五八年一二月三日）。
(47) 「密約」調査に伴う外務省公開文書、その他関連文書①—20「安保条約改正試案の問題点」（一九五八年一〇月七日）。
(48) 一九五八年一二月の時点で岸信介首相はマッカーサー大使に対し、与野党共に条約区域を日本本土に限定すれば安保改定を乗り切れると伝えている。Tokyo 1184 (794. 5/12-758) RG59, NA.
(49) Tokyo 948 (794. 5/11-358) RG59, NA.
(50) Tokyo 3380 (611. 94/6-1958) RG59, NA.
(51) Tokyo 1302 (794. 5/12-2458) RG59, NA.
(52) 「密約」調査に伴う外務省公開文書、その他関連文書①—26「十一月七日藤山大臣在京米大使会談録」（一九五八年一一月七日）。
(53) Tokyo 792 (794. 5/10-1358) RG59, NA.
(54) 東郷、前掲書、七八〜八〇頁。
(55) 国会会議録、衆議院日米安全保障条約等特別委会議録第二一号（一九六〇年四月二〇日）。
(56) Tokyo 1115 (794. 5/11-2858) RG59, NA.
(57) State 706 (794. 5/11-1058) RG59, NA.
(58) Letter from Walter S. Robertson to Robert H. Knight (794. 5/12-2458) RG59, NA.
(59) Tokyo 948 (794. 5/11-358) RG59, NA.
(60) 「密約」調査に伴う外務省公開文書、その他関連文書①—35「日米安全保障新条約の基本問題」（一九五八年一二月九日）。
(61) 「密約」調査に伴う外務省公開文書、その他関連文書①—42「三月二十日藤山大臣在京米大使会談録（其一）」（一九五九年三月二〇日）。

(62)「密約」調査に伴う外務省公開文書、その他関連文書①―59「六月十九日藤山大臣在京米大使会談録」(一九五九年六月一九日)。
(63)国会会議録、衆議院日米安全保障条約等特別委員会会議録第四号(一九六〇年二月二六日)。
(64)Telegram from Department of State to the Embassy in Japan, November 17, 1959, Confidential, *FRUS*: 1958-60, Vol. XVIII, p. 231.
(65)国会会議録、衆議院日米安全保障条約等特別委会議録第二二号(一九六〇年四月二〇日)。
(66)「密約」調査に伴う外務省公開文書、その他関連文書①―42「三月二十日藤山大臣在京米大使会談録(其一)」(一九五九年三月二〇日)。
(67)前掲「日米相互協力及び安全保障条約交渉経緯」(一九五九年六月)。
(68)同上。
(69)State 2076 (320. 1) RG84, NA.
(70)Telegram from the Department of State to the Embassy in Japan, December 6, 1958, Secret, *FRUS*: 1958-60, Vol. XVIII, p. 107.
(71)「いわゆる『密約』問題に関する有識者調査委員会報告書」第二章「核搭載艦船の一時寄港」、二五〜二六頁、坂元一哉氏による論文は、国務省発行の外交文書集では非公開となっていた当該部分を明記した文書を用いている。
(72)Kristensen, "Japan Under the Nuclear Umbrella", op. cit., p. 13.
(73)「いわゆる『密約』問題に関する有識者調査委員会報告書」第二章「核搭載艦船の一時寄港」、二七頁。
(74)序章参照。米文書「日本と琉球諸島における米軍基地権の比較」によれば、米側解釈の核持ち込みとは配備(emplacement)と貯蔵(storage)に限定される。
(75)有識者調査委員会報告時に外務省が公開した記録には明らかな欠損があることに言及しておくべきだろう。とりわけ、事前協議制度の交渉過程についての記録が抜け落ちている。東郷文彦氏が安保改定後に交渉経緯をまとめた文書(「日米相互協力及び安全保障条約交渉過程」)が唯一の資料といっても過言ではない。事前協議制度の交渉を検証した記録は存在するが、日本側に不利な事実については回避した記載も多く、十分なものではない。

（76）東郷文彦氏は後に「現行の手続き」について、米艦船が日本に入港する際の通告義務について規定した日米地位協定第五条との関係を指していると錯誤しており、米側が核搭載艦船の寄港を事前協議制度の適用外と考えているとは思わなかったと説明している（前掲「日米相互協力及び安全保障条約交渉経緯」）。
（77）「密約」調査に伴う外務省公開文書、その他関連文書①—56「五月十四日山田次官在京大使会談に関する件」（一九五九年五月一四日）。
（78）State 2420（320. 1）RG84, NA.
（79）Ibid.
（80）Tokyo 2420（320. 1）RG84, NA.
（81）Ibid.
（82）序章参照。
（83）Tokyo 743（794. 5/10–558）RG59, NA、前掲「十月四日総理、外務大臣、在京米大使会談録」。
（84）State 2014（794. 5/6–1959）RG59, NA.
（85）序章参照。
（86）Tokyo 2751（794. 5/6–2159）RG59, NA.
（87）State 2059（794. 5/6–2459）RG59, NA.
（88）「密約」調査に伴う外務省公開文書、報告書文書2—1「七月六日総理、外務大臣、在京米大使会談録」（一九五九年七月六日）。
（89）Tokyo 43（794. 5/7–659）RG59, NA.
（90）Ibid.
（91）国内的要請を受けて日本は米側が再交渉を拒否していた行政協定についても見直しを要請している。一九五九年三月に始まった行政協定改定交渉は六月には大筋で合意し、翌年一月の新条約調印と同時に「日米地位協定」として公表された。
（92）前掲「日米相互協力及び安全保障条約交渉経緯」。
（93）Memorandum from Persons to the Secretary, Subject: US-Japan Treaty Negotiations: Korea Problem（December

2, 1959) Lot File 63 D 341, NA.

(94) 米側がこのとき交換公文の追加条項もしくは日米安保委員会議事録のいずれか一つを採用するよう提案したと記載した文献（波多野、前掲書）があるが、米側記録と合わせて読むと、二つを同時に提案したと読むのが正確である。

(95) Memorandum, Subject: US-Japan Treaty Negotiations: Korea Problem (December 2, 1959) Lot File 63 D 341, NA.

(96) 春名幹男氏による「いわゆる『密約』問題に関する有識者調査委員会報告書」第三章「朝鮮半島有事と事前協議」、五一頁。

(97) Memorandum from Steeves to the Secretary, Subject: United States-Japan Treaty Negotiations (December 11, 1959) Lot File 63 D 341, NA.

(98) 「密約」調査に伴う外務省公開文書、その他公開文書②—76「十月二十一日　藤山大臣在京米大使会談録」（一九五九年一〇月二一日）。Telegram from the Embassy in Japan to the Department of State, October 22, 1958, Confidential, *FRUS*: 1958–60, Vol. XVIII, p. 225. 米側記録には日本側記録にはない「核持ち込み」と「在日米軍の域外出動」に関しての詳しい発言が収められている。

(99) 当時の報道については坂元、前掲書、二六三～二六六頁。

(100) 日本側はほかに「極東」の範囲、内乱条項についても議事録作成を要請したが、米側は文書化を拒否した。

(101) Telegram from the Department of State to the Embassy in Japan, December 18, 1959, Confidential, *FRUS*: 1958–60, Vol. XVIII, p. 248.

(102) Telegram from the Embassy in Japan to the Department of State, December 22, 1959, Confidential, *FRUS*: 1958–60, Vol. XVIII, pp. 250–251.

(103) 日米地位協定の正式名称は「第六条に基づく施設及び区域並びに日本国における合衆国軍隊の地位に関する協定」。

(104) 岸信介『岸信介回顧録　保守合同と安保改定』（廣済堂出版、一九八三年）五三二頁。

(105) 「密約」調査に伴う外務省公開文書、その他関連文書①—72「事前協議に関する交換公文関係（想定問答）」（一九六〇年二月六日）。

(106) 波多野、前掲書、一六八頁。

(107) 前掲「事前協議に関する交換公文関係（想定問答）」。

(108) 国会会議録、衆議院日米安全保障条約特別委員会二四号（一九六〇年四月二七日）。

(109) 「いわゆる『密約』問題に関する有識者調査委員会報告書」第二章「核搭載艦船の一時寄港」、三五頁。

(110) 原、前掲書『日米関係の構図　安保改定を検証する』、一八一〜一八二頁。

(111) 第一章二節、または原、前掲書『日米関係の構図』、二〇〇〜二一一頁。

(112) 原、前掲書『日米関係の構図』、一九六頁。

(113) 東郷、前掲書、九九〜一〇〇頁。

第三章 「あいまい合意」の形成—核搭載艦船の寄港をめぐって

一 日米「パートナーシップ」の深層で

(一) 「低姿勢」の時代へ

一九六〇年七月に誕生した池田内閣は「寛容と忍耐」を掲げ、安保改定をめぐって頂点に達した野党との対決型政治に和解をもたらすことを緊急の任務とした。威圧的な岸の「高姿勢」が反発を呼んだのに対し、国民に直接訴えかける「低姿勢」への転換が主眼である(1)。

政策面での新機軸は「所得倍増」論であった。安保闘争の傷を癒やし、経済的な共通目標を掲げて前進を呼び掛けるという手法は国民の大きな支持を得ることになった。一九六〇年九月に所得倍増実現のための具体的施策として発表された新政策は毎年一〇〇〇億円の減税、公社債市場の整備など大胆な措置を含むものであった。六一年以降の経済成長率は年率九%を超え、六七年には国民所得の倍増を達成する。それは、安保改定を政権の最大の課題とした防衛・再軍備の岸から軽軍備・経済復興を優先する吉田路線への回帰であった(2)。

外交面では、日本の輸出型経済拡大のための最大市場を提供する米国との関係改善が課題となった。国民の間に反米感情を噴出させた安保闘争の余塵を取り除くという観点からも、日米関係の重心を軍事から経済問題へと移行させることについては、米国の新政権も同意するところであった。

一九六一年一月に史上最年少の四三歳で米大統領に就任したジョン・F・ケネディ（John F. Kennedy）は、冷戦が深刻化するなか内外の政策で現状維持を強いられたアイゼンハワー時代への決別を宣言し、各界から「ベスト・アンド・ブライテスト」を起用した。(3) アジア戦略の再構築を狙ったケネディは、著名な経済学者ジョン・ケネス・ガルブレイス（John K. Galbraith）をインド大使に任命するなど主要国の大使ポストでも職業外交官にこだわらない人事を行ったが、「東アジア研究の星」と称されたハーバード大教授エドウィン・ライシャワー（Edwin O. Reischauer）の日本大使起用もその一つだった。

ライシャワーは一九六〇年、雑誌『フォーリン・アフェアーズ』一〇月号に発表した論文「断絶した対話」で、岸ら保守親米層との関係に偏重し、日米関係を軍事同盟という限られた観点から扱ったアイゼンハワー政権と在日米大使館を批判し、幅広い層との対話を修復することの重要性を説いた。(4) 一九六一年四月に駐日大使に就任すると、野党や学生グループら前政権では敵対勢力とみなされた人々との接触を図り、妻で明治の元勲松方正義の孫娘であるハルを伴って日本各地を訪れ、瞬く間に大衆を魅了した。

戦後日米関係の重要性を日米双方に認識させることが最大の任務だと自任していたライシャワーは、「イコール・パートナーシップ」という言葉を用いたが、それには被占領国であった日本を対等なパートナーとして扱うという趣旨のほかに、世論を刺激する軍事的なニュアンスが濃い「アライアンス（同盟）」を回避するという含意があった。(5)

さらに、池田の政治手法については、政治的暴力行為防止法案などの重要懸案を棚上げしているとしてポスト池田をにらむ福田赳夫ら自民党内の有力者らから批判の声が高まっていたが、ライシャワーは中立主義の伸長を抑えるのに貢献した「低姿勢」を高く評価し、池田支持が「米国の国益」と述べている。(6) 軍事面での協力を求めてあからさまな圧力をかけるのを回避し、米国もまた「低姿勢」で日本に向き合うべきだとするのが持論であった(7)。

一九六一年六月にワシントンで行われた日米首脳会談は、ライシャワーらが路線を敷いた新たな「パートナーシップ」時代を象徴する出来事であった。両首脳はヨット会談で親密さを演出し、自由貿易政策の重要性などで一致したが、最大の成果は貿易経済合同委員会など三委員会の設置に合意したことであった。同様の委員会が設置されたのはカナダのみであり、日米間には防衛問題に限らない多様な対話枠組みが生まれることとなった(8)。

(二) ケネディ政権の対日政策

日米が「パートナーシップ」時代を迎えるに伴い米国は「低姿勢」の対日アプローチを選択するに至ったが、そのことは米国が同盟国としての負担要求を控えたことを意味しない。むしろ、アジアを取り巻く環境が大きく変わる中で米国が日本に対して求める貢献の形は多様化していったのである。

ケネディ政権は、アイゼンハワー政権の大量報復戦略を大きく修正し、新たに「柔軟反応戦略」を採用した。対ソ核優位が失われつつあるという認識下で国防長官ロバート・マクナマラ（Robert S. McNamara）が中心となり構築した新戦略は、核兵器のみならず通常兵器による地域紛争から全面的な核戦争までのあらゆる軍事的事態に対応可能な柔軟性を確保することを通じて、紛争のエスカレーションを回避することを目的としていた。戦略を遂行するため、ケネディは一九六一年三月の一般教書演説で軍事予算に事実上のシーリングを設けてきた前政権の方針を放棄し、軍事費の増額に乗り出す意向を表明した(9)。

国防予算増を賄う経済力について、国内では大規模減税が高成長と雇用増を生み出す好循環がそれを支えてきたが、同盟国との関係においては一九五〇年代末から表面化した国際収支の悪化が影を投げ掛けていた。一九六一年二月の国際収支特別教書には、前年の国際収支が三八億ドルの赤字に達したことが盛り込まれ、ケネディは国際収支の改善を同盟国との経済・防衛問題に結び付けて進める方針を明らかにした。[10]

東アジアに目を転じると一九五〇年代末から激化していた中ソ対立があった。ソ連との摩擦を受けて中国がより敵対的な行動に出る恐れがあると主張する「中国脅威論」は米政権内に浸透しており、中国がゲリラ支援を行っているとされたラオス内戦や、後に米国の力を切り崩すベトナム問題も深刻さを増していた。アジアで勃興する新たな脅威に対処する上でも柔軟反応戦略における同盟の維持・強化という側面が強調されるようになったのである。[11] こうしたなか日本には、将来の経済大国として自国の防衛力を強化するだけでなく、米国のアジア戦略を支援するための責任分担が期待されたのである。

米国の対日方針は一九六二年春にまとめられた国務省文書「米国の対日政策・行動指針」に表れている。文書は冒頭で、日本が中国に対抗する政治的かつ軍事的な「カウンター・ウェイト」として発展するよう期待を表明し、米国と西側諸国の利益につながる形で影響力を発揮させることを基本路線とした。具体的な目標として、穏健な西側志向政府の存続、在日米軍基地の維持などを挙げたほか、米国の収支改善のため日本の貿易自由化と、低開発国に対する日本の支援を求めている。過度な圧力は回避すべきだとしながらも、日本の防衛努力増大と近代化を奨励した。[12]

以上の方針に基づき対日要求項目とされたのは、東南アジアへの開発援助であり、軍事面では米国製兵器の購入や自衛隊の近代化であった。[13] 一九六二年一〇月に在日米大使館が中心になって作成した文書は、日本が安全保障で「過去一五年にわたり、ただ乗りしてきた」と指摘し、計約六億ドルの収支改善につながる兵器購入を求めるべきだと記している。[14]

対外収支の問題を除いても、米国は日本の防衛水準に不満であった。米側からみれば、国民総生産（ＧＮＰ）の約一%程度の防衛費は不十分であり、「ただ乗り論」の主要な根拠となっていた。一九六三年一月の日米安全保障協議委員会では防衛努力を強調する日本側に駐日米大使ライシャワーまでもが「予算全体の伸びに追いつかないばかりか、GNP比では一切増加していない」と失望を露わにしている。[15] ライシャワーは防衛負担をめぐる米国のいら立ちが二国間関係に波及することを懸念していたが、ほかにも中国問題をめぐって埋めがたい見解の差異が生じていたのである。

政経分離方式を採用する池田政権は、中国との貿易拡大を模索した。中国見本市で中国国旗が引きずり下ろされた一九五八年の長崎国旗事件以来、断絶していた日中貿易はバーター貿易方式の「LT貿易」という形で一九六二年一一月に再開する。[16] 池田の対中外交は対米協調路線を踏み外すものでなかったが、米国はそれを離反の兆候と受け取った。[17] 一九六二年九月二六日の演説で国務次官補アヴェレル・ハリマン(Averell W. Harriman)は、中国は貿易を政治的武器として利用しており、中国への接近は日本と西側諸国の間に存在する「自由世界の貿易発展のための大きな機会」を危うくすると警告した。[18]

さらに一九六二年一二月に開催された第二回日米貿易経済合同委員会の挨拶ではケネディが「重要な問題は中国共産勢力の増大」だと述べ、日米連携による中国封じ込めを説いている。[19] そのころ中印国境紛争が大規模な武力衝突に発展、中国の核開発が着々と進んでいたことからも中国の脅威は米国にとって深刻さを増していたのである。

しかし、貿易経済合同委員会の最中に行われた外相会談でのやり取りは、それぞれの対中国観の違いを際立たせる内容であった。「米国は中国を放っておいてやればいい」と発言した外相大平正芳に、国務長官ディーン・ラスク(D. Dean Rusk)が「中国は東南アジアやインドに圧力をかけているではないか」と反論している。[20] 米国はこの後、池田政権の「誤った認識」の修正を試みるため中国の核開発に関して情報提供の用意があることも伝えているが、米側の期待に応えようとする動きは日本側では見られなかった。[21]

(三) 米軍部の核持ち込み要求

中国脅威論が高まる中で西側同盟結束の重要性を再認識した米側は、別の形でも日本に同盟国としての要求を繰り出しつつあった。それは、在日米軍基地の使用権拡大であり、米軍部は日本の領土内への核持ち込みを実現しようと画策していたのである。

先に取り上げたケネディ政権の「米国の対日政策・行動指針」には、「(核) 貯蔵は、政治的に可能な場合は追求すべき軍事上重要な目標である」との一文がある。[22] これは、一九六一年一一月時点で国務省がまとめた対日政策方針の草案にはなかったもので、国務省の抵抗にもかかわらず、統合参謀本部(JCS)の強い要求で挿入されたのである。[23]

ケネディ政権下で米軍の核は大きく拡充され、一九六一年四月時点で三〇一二発だった戦略核は、一九六四年七月には約六割増の五〇〇七発が配備されている。[24] JCSは核戦略増強の一環として極東の要衝である日本の核基地化を念願としていたが、核攻撃のターゲットをソ連から中国へと拡大するに伴い、〝敵地〟に近い日本本土に核を配置したいとの欲求が強まったとみられる。[25]

しかし、その実現には高いハードルが控えていた。一九六〇年の日米安保条約改定に伴って交わされた「条約第六条の実施に関する交換公文」で、核兵器の搬入、貯蔵を含む装備の「重要な変更」は事前協議の対象となった。日本で核兵器貯蔵を正面から持ち出せば、事前協議で拒否されるだけでなく、日米関係を揺るがす事態に発展する恐れすらあった。

一九六一年六月一九日の記録によれば、前日の国防・国務両省、ホワイトハウス幹部が集まった昼食会で、国防副長官ロズウェル・ギルパトリック（Roswell L. Gilpatric）が来る池田・ケネディ首脳会談で米軍の核貯蔵権を議題にできないか提案したところ、他の出席者は中国が核戦力を確保することになれば、日本の反核感情が緩和される可能性があることを認めながらも、現時点では「賢明ではない」と反対している。[26]首脳会談では、核持ち込み問題が取り上げられることはなかった。

一九六二年三月二三日の国務・国防両省の合同会議でも「日本への核兵器分散」が議題となり、JCSの陸軍参謀長ジョージ・デッカー（George H. Decker）が「米空軍は、沖縄や韓国にある核兵器にすぐアクセスできず、対応措置を執るのに時間が長く、極めて脆弱な立場だ」と日本での核貯蔵権獲得に向け協議を始めるよう提案した。[27]一九五〇年代後半以降から三沢、横田、板付を含む在日米軍の航空基地では核攻撃能力を持つ戦闘機、戦術爆撃機部隊等が展開し、核攻撃に出撃できる態勢をとり続けていたが、こうした実戦部隊の傍に核兵器を置くことで対処時間を短縮したいというのがJCSの意向であった。[28]

会議ではJCS案に対して国務副次官アレクシス・ジョンソン（U. Alexis Johnson）が「日本の指導者は沖縄への核貯蔵には目をつぶっているが、それが譲歩の限界」などとして難色を示したため、駐日大使ライシャワーにもJCS案を説明した上で対処を検討することになった。[29]結果的にはライシャワーも「時期尚早」との国務省見解に同意を示す形で池田政権との協議開始に反対し、JCSの核貯蔵構想は断念されたのである。

四月四日、国務省宛ての公電でライシャワーは「仮に計画が漏れれば、池田は公式に抗議する立場に追い込まれる。それは（日米関係の）長期的進展に大きな後退をもたらす」と述べている。[30]ライシャワーが恐れたのは、池田が事前協議の要請などを通して「核持ち込み反対」を公式に表明せざるをえない事態に発展することであった。

(四) 同盟国日本の価値

一連の核貯蔵計画の挫折は、米軍部に日本の反核感情の根強さを痛感させるとともに、事前協議制度が軍事的要請にもたらす「制限」を認識させることとなった。その結果、同盟国日本の基地の値打ちについても軍部から疑問視する声が上がったのである。

一九六二年九月二〇日、陸軍大将マクスウェル・テイラー（Maxwell D. Taylor）のアジア視察報告書は、日本の基地について厳しい評価を下している。日本の主要な価値は、軍事力による寄与ではなく米軍が利用できる軍事施設にあるとの前提を示した上で平時には米軍の効率的運用に貢献するが、有事の価値は「不確実だ」と断じている。

極東における主要敵は中国であり、全面的戦争には原爆使用が必須となる。（日本が核兵器運用を制限すれば）在日基地の価値は大きく制限される。SIOP（単一統合作戦計画）が想定する核戦争において、在日基地の貢献は世界的にみて限定される。(31)

全面核戦争における統一作戦計画として一九六〇年代以降作成されたSIOP(32)では、核による先制攻撃も視野にソ連や中国の軍事戦略拠点や主要施設が標的として選定された。(33)テイラーは、核保有が確実視される中国との全面戦争には核使用が必要だが、中国と一衣帯水の日本に核兵器を持ち込めないのであれば、その基地には価値がないと指摘したのであった。

JCS議長に内定していたテイラーの報告は、国際収支改善の方途を探していた大統領ケネディの目に止まり、在日米軍駐留費削減について関係省庁による研究が行われることになった。(34)こうした動きに異論を唱えたのが駐日米大使ライシャワーであった。国務次官補ハリマンに宛てた一九六二年一〇月二二日の公電では、日本の基地が日本防衛に果たす役割と現在の政治状況をテイラーは見落としていると批判した。

日本が共産主義陣営や中立主義に傾くことがあれば、我々の世界的な地位は大損害を被るであろう。日本の基地の主要な役割は、私から見れば、この国が共産主義や中立主義者の手に落ちないよう食い止めることにある。[35]米軍基地を縮小すれば、米国に「見捨てられた」と感じた日本は漂流し、共産主義陣営に加担するかもしれない。

ライシャワーは基地を日米間の重要な紐帯とみなし、核持ち込みが困難であることの損失をはるかに凌ぐ政治的な価値があると訴えたのである。

国防長官マクナマラの指示で作成されたJCSによる報告書は、ライシャワーの評価と同様に在日基地の価値を確認した。一九六二年一二月七日付の報告書「日本の米軍基地」は、在日基地の主要な役割は、極東での抑止力確保、後方支援・諜報拠点であることに加え、SIOP実施に必要な施設の提供、ソ連による核攻撃の標的攪乱、そして「日米の政治的、経済的、軍事的関係維持のための重要な紐帯」だとし、基地の維持を進言した。[36]「日米パートナーシップ」時代において、冷戦の負担分担の観点からは同盟国・日本の信頼性に大きな疑義が生じたが、日米を多層的に結び付ける紐帯として基地が最大の資産であることが再認識されたのであった。そうして導き出された結論が、米軍による大幅な基地使用の自由が認められるという前提の上に成立する以上、軍事的な既得権の制限が同盟の維持にとっても死活問題になりかねないことを意味していた。

JCSは「日本の米軍基地」で在日基地維持に係る「コスト」にも注意を促しているが、核兵器の持ち込みが政治的に不可能であること、さらには日本国外への出撃に義務付けられた事前協議を挙げ「日本が関与しない限定戦争の際、基地の有用性にとって深刻な制限となる」と述べている。[37]日米が直面する懸案の一つは、事前協議制度による基地使用の制限を双方の政治的な許容範囲内でいかにコントロールするかという問題であった。

二　「討論記録」の解釈をめぐって

㈠　米原潜寄港要請の波紋

ケネディ政権は同盟国の責任分担の一環として在日米軍基地の使用権拡大を求めたが、日本国内で政治上、大きな議論を呼んだのが米原子力潜水艦の寄港受け入れ問題であった。

一九五〇年代後半、海軍の機動部隊を護衛する攻撃型潜水艦の技術革新が進展し、航続距離が長く性能に優れた「ノーチラス型」原子力潜水艦が、従来のディーゼル推進型の旧式攻撃型潜水艦に取って代わろうとしていた。海軍は西太平洋での展開を拡大していたが、日本でも横須賀、佐世保への寄港を慣習化しようと国務省に働き掛けていた。日米首脳会談と併せて行われた一九六一年六月二一日の外相会談では、軍部の要請を受けた国務長官ラスクが外相小坂善太郎にノーチラス型原潜の日本寄港を打診した。小坂は「大衆は依然、原子力に関連するものを全て核兵器に結び付けて考えがちであり、場合によっては核戦争に巻き込まれると考えている」と述べ、慎重な姿勢を示したのである。(38)

一九六三年一月九日、駐日米大使ライシャワーが正式に日本政府に原潜寄港受け入れを要請したが、その後の推移は小坂が危惧した通りであった。国会では、社会・共産両党が核持ち込みを狙う目論みだとして原潜寄港問題を争点化し、議論はノーチラス型原潜にとどまらず、核搭載の「ポラリス型」潜水艦や、あらゆる第七艦隊艦船が日本に寄港する場合の日本政府の対応を追及する方向へと発展したのであった。

ポラリス型潜水艦とは中距離ミサイル「ポラリス」を搭載した潜水艦で、一九六〇年代以降に大西洋・太平洋に配備された。[39]当時の米核戦略の中核を担う存在である。一連の議論で問題とされたのは、ポラリス型潜水艦を筆頭とした核搭載型の米艦船による日本寄港が、安保改定調印時に交わされた「条約第六条の実施に関する交換公文」で事前協議の対象とされた米軍装備の「重要な変更」に該当するのかという点であった。これに対して、防衛庁長官志賀健次郎、首相池田勇人はそれぞれ次のような答弁を行っている。

志賀「(アメリカの艦船が) 日本の港に寄港する場合は、核兵器は絶対に持ち込んでは相ならぬ、かように固い約束をしておる」(一九六三年三月二日衆議院予算委員会[40])

池田「御心配になっているポラリス、核弾頭を持った潜水艦は、私は日本に寄港を認めない」「核弾頭を持った船は、日本に寄港はしてもらわないということを常に言っております」(一九六三年三月六日参院予算委員会[41])

これらの答弁に共通するのは、潜水艦を含む米核搭載艦船の寄港・入港は事前協議の対象であり、事前協議が行われれば日本は拒否権を発動するという見解である。駐日米大使ライシャワーは一九六三年三月一九日の国務省に宛てた極秘公電で英訳した二人の国会答弁を紹介し、「死活的な案件における基本的な誤解を示す、看過できない証拠の数々」だとして強い懸念を表明した。核心はこれらの国会答弁が示す日本側の理解が「極秘討論記録の二項Cに基づくわれわれの理解と合致しない」ことであった。[42]

(二)　看過できない誤解

安保改定で事前協議制度が設置されるに伴い、日米が交わした秘密の「討論記録」は、制度を運用する上で両国が共有すべき原則について記載した文書である。[43]

うち二項Cは事前協議が「米軍部隊と装備の日本への進入、米軍機の日本への飛来、米海軍艦船の日本領海及び港湾への進入に関する現行の手続き」に影響を与えないとする。

米側は、二項Cの「現行の手続き」には核搭載艦船の入港・寄港が含まれていると解釈した。その結果、核搭載艦船の寄港は事前協議の対象外となり、日本側も同じ解釈を共有していると考えていた。しかし、寄港問題をめぐる池田や閣僚の答弁は米側の解釈とは明らかに食い違っており、ライシャワーはその点に危惧を覚えたのである。本来、米側が原潜寄港受け入れを日本側に打診するに当たって懸念していたのは、日本の国内議論の焦点が「艦上の核」の存否に向けられることで、討論記録で日米が合意したはずの事前協議制度の例外事項に影響が及ぶ可能性であった。

一九六一年六月の日米首脳会談を控え国務省が準備した文書「原子力推進潜水艦の日本寄港招待」では、原潜寄港問題が「日米安保条約の反対分子」によって核兵器への怒りをかき立てる道具として利用され、「日本への米艦船の立ち入り（entry）にとって全く申し分のない現行の取り決め」を危うくするかもしれないと指摘している。

日本との条約では、核兵器が日本に持ち込まれる（introduce）際に事前協議を必要とするが、実際には日本は秘密裏に日本を通過する（transit）艦船や航空機が積載している兵器については関知しないと合意している。この合意を知らない日本国民は、日本に入港する米艦船に核兵器が積載されていたら米国がごまかしていると考えるだろう。(44)

討論記録の二項Aでは、核兵器の「持ち込み（introduce）」のみを事前協議の対象として記載している。したがって、日本への入港・寄港を含む「通過（transit）」は事前協議の対象外のはずであり、米側が憂慮したのは世論の詮索にその区別がさらされることであった。日本に原潜寄港を正式に打診した直後の一九六三年二月一日付公電で、ライシャワーも「長い間、意図的に曖昧にしてきた〝持ち込み〟の内容について望ましくない明確化を要求されるかもしれない」との懸念を国務省に伝えていた。(45)

定義をあえて曖昧なままにしたという点では「持ち込み」も「現行の手続き」も同様であった。安保改定交渉で核搭載艦船の扱いについて日本側担当者が「詮索したくないという強い印象」を抱いた米側も明確化を避け、日本側も意味を追及しなかったのである。(46) しかし、日米双方が議論を回避したことが、後年になって事態を複雑化する結果となった。米側にとっての問題は当初懸念した世論の反応などよりも根深く、何らかの理由で日本政府が討論記録の解釈を共有していない恐れがでてきたのである。

(三) 大統領の決断

原潜寄港問題を契機に浮上した「基本的な誤解」を修正するために米側はどのように対処したか。多くの研究文献等によって既に明らかにされている経過ではあるが、事前協議制度の運用に関する米国の認識を示す事例であるため再度紹介したい。(47)

駐日米大使ライシャワーの公電で事態を深刻視した国務省では、国防省とも協議の上、最終的な決断を大統領ケネディに仰ぐこととなった。問題の対処を誤れば、第七艦隊の戦略実行拠点である日本の主要な海軍施設を放棄する事態に陥ると考えていたからである。(48)

核搭載艦船の日本寄港問題は、大統領を交えたホワイトハウスでの会議で取り上げられた。出席した国家安全保障会議スタッフのマイケル・V・フォレスタル（Michael V. Forrestal）が作成した記録によると、会議は一九六三年三月二六日に開催され、国務長官ラスク、国防副次官補ウィリアム・バンディ（William P. Bundy）、海軍作戦部長代理

C・D・グリフィン（Charles D. Griffin）ら国務・国防両省と軍部の幹部クラスが顔をそろえていた。冒頭、「核兵器を搭載した艦船は日本に入港したことがないとあたかも信じている」ことを示唆する首相池田勇人らの国会答弁がラスクによって読み上げられた。

グリフィンはこれを受けて、一九五〇年代初期から日本に寄港する空母には通常、核兵器が搭載してあると説明した上で「もし、日本の港湾が核兵器を積載した米空母を拒否したら、空母と同一の機動部隊を構成する小型艦船も入港できなくなる」と危惧を示した。空母を護衛するための駆逐艦や巡洋艦も空母と同様に核を搭載しているため、機動部隊が日本の港湾を一切利用できなくなる可能性があるというのであった。

大統領ケネディはノーチラス型原潜寄港の申し入れを取り消すことを提案したが、これには日本の国会論議をかえって紛糾させるとの反論が出た。議論を収拾したのはラスクで、ライシャワーが外相大平正芳に面会し、討論記録の内容について承知しているのか直接確かめるよう指示するという。

ラスクは、大平が日本に寄港する米艦船が核兵器を積んでいるかを尋ねたら、核兵器の所在について明らかにしないという米国の基本政策を繰り返すだけで、それ以上踏み込まないよう指示するとも付け加えた。ケネディは「必要なら米艦船上に核装備が積載されている事実を認める言い方、ただし政治的に日本が受け入れられるような言い方で検討したらどうか」と述べ、ラスクの提案を了承した。

ただし、答弁の真意を直接確認するという手法に関しては、藪から蛇をつつき出し、日本側に核搭載艦船の受け入れを拒否する口実を与えるのではないかとの逡巡がケネディにもあったようである。(49) 第七艦隊司令官トーマス・ムーラー（Thomas H. Moorer）も「無用の波風を立てるのには賛成できない」との見解をグリフィンらに伝えていた。それは「日本人は現実主義者である。日本の指導者たちは事実を認識しているが、それを国内問題として処理しているだけだ」という日本観に基づいていた。[50]その観察の正確さを裏付けるように、日本側は極めて「現実的」な対応を選択することになるのである。

(四)　大平・ライシャワー会談

ホワイトハウスでの決定を受けて、駐日米大使ライシャワーが討論記録について外相大平正芳に確認を行ったのは四月四日、東京・赤坂の大使公邸であった。

ライシャワーは、核兵器の存在について明らかにしないNCND政策について言及し、米国が事前協議なしに日本に核兵器が持ち込まれる（introduce）ことはないと言明してきたのは特例だと述べたと上で、「イントロデュース（introduce）」の米側解釈を説明した。会談を記録したライシャワーの公電は当時のやりとりをこう記す。[51]

私はイントロデュースという言葉を気に掛けている理由を説明した。それは日本領内に（核兵器を）配置（place）し、設置（install）することであり、日本側も同じ意味で使っていると思っていた。これに対し、大平はこの解釈では艦船に積載された核兵器が日本の領海や港湾に入ってくる事態は（イントロデュースに）該当しないということだろうかと言ったので、私はその通りだと述べた。

その後、ライシャワーは日米が署名した「討論記録」の英文テキストを取り出して二項A、二項Cについて説明したが、実際に米艦船や米軍機が日本の領海や領空で核兵器を搭載していたかについては慎重に言及を避けた。ライシャワーの話は寝耳に水のようだったが、大平が狼狽することはなかった。さらに、米側解釈についての「訂正」や、大幅な変更を加える発言は控えるべきだとのライシャワーの意見にも同意し、首相の池田に討論記録について申し伝えると約束したという。ライシャワーは会談の首尾を次のように記した。

これからは彼（大平）や他の日本政府高官は、われわれ（米国）が条約を順守するとの保証に全幅の信頼を寄せるよう主張する立場を取り続けるであろうと同意しました。彼らは引き続き〝持ち込む（mochikomu）〟という言葉を〝イントロデューース〟の意味で使うでしょうが、今後はわれわれ（米国）の意図するところを理解して用いるでしょう。

ライシャワーは国務長官ラスクに「条約の解釈をめぐる危険な相違が払拭されただけでなく、米国に対する日本政府の友好的態度と信頼を強める結果となった」と報告したが[52]、その約一月後に大平が行った答弁は模範解答というべき内容であった。

アメリカも日本の意向に反してそういう（核持ち込みの）要請をするつもりはないという約束になっているので、事前協議という場面が物理的に出てこない仕組みになっている。（一九六三年五月一四日、参議院外務委員会[53]）

事前協議がない以上、米軍艦船は核兵器を搭載していない――という主張は、その後も核持ち込み問題に対する日本政府の基本的な立場となった。ちなみに、原潜寄港に際して作成された一九六四年八月二四日の「エイド・メモワール」には、核搭載のポラリス型原潜と区別して、ノーチラス型は他の米軍艦船同様に事前協議の対象外とすることが記された[54]。

(五)　黙認の構図

米側にとって大平・ライシャワー会談は「討論記録」について米側解釈を明確に日本政府に伝え、事前協議の例外事項を日本側が受け入れた画期的な出来事であった。以後、解釈と異なる国会答弁が為された際などに大平・ライシャワー会談の記録を持ち出して、駐日米大使が秘密合意の確認を迫るという作業が行われたのはその証左といえよう。

日米両政府の記録から辿れる限り、一九六四年九月二六日にライシャワーが自民党副幹事長の大平正芳に対し、また同年一二月二九日に池田の後継である首相佐藤栄作に討論記録の存在を確認した形跡がある。(55) 一九六四年八月に日米両政府は原潜の日本寄港に正式合意するが、原潜に搭載される対潜ミサイル「サブロック」（ロケット機雷）が核兵器であることが判明し、再び国会が紛糾した。これを受けて日本政府が九月二日に「（サブロックは）核兵器だが、これを搭載した原潜寄港は事前協議の対象である」との統一見解を出したため、米側は再び討論記録の解釈と矛盾する内容に懸念を抱くことになったのである。(56) 関連文書からは、ライシャワーによる大平との会談の目的が、サブロック問題をめぐり討論記録の内容確認を行う必要が生じたためだと推察できる。(57) そして、日本の政権で討論記録が引き継がれていないために混乱が生じていると判断した米側が、その年一一月に新首相に就任した佐藤にも直接説明を試みたと考えるのが妥当であろう。

一九六三年四月四日の大平・ライシャワー会談で討論記録について米側の立場を知らされた日本側が、その間に問題をどのように処理したかは詳かではない。後年、討論記録をめぐり同様の事態が持ち上がったことを考えると、繊細な問題だけに大平が派閥を異にする佐藤や関係閣僚にも内容を伝えなかった可能性が高い。(58) ただ、外務省文書からは、討論記録について大平から事実確認を指示されたとみられる外務省が、核兵器搭載艦などの「一時立寄り」をめぐって〝責任回避〟の論陣を張るのに躍起になった様子が窺える。

たとえば、サブロック問題が取り沙汰された後の一九六四年一〇月一六日の文書では、「条約第六条の実施に関する交換公文」について米側解釈が成立する余地があったかを詳細に検証している。日本政府は第七艦隊の艦船が日本に寄港しても「配置」に当たらないと説明しているため、核を搭載していても事前協議の対象である「重要な配置の変更」ではないとの解釈は成り立つ一方で、米側が核搭載艦船の寄港が事前協議の対象外だと主張する根拠である討論記録二項Cの「現行の手続き」について日米間で議論していないので米側解釈が自明だとも言い切れない、といった堂々巡りの議論がつづられているのだった。(59)

このため、討論記録について米側の主張は成立しうるが、日本側が米側解釈に「同意したわけではない」というのが、日本政府が編み出した釈明であり、「密約」はなかったとする現在に至るまでの公式見解の根拠となっている。しかし、重要なのは一九六三年の大平・ライシャワー会談で米側解釈について知らされ、核搭載艦船が事前協議なしで日本に寄港する可能性を示唆されたにもかかわらず、日本側は異議を唱えなかったことである。

討論記録の意味を曖昧なままとすることで利害が一致していた日米関係が、大平・ライシャワー会談を契機に見解の相違を認識しながらも黙認し合う関係へと変質を遂げたのは確かであった。米側は自国の解釈に基づき行動するのを許されたと考え、事前協議なしで核搭載艦船・航空機の立ち寄りを続けたとみられる。日本側は米側解釈と異なることを承知しながら、核搭載艦船の寄港は事前協議の対象になるとの説明を国内で続けたのである。

三 「非核」の選択

(一) 潜在的核保有国・日本

一九六三年一一月、ケネディ暗殺によって副大統領から大統領に昇格したリンドン・ジョンソン（Lyndon B. Johnson）は、主要閣僚らに留任を求め「レッツ・コンティニュー（Let's continue）」をスローガンに掲げて前政権がやり残した課題の遂行に努めた。軍備管理分野でも核不拡散という前政権の基本路線を引き継ぎ、翌年二月にはソ連との核不拡散協定に関する二国間協議を再開させている。

ケネディが憂慮した中国の核開発についても政策的な検討が続けられたが、一九六四年一〇月一六日に中国政府は新疆ウイグル自治区のロプノール実験場で初の原爆実験を実施。中国が未加盟の部分的核実験禁止条約（ＰＴＢＴ）の限界を露呈する結果となり、米国の核不拡散政策は見直しを迫られることとなった。

一九六四年一二月にまとめた核拡散と包括的核実験禁止に関する報告書において、国務省は中国の核実験によって核開発は「白人で豊かな国」の間の競争ではなくなると予測し、アジア、アフリカの途上国も含めた水平拡散のリスクが高まっていると警告した。米政府内ではとりわけ中国の核実験成功に刺激されたインドと日本による核兵器開発という連鎖反応を引き起こす可能性に関心が寄せられていた[60]。両国とも一九六〇年代には核兵器を製造する十分な能力を有していると評価されていたが、日本については一部の保守政治家が核開発に関心を示しているとの情報を得ていたことも影響していた[61]。

中国の核実験から約一ヵ月後の一一月九日、日本では池田勇人の後継に佐藤栄作が首班指名された。佐藤は安全保障分野での懸案だった米原潜シードラゴンの寄港日を首相就任翌日に行われた駐日米大使ライシャワーとの密談で早々と決定し、佐世保への寄港を一九六四年一一月一二日に実現している。その迅速な対応は日米安保体制の重視という面でも池田より踏み込んだ姿勢を期待させるものであった[62]。米政府は熱烈な「親米主義者かつ反共主義者」である佐藤の登場を歓迎したが、新首相が垣間見せる核開発への関心には警戒の目を向けていた[63]。初の日米首脳会談を控えた一九六四年一二月下旬に行われたライシャワーとの会談で、佐藤は「他国が核を保有するのであれば、こちらも核を持つのは常識」だと中国核実験を意識した「本音」を漏らしている[64]。

多国間のみならず、特定国が対象の「二国間アプローチ」による核不拡散対策の必要性を認識していたジョンソン政権では、一九六四年八月に国務省の無任所大使レウェリン・トンプソン（Llwellyn E. Thompson）を委員長とする「核兵器能力委員会（トンプソン委員会）」を設置した。中国核実験を受けて核武装に走る国家の増加を防止するための提言を策定するのが任務である。日本に対する不拡散措置は、同委員会のもとに一九六四年一二月に設置された小委員会が検討することになった。

一九六五年六月に完成した報告書は、技術的、経済的には日本が「早ければ一九七一年に最初の核爆発実験を実施し、その後、毎年一〇から三〇の核兵器を製造」することが可能だと結論付けた(65)。その上で小委員会は、日本の核開発の蓋然性についてこう分析した。国民の反核感情は根強く、数年間は核開発に踏み切ることは不可能だろう。一方で、中国核開発の進展や、アジアで別の国が核開発に着手する事態となれば、多くの日本人が核開発を許容するかもしれない。さらに、安全保障上の義務を実施する米国の意思に対する日本の信頼性が低下することがあれば、日本の独自核への欲求は強まるだろう。

以上の分析に基づいて設定された優先目標は、日本の核開発阻止のため米国の抑止力の信頼性を維持すること、仮に日本が核兵器の製造を決定しても、開発計画に関与できるよう日本政府に対する影響力を維持することの二つであった(66)。

こうして、中国の核開発を契機に核不拡散という目標がジョンソン政権の対日政策に位置付けられることになった。米国はその手段として、日米安保体制と「核の傘」の価値を日本に教育するための行動を強化していくのである(67)。

(二) 核防衛の誓約

一九六五年一月一二日にワシントンで行われた日米首脳会談では、対日不拡散措置のための検討作業を反映したやり取りが交わされている。ベトナム情勢についてひとしきり語った後、ジョンソンは佐藤に「日本は核兵器を持っていないが、米国にはある。もし、日本が米国の核抑止による防衛を必要とするのなら、誓約に則り日本を守る用意がある」と述べている。[68]米側記録によると、ジョンソンはこの後、国務長官ラスクらが合流して行われた会合の冒頭で佐藤とのやり取りを紹介した。「通常兵器は勿論、核兵器による日本への攻撃があった場合、来援していただけるか」と佐藤が尋ねたのに対し、「イエス」と回答したことを明らかにし、「これ以上、核保有国を増やしたくない」と付け加えたのであった。[69]

ジョンソンの発言は、国務省の提言に添った内容であった。一九六五年一月七日付文書「日本の安全保障をめぐる状況」は、大国としての地位回復に伴い日本の反核感情は緩和されつつあると指摘し、「核を持つのは常識」という佐藤の発言を引用して「日本の指導者と大衆に独自の核武装は無駄で愚かなことだと知らしめること」が最重要だと強調した。その上で、米国による核抑止の信頼性を維持し、有事には日本を防衛するとの決意表明をすることで「日本が独立した防衛体制を取るよりも、われわれ（米国）との緊密な安全保障の取り決めの枠組みに留まる方が魅力的」だと説得するべきだと具申している。[70]

注目すべきは、同文書が〝強すぎる〟日本への警戒を反映している点である。対日不拡散措置の検討作業は、二国間関係においては日本が米国の「核の傘」から自立するのを阻止することで日本での基地使用権を維持するという側面があった。日本が核兵器を保有し、米国への依存度を大きく低下させれば、事前協議制度を通じて米国の基地使用への制限を強める恐れがあったからである。

この年八月二〇日付で国務省中心に日本の防衛体制について検討した報告書「日本の防衛政策」は、ベトナムを含む東南アジア情勢の悪化や、一九七〇年に日米安保条約が期限満了を迎えることを念頭に米国からの自立傾向を強める日本にいかに向き合うかが基調となる問題意識であった。結論部には、日本が米国の核抑止力に継続して依存するよう奨励すること、日本独自の核能力保有を阻止することが行動目標として挙げられた。[71]

一九六五年六月九日付で在日大使館が「日本の防衛政策」作成に際して国務省に提出した意見書は核抑止の信頼性を強化する上で米軍が日本防衛に果たす役割を維持することの重要性をさらに強調している。

米国が日本防衛の役割を担うことは、懐疑主義者にも（日米の）防衛関係を正当化し、戦略的関与の信頼性を高め、直接日本防衛に関連のない活動を糊塗する上でも有用である。（中略）米国が日本で核兵器を使用する可能性について（日本防衛のためだとの）体裁を整えるのにも役立つ。[72]

核の傘も在日米軍も日本防衛より極東戦略を見据えたものだが、日本の基地を維持するためには「米国が日本を守っている」との体裁が必要であった。米国は戦後一貫して日本の防衛力増強を求めてきたが、核を保有し、米国から自立できるほどに強力な日本の確立は国益に適わないとみなされていたのである。

(三) NPT交渉が映す核信仰

一九六五年六月にトンプソン委員会の日本小委員会がまとめた報告書は、対日不拡散のために米国がとるべき具体的な行動として、国際的な不拡散努力に日本を参加させることも挙げている。[73] これには不拡散体制強化について日本の貢献を獲得することに加え、日本を非核保有国としての役割から逃れられないようにする利点があった。

中国の核実験後、ジョンソン政権は核不拡散条約（NPT）の実現を軍備管理外交の最優先目標に位置付けた。核廃絶を訴えてきた日本の条約への支持を取り付けることは容易とみられていたが、その対応は「煮え切らない、もしくは敵対的」ですらあった。[74] 一九六八年七月には米英ソ三ヵ国がNPTに調印し、他国もこれに続いた。日本は一九七〇年二月に調印したものの批准にはさらに六年を費やしたのである。根底には条約の不平等な性格についての不満があった。非核保有国に核兵器の製造・取得を禁ずる条約によって、核保有国の特権的地位が固定されてしまうとの恐れを日本側は抱いていたのである。

しかし、当面の核保有が困難な日本にとってより切実だったのは、中国の核の脅威が高まる中で、いかに安全を確保するのかという問題であった。一九六六年一二月の内部文書で外務省は、核保有国の軍縮について「中共が本格的に（NPTに）加入することが期待し得ない現状において、中共の核武装が野放しとなり、米国の核抑止力に依存する日本の利益に反する結果になる」との認識を示している。[75]中国が条約に参加しない限り、米国に核軍縮の義務を負わせることは日本の安全にマイナスになるとの判断があったのである。

日本政府の基本的な立場とは、日米安保条約を堅持し、その上で米国の核抑止力によって日本の安全を確保することであった。その意味では、一九六六年二月に駐米大使武内龍次が軍備管理軍縮局長官フォスター（William C. Foster）に示したように「現行の日米安保条約の役割を妨害するいかなる条項」、つまり日本への核兵器の持ち込みの可能性を阻害する条項がNPTに盛り込まれないことが肝要であった。[76]

「きちがいに刃物」と中国の核保有を警戒していた首相佐藤栄作も、NPT交渉が進む中で、独自核の選択肢を温存すべきかについて逡巡していたようだ。[77]一九六六年九月一六日の国防会議議員懇談会では「日米安保を前提としながらも将来は日本独自の防衛力を持つべきだろうが、どうしたらいいか。核を持つ国と持たない国では発言力が相当違う」として、現状では防衛力を増強する余地はないとこぼしている。[78]

しかし、一九六七年一一月に再び訪米した佐藤の言葉からは、自身も米国の核抑止力への依存に傾斜した様子が浮かび上がる。国防長官マクナマラとの会談では、中国の核能力増大について問われ「日本の安全は米国の核の傘によって守られており、核兵器を製造する意思など持っていない」と明言している。[79] さらに、大統領ジョンソンとの会談では「陛下も気に掛けておられる」と天皇まで持ち出して、核による日本防衛の確約を迫ったのであった。[80]

佐藤政権下で、核武装の研究が行われていたことはよく知られている。[81] ナショナリストとしても独自核に強い関心を抱いていた佐藤に心情の変化をもたらしたものは何か、限られた資料から紐解くのは困難な作業である。それが米国の核であるか、日本の核であるかの相違はあるが、記録に残された発言からは、核抑止力に対してひたすら信を置く、佐藤の核信仰とも言うべき安全保障観が裏付けられるのである。

(四) 米国の核抑止力への依存と非核三原則

一九六七年一一月の日米首脳会談から帰国した佐藤は、核問題を含む日本の安全保障の在り方について支持を得るため積極的に世論に働き掛けを行った。

こうした政治姿勢の変化の触媒となったのが沖縄返還であった。一一月の首脳会談で日米は「両三年内」の沖縄返還時期の決定に合意したが、米国は施政権返還に応じる条件として返還後の沖縄の基地機能維持を日本が保証するよう求めていた。米側はベトナム戦争のための主要拠点である沖縄について自由使用と核貯蔵の権利を手放すことには消極的であった。佐藤は「核付き返還」を受け入れる余地を拡大すべく世論形成を行う必要に迫られたのである。

佐藤は日本の防衛努力が沖縄返還を早めるとして「国を守る気概」を説くとともに、「核アレルギー」を脱却する姿勢を鮮明にする。一九六八年一月二七日の所信表明演説では「非核三原則」の保持とともに核軍縮達成に向けた国際的協力、核エネルギーの平和利用の重要性を説いた。核問題を広範な文脈で捉え直すことで、反核世論の沈静化を図ったものだが、演説は予期せぬ反響を呼ぶことになった。野党側が「持たず、作らず、持ち込ませず」の非核三原

則の国会決議化を要求したのである。(82)

沖縄への核貯蔵のオプション温存も含めた、フリーハンドを維持したいと考えていた佐藤政権にとって、「持ち込ませず」原則に拘束される事態は回避する必要があった。所信表明から三日後の一月三〇日、佐藤は「核政策四原則」を発表した。「四原則」は①非核三原則の順守②核軍縮の推進③米国の核抑止力への依存④核エネルギーの平和利用―から構成されており、日本の非核政策を米国の「核の傘」の文脈において位置付け、非核三原則が他の原則と不可分であることを示すのが主眼であった。(83)

しかし、より重要なのは「米国の核抑止力への依存」が初めて政府の公式見解として明示されたことである。それは、米国の「核の傘」に守られながら、「非核」政策を追求するという矛盾した姿勢が日本の基本政策として刻まれた瞬間でもあった。

非核三原則が国会決議として可決されたのは、一九七一年一一月二四日、沖縄返還協定の付帯決議としてであった。沖縄返還協定への支持を取り付けるために、公明党が求める非核三原則の国会決議化に応じた結果であり、いわば政治的妥協の産物であった。一方で「米国の核抑止力への依存」もまた日本の安全保障政策の基軸として定着していった。一九七二年一〇月に「第四次防衛整備計画の大綱」とともに閣議決定された「第四次防衛力整備五ヵ年計画の策定に際しての情勢判断及び防衛の構想」は日本の防衛政策の公式文書として初めて「核の脅威に対しては、米国の核抑止力に依存する」との方針を明記し、一九七六年の防衛大綱にも同じ文言が引き継がれていく。(84)

こうして「非核三原則」が国是と化し「米国の核抑止力への依存」が日本防衛の柱と位置付けられるなかで、日本の安全保障政策が内包する矛盾は拡大していったといえるだろう。「核の傘」に守られる日本が「非核」政策を選択する上では、米国が核を「持ち込まない」という建前が前提となっていたが、建前を守る作業は一層複雑化していくのである。

四　「あいまい合意」の定着

㈠　原子力空母「エンタープライズ」寄港

一九六八年一月一九日、第七艦隊に所属する原子力推進空母「エンタープライズ」が佐世保に寄港した。ベトナム戦争に対する反戦運動が左翼勢力を中心にして拡大し、最高潮に達する中で行われた寄港は、「艦上の核」へ国民の疑念を再び喚起することになった。

一九六四年一一月の「シードラゴン」の佐世保寄港に始まった原子力推進潜水艦の日本寄港は恒常化しており、一九六六年九月に佐世保に「スヌック」が入港した際には「シードラゴン」が横須賀に寄港し、初の両港同時停泊も実施された(85)。米海軍は、同様に原子力空母を恒常的に日本に寄港させることを計画しており、エンタープライズは原子力推進水上艦船の日本初寄港という位置付けであった。しかし、ベトナム戦争で中心的な役割を果たしていたことや戦略核の搭載が疑われることも相俟ってエンタープライズ寄港は佐世保を中心に大規模な抗議運動を引き起こした。

ライシャワーに代わり、一九六六年一一月に駐日米大使に就任したアレクシス・ジョンソンはその理由をエンタープライズが「米艦船に積まれた核兵器の象徴」と化してしまった上、反対派が「首相が寄港を認めることで国民の核アレルギー克服を図り、沖縄での核貯蔵を受け入れさせようとしていると受け取ったこと」にあると考察している(86)。

ジョンソンは反対勢力の見解について「見当違いとは言えない」と見ていた。激化する反対運動に懸念を覚えたジョンソンは、寄港中止を進言したが、寄港直前の一月一七日に会談した佐藤に逡巡する様子はなかったという。[87] ジョンソンはむしろ「首相が寄港を実行したがっていると感じた」と記録している。核搭載が疑われるエンタープライズの寄港を断行することで、佐藤が〝核慣らし〟による日本の反核世論緩和を図り、強いては返還後の沖縄に核兵器を貯蔵する道を開こうとしていると映ったのであった。

前年一一月の日米首脳会談で、佐藤は米大統領ジョンソンに防衛意識を高めるため日本国民の「教育」を約束していたが、その際に佐藤が付け加えた一言が「原潜、エンタープライズなども今後は心配をかけることはあるまい」であった。[88] エンタープライズ寄港を大統領に請け負った核教育の一環と捉えていたようである。しかし、抗議運動の激しさは日米両政府の予想を超えるものであった。大使ジョンソンは二月一三日の公電で「(反対勢力が) 本物の反対機運を作り出してしまった」と国務長官ラスクに報告している。[89]

佐藤も後にエンタープライズ寄港によって自主防衛の機運を高めるという計画が後退を迫られたことを認めているが、それは佐藤が試みた「核化教育」の挫折を告げる前触れに過ぎなかった。この年、五月に佐世保で起きた米原潜「ソードフィッシュ」の放射能漏れ事故に続き、一一月には沖縄・嘉手納基地でB—52が墜落した。一連の事故は燃えさかる日本の反核・反戦世論に油をそそぎ、沖縄返還交渉を視野に「核持ち込み」問題に対する国民の理解を得ようとしていた佐藤政権の試みは出足から躓いたのであった。

(二)　核搭載艦船寄港と「東郷メモ」

エンタープライズ寄港が引き起こした抗議運動の余波が、今後の原潜、原子力空母による日本寄港計画に波及することを米国は懸念したが、より早急な対処を必要とする問題が浮上していた。エンタープライズの佐世保寄港を控えた一九六七年一二月の「沖縄問題等に関する特別委員会」ではエンタープライズの核搭載疑惑が追及されたが、そこでは外相三木武夫が「核兵器を積んで寄港しない、それが米国の約束」と発言するなど核搭載艦船寄港について米側の理解と異なる答弁が行われていた(90)。

米政府はかつての池田勇人や大平正芳のように佐藤政権の閣僚も「討論記録」の解釈を引き継いでいないのではないかとの疑いを強めることとなり、一九六八年一月二六日には駐日米大使ジョンソンが、小笠原に向かう機内で外務次官牛場信彦、北米局長東郷文彦にこの問題について日本側の理解を問いただしている(91)。

ジョンソンは一月一九日の会談で、三木が空母の核「持ち込み」問題について「何等か『疑念』撲滅の方法なきや」と尋ねたことに言及し、早急に解消の必要がある「基本的な誤解」が日米間に存在していると牛場らに懸念を表明した。核兵器搭載の艦船・航空機の「一時立寄り」は核兵器の「持ち込み」に該当しないという討論記録の解釈については一九六三年四月四日の大平・ライシャワー会談で確認したはずだが、三木はその事を知らないのではないか、という指摘である。さらにジョンソンは、一九六四年一二月のライシャワーとの会談で討論記録の米側解釈を知らされた佐藤も異論を唱えなかったことを挙げ、米側は少なくとも一九六四年一二月以降は日本側が米側解釈を受け入れたものと考え、米側の理解と異なる国会答弁を行っても黙認してきたと述べたのであった(92)。

日本側は、大平や佐藤とも協議するので米側から行動を起こすのは控えるようジョンソンに要請している。その後、外務省が大平や佐藤とどのようなやり取りを行ったかについて記録は沈黙しているが、機上会談の翌日に東郷が作成した報告書「装備の重要な変更に関する事前協議の件」(以下、東郷メモ)から、日本側が下した結論を知ることができる。

東郷メモは機上会談でジョンソンが述べた討論記録の米側解釈について、「艦船航空機の『一時立寄り』について特に議論した記録も記憶もない」とした上で、米側解釈がその根拠とする討論記録中の「(事前協議制度は)現行の手続きを変更しない」との箇所について、外務省は米船舶が日本に入港する際の通告義務を規定した地位協定第五条と事前協議の関連について述べたものと解釈していたと説明している。その結果、日本政府は米艦船の寄港を含む一切の「持ち込み」に事前協議が及ぶとの説明を続けており、現在(一九六八年一月時)では米側解釈との間に埋めがたい差が存在しているという。したがって、生起した問題に対応するために日本が取れる行動は、次の選択肢に限られていると結論付けた。

本件は日米双方にとりそれぞれ政治的軍事的に動きのつかない問題であり、さればこそ米側も我方も深追いせず今日に至ったものである。差当り、日本周辺における外的情勢、或は国内における核問題の認識に大きな変動ある如き条件が生ずる迄、現在の立場を続ける他なしと思はれる。(93)

互いに「深追い」をせず、問題を曖昧にするしかない。東郷の言葉は、米国の「核の傘」を否定することも、非核三原則を翻すこともできない当時の日本政府が置かれた状況を如実に反映するものであった。

(三) 秘密合意の継承

「東郷メモ」はその後、外相や首相が代わるたびに核兵器の「持ち込み」問題の資料として引き継がれていくことになる。メモの欄外には口頭説明を受けたか、あるいは文書を閲覧した閣僚の名前と、その内容を伝達された日付が記載されている。外相三木武夫は一九六八年一月三〇日に、首相佐藤栄作は同年二月五日にそれぞれ東郷メモを閲覧している。その後、一九八八年八月二四日に当時の首相海部俊樹に外務次官栗山尚一が口頭説明するまで実に二〇回以上にわたってメモについての説明が行われていることが分かる。(94) 東郷メモが、核搭載艦船の寄港に関する事前協議

について日本の対応の雛型となったのである。(95)

栗山が海部に対する説明用資料として作成した「別紙」が東郷メモの含意を詳しく伝えている。別紙は「一貫して寄港、通過を含め非核三原則を表明」する日本側の立場と、「条約義務は誠実に履行、他方、核兵器の存否につき肯定も否定もせずとの政策堅持」とする米国の立場を併記し、「双方の立場につき互いに詰めないとの立場を理解　但し『密約はなし』」と結んでいる。(96)

つまり、日米が「持ち込み」の定義について曖昧さを維持し、「非核三原則」と「NCND政策」という互いの立場に異論を唱えないことで、日本を通過する艦船・航空機が搭載する核兵器について不問に付すということである。外務省が主張するように核搭載艦船の寄港を事前協議の対象外とする合意が存在しないとすれば、「密約」はないという外交上の理屈は成り立つ。しかし、日本側が「持ち込み」の曖昧さを維持するという方針を固めた時点で事前協議なしの寄港を可能にする日米合意が実質上成立しているのである。

「東郷メモ」以降、日米が互いの立場の相違が表面化しないよう協力作業を意識的に行う傾向がみられるようになったことも、事前協議なしの核搭載艦船の寄港について実質的な合意が成立した証左として挙げられよう。

事前協議制度の運用に関する日米間の取り決めについて、日本政府はこれまで合意文書は存在せず、口頭の了解があるだけだと回答していたが、一九六八年二月末の国会で社会党議員楢崎弥之助に「口約束がどうしてそんなに効力がありますか」と問われて、四月二五日には文書化した政府見解「藤山・マッカーサー口頭了解」を国会に提出している。(97)

日本政府は、文書が「条約第六条の実施に関する交換公文」調印時に外相藤山愛一郎と駐日米大使ダグラス・マッカーサーが交わした了解に基づいているとし、その際の口頭了解を後に文書化したという極めて不自然な説明を行ったのである。事前協議が必要な場合を列挙した口頭了解は、討論記録とは似て非なるものであった。そこには「米軍機の飛来、米海軍艦船の日本領海及び港湾への進入」と米軍の撤退について記載した二項C、二項Dが含まれない一方、事前協議を要する「配置の重要な変更」を陸軍一個師団、海軍一機動部隊程度とするなど安保改定時に米側と合意していない説明が盛り込まれていた。[98]

日米記録を確認する限り、米側がこれに抗議した形跡はなく、後年には内容確認にも応じている。口頭了解が日本側の一方的な理解ではないかとの野党側の指摘に対して日米間の正式な了解であることを外相宮沢喜一が国会に報告する必要が生じたためであった。一九七五年三月、口頭了解の英文を手交して「自分が読み上げるから、天気の話でもして、その内容に異議を唱えないでもらいたい」と要請する宮沢に、駐日米大使ジェームス・ホドソン（James Hodgson）は、米政府内では日本側が核兵器の一時通過に同意を与えていると考えている者が多いと指摘する一方で、「日本政府が『持ち込み』（introduction）につき ambiguity（曖昧さ）を維持することにより両国政府間に存する secret disagreement（秘密の不一致）をカヴァーしているのは承知している」と応じている。[99]

「米側が口頭了解は存在しないと言えば、日本側が困ろう」と米政府の回答を伝えた臨時代理大使トーマス・シュースミス（Thomas P. Shoesmith）は、口頭了解の内容が安保改定時の「日米了解の線をカヴァーしているものではない」と念を押した。さらに核持ち込み問題とみられる「central issue（中心的な懸案）」について日本側と協議の用意があると述べたが、それ以上追及することはしなかった。米側も軍事的な既得権に変更を求められない限り日本側の立場に理解を示すことが得策だ、と判断したとみられる。

(四) 「あいまい合意」とその意味

一九六三年四月四日の大平・ライシャワー会談で、確認を求められた討論記録とその米側解釈への対処について方針を定めるのに消極的だった日本側が、東郷メモという形で一応の結論を出すことを迫られたのは、沖縄返還に向けて高まる国内世論が背景にあったとみられる。国会では社会党など野党が佐藤政権から「本土並み、核抜き」返還の言質を取ろうと返還時の沖縄の基地態様について追及を続けており、これに関連して米艦船が搭載する核兵器の存在が再びクローズアップされることになった。実際に戦術核の発達により、駆逐艦や潜水艦に核兵器が搭載されるケースが増加しており、主要閣僚の間で見解を共有しておかなければ、国会などでの対処を誤り米艦船の寄港について正式な事前協議を米国に要求せざるを得ない状況に追い込まれる可能性があったのである。

それが、国内向けには核搭載艦船の寄港を含む一切の「持ち込み」は認めないとの立場を堅持する一方で、米国に対してはNCND政策を尊重し、艦船が搭載する核兵器について不問に付すという方針に落ち着かざるを得なかったのは、中国の核実験や本格化する沖縄返還交渉、一九七〇年の日米安保条約期限満了といった安全保障上の環境変化を視野に入れた佐藤政権が、三原則を柱とする非核政策を標榜しながら米国の核抑止力への依存を継続するとの相反する政策を選択した当然の帰結であった。従来通りの「見て見ぬふり」を続けることが賢明だと判断したのである。

核搭載艦船の寄港について事前協議を実施しないことに共通の利益を見出した米側も、日本が選択した「あいまい政策」の維持に協力を惜しまなかった。米側が恐れていたのは、世論の圧力に押された日本政府が事前協議を要求し、核を搭載した米艦船の寄港を公式に拒否する事態である。当時の米政権が追求していた核不拡散政策の観点からも、日本における米軍の役割縮小、さらには米核抑止力への依存低減が、日本を核武装に向かわせる誘因とみなされていたことを考慮すれば、日本政府を窮地に追いやらず、現状維持を貫くことが米側にとっても必要だったのである。

核搭載艦船の寄港をめぐって日米が「あいまい合意」へと行き着いた過程を検証すると、日米安保改定で成立した事前協議制度について、交渉者たちの真意が何処にあったかを断言するのが困難だとしても、実際に行われることを想定したものではなかったことが改めて浮き彫りになる。少なくとも米軍艦船の寄港について見る限り、事前協議の実施が互いの不利益につながることを日米双方が認識していたのである。基地を媒介とした相互援助関係を、対等な主権国家同士の関係として体裁を整えるためには事前協議は必要な制度だが、制度を実施してしまえば現在の日米関係の構造自体が破綻しかねないというジレンマは健在であった。日米安保体制を維持した上で米国の「核の傘」に依存するという日本の基本方針はむしろ強固となり、そのなかで日本の基地は依然として日米関係における最大の紐帯だったからである。米側が最重視する基地使用権の動向を日本側が握っているという事実は決定的な交渉カードになり得たが、国内対応に追われる日本政府には現状を変更するという考えが生まれる余地はなかったのである。

注

(1) 伊藤昌哉『池田勇人　その生と死』(至誠堂、一九六六年)六一頁、吉村克巳『池田政権・一五七五日』(行政問題研究所、一九八五年)三〇〜三二頁。
(2) 豊田、前掲書、六〇頁。
(3) David Halberstam, *The Best and the Brightest* (Ballantin Books, 1993).
(4) Edwin O. Reischauer, "The Broken Dialogue with Japan", *Foreign Affairs*, October, 1960, pp. 11–26.
(5) エドウィン・O・ライシャワー、徳岡孝夫訳『ライシャワー自伝』(文藝春秋、一九八七年)三一一〜三一二頁。
(6) Tokyo 436 (611. 94/8-761) RG59, NA.
(7) Airgram 383 (611. 94/9-2162) RG59, NA.
(8) 五百旗頭真編『日米関係史』(有斐閣ブックス、二〇〇八年)二一六頁。
(9) 秋元英一、菅英輝『アメリカ20世紀史』(東京大学出版会、二〇〇三年)二一八〜二二二頁。
(10) 五百旗頭、前掲書、二一二〜二一八頁。

(11) John L. Gaddis, *Strategies of Commitment* (Oxford University Press, New York, 1982), p. 215.

(12) Paper Prepared in the Department of State, March 22, 1962, Confidential, *FRUS*: 1961–1963, Volume XXII, Northeast Asia, pp. 726–738.

(13) 東南アジアへの開発援助については、樋渡由美『戦後政治と日米関係』(東京大学出版会、一九九〇年)二五八～二六五頁。

(14) Airgram CA-4244 (794. 5/10–2362) RG59, NA.

(15) Tokyo 1676 (794. 5/1–1963) RG59, NA. Airgram 1013 (794. 5/1–2263) RG59, NA.

(16) 覚書に署名した日本側代表、高崎達之助、中華人民共和国側代表、廖承志のイニシャルを取ってLT貿易と呼ばれた。署名後に日中貿易は飛躍的に伸長、一九六六年には二億ドルを超える規模となった(林代昭著、渡辺英雄訳『戦後中日関係史』柏書房、一九九七年)。

(17) Memorandum of Conversation, Subject: Sino-Japanese Relations (693. 94/6–2161) RG59, NA.

(18) シャラー、前掲書、三〇六頁。

(19) Memorandum of Conversation, op. cit., *FRUS*, 1961–1963, XXII, Northeast Asia, p. 749.

(20) Memorandum of Conversation, Subject: Luncheon Meeting between Secretary of State and Foreign Minister Ohira of Japan (794. 5/12–462) RG59, NA.

(21) State 1152 (December 20, 1962) National Security File (以下、NSFと略す), Japan, Telegram 1897 from Bruce to Secretary of State (November 16, 1962) NSF, Japan, John. F. Kennedy Presidential Library and Museum (hereafter, JFK Library).

(22) Department of State Guidelines Paper, Subject: Guidelines of U.S. Policy and Operations Toward Japan, undated, Secret, *FRUS*, XXII, Northeast Asia, pp. 730–731.

(23) Guidelines of US Policy toward Japan, Memorandum for the Chairman, Joint Chief of Staff from W.P. Bundy (November 17, 1961); Collection of Japan and the United States: Diplomatic, Security, and Economic Relations 1960–76, JU 136, NSA's website (http://nsarchive.chadwyck.com/marketing/index.jsp, 出典は米シンクタンク National Se-

curity Archive が公開している電子データベースのうち日米関係を扱ったコレクション。同コレクションの文書番号はJUで記載する). Guidelines for US Policy toward Japan, Memorandum for the Secretary of Defense from L. L. Lemnitzer (November 30, 1961); Collection of Japan and the United States: Diplomatic, Security, and Economic Relations 1960–76, JU 138, NSA's website.

(24) 吉田、前掲書、五五頁。

(25) 太田昌克『盟約の闇　核の傘と日米同盟』(日本評論社、二〇〇四年) 第二章。

(26) Memorandum, Subject: Expanded Luncheon Meeting on June 8, 1961 (June 19, 1961); Collection of Japan and the United States: Diplomatic, Security, and Economic Relations 1960–76, JU 120, NSA's website.

(27) Substance of Discussions of State-Joint Chiefs of Staff Meeting held on March 23, 1962; Collection of Japan and the United States: Diplomatic, Security, and Economic Relations 1960–76, JU 155, NSA's website.

(28) 新原昭治『「核兵器使用計画」を読み解く　アメリカ新戦略と日本』(新日本出版社、二〇〇二年) 一八三〜一八八頁。

(29) 一九六二年三月二三日の合同会議でのやり取りについて太田、前掲書、第一章第一節、または豊田、前掲書、七五〜七七頁が詳しい。

(30) Cable from Reischauer to Secretary of State (April 4, 1962) NSF, Japan, JFK Library.

(31) Maxwell Taylor Message for Rusk, McNamara, Lemnitzer, and White House, NSAM 188, Limited Benefits of Bases in Japan (September 20, 1962) NSF, M&M, JFK Library.

(32) SIOPとは戦略爆撃機と長距離ミサイルを扱う米空軍と、海上発射ミサイルを扱う米海軍の統一作戦計画として一九六一年から二〇〇三年にかけて作成された全面戦争のシナリオを指す。計画によっては陸軍が含まれている (Matthew G. McKenzie, Thomas B. Cochran, Robert S. Norris, William M. Arkin, "The U.S. Nuclear War Plan: A Time for Change", National Resources Defense Council, 2001, http://holtz.org/Library/Social%20Science/Political%20Science/US%20Nuclear%20War%20Plan%20-%20NRDC%202001.pdf, 二〇一一年五月九日閲覧)。

(33) Ibid.

(34) NSAM 188, Subject: Limited Benefits of Bases in Japan", op. cit. ケネディ大統領はマクナマラ国防長官への指示で在

日米軍の駐留費が年間三億五〇〇〇万ドルに上ることを挙げ「節約は可能じゃないか?」と書き添えている。

（35） Letter from the Ambassador to Japan (Reischauer) to the Assistant Secretary of State for Far Eastern Affairs (Harriman), October 22, 1962, Top Secret, *FRUS*, 1961–1963, XXII, Northeast Asia, pp. 744–745.

（36） Memorandum from the Joint Chief of Staff to Secretary of Defense McNamara, December 7, 1962, Top Secret, *FRUS*, 1961–1963, XXII, Northeast Asia, pp. 761–762.

（37） Ibid.

（38） Memorandum of Conversation, Subject: Visit of Nuclear Powered Submarines to Japan, June 21, 1961, Secret, *FRUS*, 1960–1963, XXII, Northeast Asia, pp. 690–691.

（39） The Federation of American Scientists, Nuclear Forces Guide, NFG's web site (https://www.fas.org/、二〇一二年一二月八日閲覧)。

（40） 国会会議録、衆議院予算委員会第一八号（一九六三年三月二日）。

（41） 国会会議録、参議院予算委員会第七号（一九六三年三月六日）。

（42） Cable from Tokyo to Secretary of State (March 19, 1963) Office of Country Director for the Republic of China, Top Secret Files, 1954–1963, RG59, NA.

（43） 討論記録の内容、米側解釈については序章参照。

（44） 不破哲三『日米核密約　歴史と真実』（新日本出版社、二〇一〇年）一六七〜一七〇頁。なお同文書は原潜に核を搭載していないと公式表明すれば問題は解決するが、核兵器の存在についてのＮＣＮＤ政策に反することになると付け加えている。

（45） Tokyo 1793 (February 1, 1963); Collection of Japan and the United States: Diplomatic, Security, and Economic Relations 1960–76, JU 200, NSA's website.

（46） Comparison of U.S. Base Rights in Japan and the Ryukyu Islands; Box8 History of the Civil Administration of the Ryukyu Islands, Records of Army Staff, RG 319, NA.

（47） 太田、前掲書、不破、前掲書のほか石井修『ゼロから分かる核密約』（柏書房、二〇一〇年）が、原潜寄港問題をめぐる日米間のやりとりを詳述している。

(48) Memorandum from U. Alexis Johnson to the Secretary (March 24); Collection of Japan and the United States: Diplomatic, Security, and Economic Relations 1960–76, JU 221, NSA's website.

(49) Interview with Joseph A. Yagar, op. cit.

(50) Naval Message from COMSEVEVTHFLT to CINCPACFLT (March 29, 1963) NSF, JFK Library.

(51) Cable from Tokyo to Secretary of State (April 4, 1963); Collection of Japan and the United States: Diplomatic, Security, and Economic Relations 1960–76, JU 223, NSA's website.

(52) State 2335 (April 6, 1963) NSF, Japan, JFK Library.

(53) 国会会議録、参議院外務委員会第一八号（一九六四年五月一四日）。

(54) 細谷・有賀・石井・佐々木、前掲書、六〇八～六一三頁。

(55) From General E. G. Wheeler, CJIS to Admiral U. Sharp, CINCPAC (January 27, 1968); Collection of Japan and the United States: Diplomatic, Security, and Economic Relations 1960–76, JU 883, NSA's website.「密約」調査に伴う外務省公開文書、報告書文書1—5「装備の重要な変更に関する事前協議の件」（一九六八年一月二七日）。なお、日本側記録ではライシャワー・佐藤会談の日付は一九六四年九月二四日とされており、米側記録と異なっている。

(56) 二〇〇九年一一月二日「しんぶん赤旗」。

(57) State 794 (September 19, 1964) DEF 7 Japan-U.S, CF 1964–66, RG59, NA. この文書では、国務省が米原潜寄港についての日米合意について誤解があり、「一九六三年の会話内容」を確認し、大平氏にアプローチするよう大使館に指示している。

(58) 一九六四年九月の大平・ライシャワー会談について言及した外務省文書では、大平正芳氏が会談後にも椎名悦三郎氏らに討論記録の米側解釈を伝達していなかったようだとの印象を記している（前掲「装備の重要な変更に関する事前協議の件」）。

(59) 「密約」調査に伴う外務省公開文書、その他関連文書①—77「条約第六条の実施に関する交換公文の件」（一九六四年一〇月一六日）。

(60) 吉田、前掲書、六七～六八頁。

(61) 黒崎輝『核兵器と日米関係』（有志舎、二〇〇六年）四九～五〇頁。

(62) 新原、前掲『「核兵器使用計画」を読み解く』一九三〜一九五頁。

(63) Memorandum from President's Special Assistant for National Security Affairs to President, NSF, Country File, Japan, Sato's Visit, Briefing Book, January 11–14, Lyndon B. Johnson Presidential Library（以下、LBJ Library と略す）.

(64) Tokyo 2067 (December 29, 1964) POL7 Japan, CF 1964–66, RG59, NA.

(65) Report, Subject: Japan's Prospects in the Nuclear Weapons Field: Proposed US Courses of Action (June 15, 1965); Collection of Japan and the United States: Diplomatic, Security, and Economic Relations 1960–76, JU 485, NSA's website.

(66) 同様の提言は以下の文書にも散見される。Telegram from Department of State to Embassy Tokyo, Subject: First Japanese-U.S. Policy Planning Consultations, September 21–24, 1964 (October 12, 1964); Collection of Japan and the United States: Diplomatic, Security, and Economic Relations 1960–76, JU 356, NSA's website; Background paper on factors which could influence national decisions on acquisition of nuclear weapons (December 12, 1964): Collection of Japan and the United States: Diplomatic, Security, and Economic Relations 1960-76, JU 374, op. cit.

(67) 黒崎、前掲書、第1章。

(68) Memorandum of Conversation, Subject: Current U.S.-Japanese and World Problems, January 12, 1965, Secret, *FRUS*, 1964–1968, Volume XXIX, Part 2 Japan, pp. 66–74.

(69) Memorandum of Conversation (January 12, 1965) POL Japan-US, CF 1964–66, RG59, NA.

(70) Background Paper, Subject: Japanese Security Situation (January 7, 1964) NSF, Country File, Japan, 1/11–14/65; Sato's Visit Briefing Book 1 of 2, LBJ Library.

(71) Memorandum from the Assistant Secretary of State for Far Eastern Affairs (Bundy) to the Deputy Secretary for Political Affairs (Thompson), August 20, 1965, Secret, *FRUS*, 1964–1968, XXIX, Part 2, Japan, pp. 113–121.

(72) Memorandum from Earle J. Richey to Robert A. Fearey (June 9, 1965) DEF 1 Japan, CF 1964–66, RG59, NA.

(73) Report, Subject: Japan's Prospects in the Nuclear Weapons Field, op. cit.

（74）　A–1398（April 17, 1967）POL 1 Japan-U.S., CF 1964–66, RG59, NA.
（75）　第一七回戦後外交記録主要案件「ラスク長官との会話」（一九六六年一二月三日）外交史料館。黒崎、前掲書、第二章。
（76）　黒崎、前掲書、八四頁。
（77）　細谷・有賀・石井・佐々木、前掲書、七二七頁。
（78）　「議員懇談会メモ」（一九六六年九月一六日）堂場肇文書（平和安全保障研究所所蔵）。
（79）　Memorandum of Conversation, Subject: Balance of Payments, Japanese Role in Asia and Views Toward Vietnam, Sato's Visits to Southeast Asia, Ryukyu Reversion, November 14, 1967, Secret, *FRUS*, 1964–68, Vol. XXIX, Part 2, Japan, p. 229.
（80）　Memorandum of Conversation, Subject: U.S.-Japanese and Security Problems, November 15, 1967, Secret, *FRUS*, 1964–68, Vol. XXIX, Part 2, Japan, p. 238.
（81）　太田、前掲書、二四九〜二五四頁。「ＮＨＫスペシャル」取材班『〝核〟を求めた日本　被爆国の知られざる真実』（光文社、二〇一二年）第一章。
（82）　楠田實『楠田實日記』（中央公論社、二〇〇一年）一五九頁。楠田實氏によれば、佐藤首相は二原則を想定していたが、閣議の議論で当時運輸相の中曽根康弘氏が「持ち込ませず」を盛り込むよう主張したために非核三原則となったとしている。
（83）　四原則は、後に佐藤首相の密使として沖縄返還交渉に関わる若泉敬氏の発案だった。
（84）　黒崎、前掲書、二一四頁。「第四次防衛力整備五ヵ年計画の策定に際しての情勢判断及び防衛の構想」（http://www.cas.go.jp/jp/gaiyou/jimu/taikou/5_4jibou.pdf、二〇一二年五月一八日）。
（85）　『防衛年鑑　１９６７年版』（防衛年鑑刊行会、一九六七年）一二四頁。
（86）　Papers of U. Alexis Johnson, Tape 16–14, LBJ Library.
（87）　Action Memorandum, Subject: President's Question about Visit of Nuclear Carrier Enterprise to Sasebo（January 22, 1968）; Collection of Japan and the United States; Diplomatic, Security, and Economic Relations 1960–76, JU 877, NSA's website.
（88）　外務省第二〇回公開文書「佐藤総理・ジョンソン大統領会談記録（第一回会談）」（一九六七年一一月一四日）。

(89) 新原、前掲『「核兵器使用計画」を読み解く』、一九六～一九七頁。

(90) 国会会議録、衆議院沖縄問題等に関する特別委員会四号（一九六七年一二月二二日）。

(91) 一九六八年一月二六日に行われたこの重要な会談について、（米側記録の一部は機密扱いのままだが）日米双方の関連記録が公開されており、部分的な相違が散見される。例えば、米側会談記録で外務省側は一九六三年の大平・ライシャワー会談の記録を持っていると言及しているが、日本側記録に該当する記述はない。ちなみに日本政府は大平・ライシャワー会談の記録は存在しないとしている（「密約」調査に伴う外務省公開文書、報告書文書1―5「装備の重要な変更に関する事前協議の件一九六八年一月二七日）。Message from General E. G. Wheeler, CJCS, to Admiral U. Sharp, CINCPAC (January 26, 1968); Collection of Japan and the United States: Diplomatic, Security, and Economic Relations 1960–76, JU 883, NSA's website.

(92) Ibid.

(93) 前掲「装備の重要な変更に関する事前協議の件」。

(94) 波多野、前掲書、一八五～一八七頁。

(95) 一九六八年一月三〇日付の公電でジョンソン大使は三木武夫氏が「あえて問題を蒸し返すのを避けているようだ」と述べ、討論記録をめぐる日本側の内部処理が首尾良く終わったらしいとの感想を述べている。Cable from Embassy Tokyo to the Secretary of State (January 30, 1968) NSF, Country File, Japan, LBJ Library.

(96) 前掲「装備の重要な変更に関する事前協議の件」。

(97) 序章注(1)参照。なお「藤山・マッカーサー口頭了解」は一九六九年三月の衆議院外務委員会で愛知揆一外相が読み上げた（国会会議録、衆院外務委員会第五号、一九六九年三月一四日）。

(98) 「いわゆる『密約』問題に関する有識者調査委員会報告書」第二章「核搭載艦船の一時寄港」、三九頁。坂元一哉氏の同論文は文中注で原彬久氏による東郷文彦氏のインタビューを引用している。それによると「藤山・マッカーサー口頭了解」の「配置の重要な変更」について、東郷氏は「勝手に言ったからもうそれで向こう（米国）も何バカなこと言っているって黙っているだけの話」と述べている。

(99) 「密約」調査に伴う外務省公開文書、報告書文書1―14「事前協議問題に関する宮沢大臣ホドソン米大使会談要旨」（一九七五年三月一九日)。( )内は筆者訳。

第四章　沖縄返還と事前協議—制度「有効化」をめぐる交渉

一　施政権返還の背景

(一)「自由使用」の価値

サンフランシスコ講和条約が一九五二年四月二八日に発効し、沖縄は法的に日本から切り離されることとなった。講和条約第三条が北緯二九度以南の琉球諸島、小笠原群島を含む南方諸島などが米国の施政権下に置かれることを規定したためである。米国は沖縄戦の最中に確立した軍政を継続し、現役将軍をもって沖縄の統治に当たらせた。同第三条をまとめたジョン・フォスター・ダレスによれば、米国が沖縄の施政権を確保する代わりに日本は「潜在主権(residual sovereignty)」を持つとされた(1)。信託統治制度下に沖縄を置くことを国連に対して米国自身が提案するまでは、米国が行政、立法、司法から成る沖縄を含むこれらの地域の施政権を握るということである。外務省条約課長として施政権返還交渉に関わった中島敏次郎は同第三条について「日本の主権はあるが、その上に米軍駐留が乗っかっている。アメリカのステータスを外せば日本に戻る」と説明している(2)。米国が信託統治を提案する意図がない状態では、それは沖縄「植民地化」の批判を回避するための方便に近く、日本の承認下で沖縄基地を自由に使い続けることが狙いであった。

一九六一年六月に行われた首相池田勇人との会談で、米大統領ケネディは「琉球における唯一の関心事は、東南アジアと朝鮮半島における安全保障上の地位を支えること」であり、軍事作戦の中枢である沖縄を放棄すれば「ハワイまで配備後退を迫られる」と述べるなど、沖縄の生活条件向上に同意するのは基地の安定的運営が目的であることを隠さなかった。(3)また、同時期に実施された日米外相会談でも、国務長官ラスクが沖縄で「日の丸」掲揚を認める前提条件として「琉球における米国の権限に変更がないこと」を日本側に念押ししている。(4)日本政府の対沖縄援助の増額や公共機関での日本国旗掲揚が認められたのは、日本政府が米施政権に基づく米軍の既得権を侵さないことを確約したからであった。

しかし、「潜在主権」で沖縄が日本領土であることが承認された以上、米国は沖縄の日本復帰を求める圧力に常にさらされることになった。一九五〇年代には軍用地代支払いをめぐり「島ぐるみ」の反米・反基地闘争が盛り上がりをみせ、一九五八年一月の那覇市長選で米民政府が追放した前市長の政治的立場を継承する候補が勝利した。危機感を募らせたアイゼンハワー政権はこのとき反米感情を鎮める方策として施政権返還を検討している。

国務省の構想は、沖縄に散在する米軍基地を飛び地に集め、残りの土地については日本に施政権を返還するという内容だったが、沖縄全体に広がる基地の集約は困難であり、核兵器やミサイル配備に支障が生ずるのを懸念した軍部の反対で頓挫している。(5)統合参謀本部（ＪＣＳ）は国防長官ニール・マッケロイ（Neil H. McElroy）に送った一九五八年五月一日付文書「沖縄の戦略的重要性」で、沖縄の米軍基地の価値は「外国政府の主権という政治的な処理が不要」で「ソ連、中国あるいは極東の共産主義国家に対して、原爆を含む攻撃を要する世界大戦や最も敵対する事態が起こったときに、米国が何の障害もなく軍事作戦を展開できる」点だと強調し、緊急時の基地使用が否定されれば太平洋での戦略的態勢が危機に直面すると沖縄返還に反対している。(6)沖縄の現状維持は、基地の価値に拘泥する軍部の見解を強く反映したものであった。

米軍絡みの事件事故や、所得倍増を掲げた池田政権下で拡大した日本本土との所得格差に沖縄の人々の不満は増大したが、現地沖縄で統治を担当する米国民政府は自治権の拡大や生活・経済条件の向上を通じて復帰圧力を緩和する方針を取った。(7) 軍部だけではなく、沖縄の軍事基地にも本土と同様の制限を課す政治的圧力が強いと見た国務省なども施政権返還は時期尚早と判断していたからである。(8)

また米側は、施政権返還を要求する日本政府が、厄介な政治的問題を引き起こす基地が本土ではなく、沖縄にあって日本防衛に寄与している現状を本音では歓迎しているとみており、米国の施政権維持が当面の日米共通の利益だと位置付けていた。(9) こうした米側の見方は、会談などで日本の政治家が口にする発言に裏付けられたものであった。たとえば、先に挙げた一九六一年六月の日米首脳会談で沖縄の軍事的重要性を強調したケネディに対して、池田は「日本には核兵器を国内に持ち込むことにかなりの反対があり、そうした兵器の基地として沖縄に米国の地位を維持する必要性を完全に理解している」と応じている。(10) 一九六〇年前後にアジア太平洋地域に配備されていた核兵器数は約一七〇〇発だったが、沖縄にはうち八〇〇発が割り当てられ、韓国の六〇〇発、グアムの二二五発を大きく引き離していた。この地域の核兵器数が最大となった一九六七年には、総数約三二〇〇発のうち沖縄に全体の約四〇%に当たる約一三〇〇発が配備されていた。「自由に使える」沖縄の米軍基地の価値は大きく、核戦力の面でも突出した存在であった。(11)

(二) 佐藤政権と「新機軸」

日本政府が沖縄返還を政策目標として打ち出したのは佐藤政権下であった。三選に挑む池田勇人の対抗馬として一九六四年七月の自民党総裁選に立候補する意向を固めた佐藤栄作は、「佐藤番」記者や衆院議員愛知揆一らから成るブレーン集団を挙げて政策立案を行った。佐藤は当初「外交問題を政争の具にしたくない」と沖縄返還を前面に出すことに慎重だったというが、総裁選出馬の記者会見では「政権を担当したら、米国政府に対して沖縄返還を正式に要求する」と明言している。佐藤の変心には政治の師であり、講和交渉を手掛けた吉田茂の意見が影響を与えたようである。(12)日本が経済大国へと歩みを進める中で、残された戦後問題としての領土回復に佐藤が照準を合わせるのは時間の問題でもあった。総裁選では池田に惜敗したものの、これは施政権返還へと続く長い道程の最初の一歩となった。首相就任翌年の一九六五年八月一九日には戦後首相として初めて沖縄を訪問し、「沖縄の祖国復帰が実現しない限り、わが国にとって戦後が終わっていないのは承知しております」と演説し、沖縄返還を事実上の公約と位置付けた。(13)

このタイミングで佐藤が沖縄返還を明言するのは、無謀な「焼身自殺」だと評された。(14)米国は一九六五年二月の北爆と同時に沖縄に配備されていた米第九海兵水陸旅団所属の大隊をダナンに上陸させ、ベトナムへの本格介入を開始した。その直後には沖縄に配備していた米陸軍第七二空挺旅団をベトナムに派遣、続々と米本土からの地上軍をベトナムへ投入していく。(15)米本土とベトナムの中継地点としてだけでなく、出撃、兵站、訓練の主要拠点として沖縄の比重は膨れ上がっていったのである。

佐藤は一九六五年一月の日米首脳会談で「沖縄返還への熱意」に言及したが、ベトナム戦争への支援を引き出すことが関心事項だった大統領ジョンソンは正面から沖縄問題を取り上げようとはしなかった。共同声明では施政権返還について「これらの諸島の施政権ができるだけ早い機会に日本に返還されるようにとの願望」を日本側が表明したのに対し、米側が「極東における自由世界の安全保障上の利益が、この願望の実現を許す日を待望している」と応じるとの体裁を取り、日米双方の立場を並記しただけに終わった。(16)

こうした中、沖縄返還へ米国から好意的な反応を得ようとする佐藤政権の基本方針は、沖縄の米軍基地が果たす役割を自主的に肯定することであった。日本側は一九六四年一二月二八日、翌年一月の首脳会談に向けて国際情勢における日本の立場を記した一連のトーキング・ペーパーを在日米大使館に提出した。うち沖縄問題を所管する総理府が作成した「琉球と小笠原」は、住民の自治拡大についての日米協力を盛り込んだ。文書説明のために大使館を訪れた総理府特連局長山野幸吉は、沖縄対策における佐藤政権と池田前政権の相違を「極東の安全のために沖縄の米軍基地が重要であることを大前提としている」点だと説明し、自治拡大も日米共通の防衛を目的とした沖縄の基地利用を最大限可能にするためだと強調した。[17] 山野の説明を聞いた駐日米大使ライシャワーは、佐藤政権が「新機軸」を打ち出したと報告している。

佐藤の首席秘書官だった楠田實は、ベトナム戦争で沖縄の基地の重要性が増す中「いかに基地をうまく維持するかということは、(沖縄を)返還する上で一番の早道という論理構成」だったと語っている。ライシャワーは、沖縄返還を触媒にこれまで腰が引けていた核を含む防衛問題に佐藤政権が正面から向き合う可能性を見て取ったのである。[18]

(三) ライシャワーの警告

米軍のベトナム介入の本格化に伴い、反戦・反基地の機運は沖縄から本土へと飛び火した。一九六五年四月には、作家小田実や哲学者鶴見俊輔らの呼び掛けで「ベ平連(ベトナムに平和を! 市民連合)」が結成され、規約も会員名簿もない運動体に若者らが次々と加わった。約一五〇〇人が在日米大使館へデモ行進を行ったのを契機に、米紙への反戦広告掲載へと活動を広げていった。そうした中、ベトナム戦争の戦略実行拠点である沖縄の基地使用は国会で野党の格好の攻撃対象となり、米国との連携強化を打ち出した佐藤政権も防戦に追われた。

駐日米大使ライシャワーは国務省に宛てた一九六五年五月一九日付公電で、悪化する日米関係への懸念を訴えている。(19) 感情的な日本の国内世論は、米国の極東防衛態勢ではなく、憲法によって過去二〇年間の平和が維持されてきたと思い込む「駝鳥のような平和主義」を反映しており、多くの日本人が共産主義の拡散よりも在日米軍基地が脅威だと考えている。こうした状況下で、日本の世論は「米国の政策や米国との軍事的連携を非難することが不要で不正義な戦争に巻き込まれることを防ぐ方法だ」と認識している、と嘆いたのであった。

日米貿易経済合同委員会出席のため米国に一時帰国したライシャワーは一九六五年七月、国防長官マクナマラの要請で提言をまとめ、国務長官ラスクに覚書を提出している。提言の柱は沖縄施政権返還に向けた迅速な行動の開始であった。(20) ライシャワーはこの覚書で、日米安保条約が自動延長される一九七〇年まで、早馬のような経済成長や、安保闘争後の政治的緊張の緩和など好ましい傾向に任せて日米関係を統制できると期待することは困難で、それまで沖縄問題を制御し切れない恐れがあると警告した。「琉球問題」は急速に高まる保守的な日本人の民族主義的な感情と左翼の反米主義を結び付け、日米関係の「最も脆弱なポイント」と化している。ライシャワーは、沖縄に絡んで日米が衝突すればその打撃は計り知れないと強調し、最悪の事態を避けるためにも「日本との新たな関係を樹立するための対話に向けた入念な準備」に着手するべきだと勧告したのである。

そして、「入念な準備」の前提条件として想定されていたのは、大幅な基地使用権の確保であった。七月一六日に沖縄への財政援助を話し合う関係省庁会議に出席したライシャワーは、沖縄問題が「爆発」する前に抜本的な対策に打って出るよう訴えた。現時点なら米国に有利に事態を運ぶことが可能だとして、日米間で施政権返還に向けた「新たな取り決め」を交わす必要性を次のように説いている。

日本が沖縄を含む全土で核兵器を受け入れるのであれば、また軍事的な危機時にわれわれの司令官たちが沖縄を効果的に統制できるとの確証を与えるのであれば、たとえ日本に施政権を全面返還しても沖縄の基地を確保することは可能だ。(21)

ライシャワーによれば、こうしたプロセスは日本を「愛想はいいが、冷淡なパートナー」から「真の同盟国」に変える重要な作業であった。(22)

(四) 米政府内の準備作業

沖縄返還に向けた検討着手を進言したライシャワーの一九六五年七月の覚書を受けて、国務長官ラスクが国防長官マクナマラに書簡を送ったのは九月二五日であった。(23) ラスクは、日米関係の摩擦要因を取り除き、極東における共通の利益を確認した上で日本に一層の役割拡大を求めるために日本側と高度な話し合いに入るべきだと進言した。そして、対日協議に先立ち日米関係について秘密の研究に着手するよう提案した。日米関係全般、日本の防衛力、沖縄での米国の立場を研究対象として挙げ、沖縄問題では米軍基地の価値を損なわずに施政権を返還できる条件が検討課題だと指摘したのであった。

マクナマラとJCSは一〇月にラスクの提案を受け入れ、翌六六年一月には省庁間グループの第一回会合が開かれた。大統領ジョンソンは一九六六年三月に日米関係全般に関する検討を省庁間グループから上級省庁間グループに移すことを決定する。上級省庁間グループは、省庁間をまたぐ海外活動の基本方針を決定、監督することが主な役割であったが、その下部グループとしてさらに複数の省庁間地域グループ（IRG）が形成され、うち極東地域グループ（IRG／FE）が省庁間グループの勧告に基づいて実際の日米関係についての研究を担当し、一九六六年五月までに報告書をまとめることになった。(24)

ジョンソン政権下の一九六六年から六八年までの間、沖縄問題の検討は極東地域グループから作業を委ねられた琉球作業班が中心に行った。両グループを統括したのが後に在日米大使館の沖縄問題担当公使として施政権返還交渉に関わる国務省のリチャード・スナイダー（Richard L. Sneider）であった。上級省庁間グループ、在日米大使館と大使ライシャワー、沖縄の高等弁務官、ハワイの太平洋軍司令官らがスナイダーを中心としたグループによる議論に加わり、施政権返還に向けた米国の立場を固めていくのである。

この間、ＪＣＳを中心とする軍部は施政権返還について基本的に反対の立場を維持していた。施政権返還についての見解をまとめたＪＣＳの一九六五年一二月二三日付メモランダムは「米国による完全な施政権の掌握」なくしては沖縄の米軍の機動性を損なうだけでなく、極東の核戦力にも波及する恐れがあり、日本が防衛負担に消極的な現状を考えれば施政権返還は受け入れがたいと主張した。(25)国防省には沖縄の自治権拡大に柔軟な意見も存在していたが、総じて基地使用の制限につながる施政権返還には慎重であった。

検討作業の中で、軍部と相反する立場を取っていたのが日本離任を目前にしたライシャワーであった。(26)ライシャワーによれば、米国が自発的に施政権返還に動くことが問題打開の鍵であった。一九六六年六月二六日付の公電では、「ベトナム戦争のための沖縄の基地使用は極東の安全に貢献する」とした外相椎名悦三郎の発言を引用し、日本では防衛問題を現実的に捉える傾向が強まっており、米国が施政権返還に応じるなら日本も米国の基地権維持のための取り決めに応じると主張している。沖縄を「対等な日米防衛関係の象徴」と位置付けることに成功すれば、日米関係はより強固なものになるはずであった。(27)

米国が率先して既得権の縮小に応じてこそ日米関係の安定と基地の維持が可能になるとするライシャワーの主張は、かつて米国のイニシアチブによる日米安保改定をワシントンに進言した駐日米大使マッカーサーと二重写しにみえる。

両者とも短期的な視点から軍事的権利に固執しがちな軍部に対して、長期的な日米関係の管理という視点から政策転換を説いた点で大きな役割を果たしたといえる。他方、米軍基地をいかに有効に維持するかという最終目標を軍部とも共有していたからこそ、その主張が説得力を持ったという点は見落としてはならないだろう。

二　返還条件の模索

(一)　最大の障害「事前協議」

沖縄の施政権返還に向けた具体的な動きが、一九六六年に米政府内で始まった。ジョンソン政権下で日米関係に関する研究を委託された極東地域グループ（ＩＲＧ／ＦＥ）は、日米関係全般、日米安保条約、日本の防衛力についての報告書を当初の予定通り一九六六年五月に省庁間グループに提出し、承認を得た。[28] しかし、残る沖縄米軍基地については見解をまとめるのに手間取り、省庁間グループの承認を得たのは九月一三日にずれ込んだ。この報告書が主要課題である「米軍基地の価値を損なわずに施政権を返還するための必要条件」について米側が行った最初の検討作業となった。[29]

報告書「我々の琉球基地（Our Ryukyu Bases）」は、沖縄の米軍基地の重要性を認識し、米国との衝突を恐れる日本政府の「暗黙の協力」により早期返還への圧力が抑えられてきたが、日米安保条約が自動延長を迎える一九七〇年を控えて世論が日本政府に正式な施政権返還要求を迫る可能性があると指摘した。[30] 一九六八年までに沖縄で実施される議会選挙などで左翼勢力が勝利した場合、沖縄返還に向けた風圧が急激に高まることが予想されるからである。報告書は、施政権返還に応じる場合、日本政府が自由な作戦行動を含む「特別な基地使用権」を交渉で認める可能性があるとの見解を示した上で、米側は沖縄の自治と沖縄問題における日本の役割拡大を容認することで時間を稼ぎ、好意的な反応を引き出すタイミングを判断すべきだと提言している。

しかし、基地使用権をめぐり日本側とどのような「特別な取り決め」を交わすことが可能なのか、米側は解を導き出せずにいた。ＪＣＳを筆頭とする軍部は、施政権返還を拒否して日米関係を行き詰まらせるより返還を実現した上で従来通りの基地使用権を維持する方が得策だ、とする国務省などの見解へと次第に傾きつつあったが、一方で基地使用権を温存したままの「条件付き」返還についての懐疑的な評価は依然強かったのである。

国防長官マクナマラに提出した一九六七年七月二〇日付メモランダムで、ＪＣＳは沖縄における米国の統治権が弱体化した場合に取りうる行動として、複数の選択肢を検討している[31]。最大限の基地使用権を容認する「特別合意」を日本と結んだ上での施政権返還が最も理想的だが、日本政府には受け入れがたい内容である上、合意にこぎ着けても日本で政権交代が起きれば存続は困難である。本土と同じ条件を沖縄に適用した上での返還を日本は望むだろうが、その場合は事前協議制度の影響で基地使用に深刻な制約が課される恐れがあると懸念を示している。この点について極東地域グループから沖縄問題に関する検討作業を委ねられた琉球作業班は、事前協議制度の適用によってＢ―52戦略爆撃機の自由出撃と核貯蔵という二つの機能に影響が生ずると分析していた[32]。

施政権返還に絡んで米側が事前協議を米軍の行動に対する「障害」とみなしていたことは、序章でも取り上げた米公文書「日本と琉球諸島における米軍基地権の比較」でも明らかにされている[33]。その報告書は自由な軍事行動が容認された沖縄に日米安保条約が適用された場合、米軍の行動を最も拘束する恐れがあるのは事前協議制度だと位置付け、朝鮮半島有事を除いた米軍による域外への直接出撃、核兵器の配置・貯蔵について日本政府の同意が必要になると指摘する。しかし、秘密の討論記録に基づく日米「合意」によって核搭載艦船の寄港など制度の適用除外事項とされるケースが存在しており、運用面でも拡大解釈の余地が大きいという。さらに討論記録によれば、事前協議は核を搭載した艦船の寄港や核搭載の軍用機飛来を含む「現行の手続き」に影響を与えないことになっている。そのため結論として、施政権返還後の沖縄に事前協議制度が適用されても、核が自由に持ち込まれている沖縄の「現行の手続き」にも「影響を与えない」と主張できるとの強引な論理が展開されているのである。

こうした解釈に従えば、問題の核心は事前協議制度そのものよりも、返還後の沖縄からベトナムや朝鮮半島へ展開する米軍の行動について、国内の「政治的制約」に直面する日本政府がどのように説明できるのかであった。日本政府が基地使用で事前協議の適用除外事項とは異なる解釈を示せば、沖縄における米軍の行動の自由は大きく制限されることになる。つまり、施政権返還が実現するかどうかは、明らかに本土防衛以外の目的で米軍が沖縄の基地を使用することを日本側が認める用意があるのかに依拠していた。施政権返還に向けた最終的な判断を下す前に、米側には日本側から引き出せる最大限の「貢献」を見極める必要が生じたのである。

(二) 「継続的検討」の内幕

沖縄の施政権返還と引き換えに日本からどのような条件を引き出せるのか。一九六七年九月の外相三木武夫の訪米、さらに同年一一月の首相佐藤栄作の訪米を前に重要懸案を見極める作業が米政府内で進んだ。

国務省は一九六七年八月に大統領ジョンソンへの進言メモ作成準備に入った。その中で国務省はベトナム、台湾防衛に関連して広範な基地の自由使用が事前に保証されることと、アジアにおける日本の政治的・経済的役割の拡大と引き換えに返還交渉に応じる意向があることを日本側に伝えるよう進言した(34)。沖縄は日米間に残された最重要の懸案であり、政治的に強力で米側の軍事的需要を理解する佐藤が政権に就いている間が、基地使用権に加え日本の防衛努力の増強などを獲得できる最良のタイミングだと指摘していた。

沖縄の基地を拠点にベトナム戦争を支える米軍にとっては、施政権返還後の沖縄に安保条約を適用することになれば、事前協議制度に基づく制限によって基地の価値は減ずる。そのため、朝鮮半島有事で事前協議なしの直接出撃を認めた安保改定時の合意を、ベトナム戦争が展開中の東南アジアと台湾の防衛にも拡大する「特別な取り決め」を日本が受け入れることが必要であった。基地の自由使用が保証されない限りは、国防省や軍部に施政権返還を説得できないと国務省は判断していた。

ＪＣＳの勧告を受けた国防長官マクナマラも「特別な取り決め」を軸とした国務省案に基本的に合意し、沖縄の基地の自由使用を認める特別協定と、アジアでの政治的・経済的貢献の拡大を日本に事前に求めることを主張した。(35)その結果、米側が施政権返還交渉を開始するのかどうかは、日本との特別協定で基地使用にまつわる米軍の要請の最小限が満たされているかを見極めた後とされたのである。

沖縄の核兵器については、他の条件を満たした後に撤去に応じることは可能とするのが国務省の見解であった。国務省案によれば、マクナマラも沖縄の核兵器を太平洋の他の基地へ移送した後でも緊急事態への対応が可能であり、米本土から核の再供給ができるため沖縄から核兵器を全面撤去しても米軍の大幅な能力低下は生じないと判断しているという。他方で、核兵器の全面撤去が日本の核開発を誘発する可能性を払拭できないこともあり、返還後の沖縄に核再持ち込みの権利を求めるかどうかを含めて検討の余地があると結論付けたのであった。(36)

一九六七年九月の日米閣僚会議での地ならしを経て、佐藤にとって二度目となる日米首脳会談が一一月一四、一五両日にワシントンで行われた。ここでは日米琉三者で構成する高等弁務官に対する諮問委員会の設置や小笠原の早期返還で合意した。最も顕著な成果は、沖縄の施政権返還に向けた「継続的検討」を行うことで日米が合意し、共同声明で「両三年内」に返還時期について合意すると時期的な目途を盛り込んだことであった[37]。

首脳会談で日本側は沖縄返還の交渉開始をただちに求めることはしなかった。佐藤が目標としたのは世論を満足させるのに十分な進展であり、返還合意時期の目途を盛り込むことであった。首脳会談に先立って、京都産業大教授若泉敬を若泉と交流のあった大統領特別補佐官（安全保障問題担当）ウォルト・ロストウ（Walt W. Rostow）の元に密使として差し向け、外相三木や外務官僚にも内密で「両三年内」の表現で米側の合意を取り付けるよう交渉をさせている[38]。佐藤が沖縄返還の交渉開始を正面から求めなかったのは、世論が「核抜き」「即時返還」に強く傾く中で、返還後の沖縄の基地態様について米側が求める条件に応じることができなかったためであった。

日米首脳会談を控え、外務省が行った検討作業で明らかになった問題は、完全な自由使用が認められている沖縄の「現状通り」と安保条約を適用する「本土並み」の間で日米双方が満足しうる条件が成立しうるかであった[39]。沖縄と本土との最大の相違は事前協議適用の存否である。米国に返還交渉の開始を求めるのであれば、戦闘作戦行動のための基地使用と核兵器の持ち込みについて事前協議を求めるのかどうか、日本側の対応を決定する必要が生じる。当時、外務省北米局長として対米折衝に当たった東郷文彦は、この難題について次のように述べている。

安保改定交渉で事前協議の交換公文が出来たのも、アメリカ側から見れば沖縄の自由使用には変わりがなかったからでもあったのではないかと思う。ところが爾来数年の経過の中に、諸もあり否もある事前協議の諸の影は次第に薄れて来ているので、若し総て否であるとの前提で考えなければならぬとすれば、軍事的抑止の責任を負っている軍当局からすれば、沖縄の基地の自由使用はそれだけ重要性を増したということになる[40]。

北爆で火が点いた反戦世論に沈静化の兆しが見えないなか、佐藤政権が進んで基地の自由使用を認めることは至難の業であった。日本側は事前協議制度の適用について「最小限」の条件を米側から引き出そうとしたが、ベトナム戦争の遂行拠点としての沖縄の重要性を強調する米側の頑なな態度にぶつかって立ち往生したのが実態であった。外務省はベトナム戦争継続中に限定して事前協議なしの戦闘作戦行動を認めるなどの方式も検討したが、慎重な対応を命じたのは佐藤だった。

一九六七年八月九日、佐藤と三木、外務省事務方を交えた会合が開かれた。核については事前協議の対象とするが、極東情勢が好転するまで戦闘作戦行動には事前協議制度を適用しない「腹づもり」が必要とする外務省の説明に、佐藤は「腹づもりは総理自身が決定すること」として世論が許容できる範囲内で解決法を探るよう諭したのであった。さらに、安保条約を本土並みに沖縄に適用すべきかについて見解を尋ねられると「それでは話し合いにならないだろうが、とにかく先方から条件を出させるよう努めるべき（中略）極東における抑止力としては何といっても米側が主体なのであるから」(41)と述べるにとどまっている。結局、返還後の沖縄の基地態様について日米間で実質的な討議は行われないまま、共同声明に返還合意についての時間的要素を加え、「継続的協議」(42)にこぎ着けることが日本側の目標として設定されたのであった。

(三)　形骸化のからくり

一九六七年一一月の日米首脳会談で、「両三年内」の沖縄返還合意時期の目途付けと並んで喧伝された成果が小笠原返還であった。東京から約一〇〇〇キロ、日本本土とマリアナ諸島の間に広がる小笠原諸島は、サンフランシスコ講和条約で米施政権下に置かれたが、日本の「潜在主権」を適用したことで将来の返還に含みを残した。一九六五年の日米首脳会談の合意によって強制的に離島させられた島民の墓参が実現し、一九六七年に入ると沖縄と並んで小笠原返還が日米間の懸案として公式に取り上げられるようになった。

一九六八年に入って本格化した小笠原返還交渉は、三月中旬までに返還協定、そして返還後の施設・区域の使用を認めた「日米合同委員会議事録」で合意し、返還後の有事の核持ち込みといった懸案を残すのみとなった。父島、硫黄島を極東での核戦争発生時の後方補給基地と位置付けていた軍部は当初全島返還に難色を示したが、最終的には返還後に核を持ち込む権利を日本に求めることを条件に返還に合意した。バックアップ基地である小笠原の重要度は前方展開拠点である沖縄と比較して格段に落ちたが、米軍が自由使用を享受する地域に日米安保条約を適用するという点において小笠原返還は沖縄返還に向けた予行演習の意味を帯びていたのである。

有事の核持ち込みについて、漏えいの可能性を懸念した外相三木武夫が文書形式の合意に難色を示したことに対し、国務長官ディーン・ラスクは「佐藤首相以降の政権が米国の意図を理解することが必要だ」として当初の目的さえ達成できれば、書式にはこだわらないとの考えを示した(43)。結局、日米の取り決めの形式は機密の「口頭声明」としてまとめられることになった。日米間の合意を見た一九六八年三月二一日付で駐日米大使ジョンソンがラスクに送った極秘公電にその原文が盛り込まれている(44)。

米国大使　小笠原諸島、火山列島に核兵器貯蔵が必要となる非常事態において、米国はこの問題を日本政府に提起したいと考える。そうした要請は、日本を含む地域の安全保障にとって死活的な場合にのみ行われるものであり、日本政府の好意的な対応を期待する。

三木外相　日米安保条約第六条の履行に関する一九六〇年一月の交換公文に基づき、有事を含め、在日米軍装備の重要な変更は日本政府との事前協議の対象とされている。あなたが提示された例は事前協議の対象であり、現段階において日本政府は指摘された状況下で協議に入るとしか言えない。

一読するかぎり、日米はそれぞれの立場を表明したに過ぎないようにみえる。しかし、口頭声明の内容を国務長官に報告した三月二一日付の公電で駐日米大使ジョンソンは「日本側が、これまで避けてきた核貯蔵絡みの事前協議に明確に関与することへの一歩」だと評価した。核持ち込みを必要とするような事態では、日本自身の安全が危機にさらされているはずであり、そうした状況下で協議に入れば、米国の核の傘に依存する日本が事前協議で拒否できるはずはないとの判断があった。

日米は一九六八年四月五日に小笠原返還協定に調印した。在日米大使館が作成した四月二日付公電によると、三木は調印式の数日前になって日本の領土内に核兵器の存在を認めないことを趣旨とする声明を発表したいと申し出て、米側を困惑させている。(45)首相佐藤栄作が一月二七日の施政方針演説で「持たず、作らず、持ち込ませず」の非核三原則の順守を明言したこともあり、核問題で米側に譲歩したとの印象を世間に与えることを三木が嫌ったためであった。(46)結局、日米は口頭了解に合意するが、公式記録には残さないという条件で、三木が非核三原則に沿った日本政府の意向を読み上げることになった。

駐日大使ジョンソンは国務次官として沖縄返還交渉に関与を続けることになるが、土壇場の調整に追われた小笠原の苦い記憶が脳裏から去らなかったようだ。一九六九年八月、沖縄の核抜き返還の見通しを探ろうとする駐米大使下田武三に対して「いずれにしても、小笠原より強力な取り決めが必要だ」と述べている。(47)沖縄返還では、日本側の内政事情によって左右されるような曖昧な取り決めは容認できないという意味である。

三　日米の交渉戦略と基地態様

㈠「核抜き、本土並み」の裁断

返還後の沖縄の基地態様について「白紙」を貫いていた首相佐藤栄作が、白紙への「筆下ろし」を実行したのは一九六九年三月一〇日の参院予算委員会においてであった。社会党の前川旦の質問に答え、「基地そのものがその現地にいる人たちの理解がなければ、基地の効用を十分に発揮できないんだ、そのことははっきりしているんですが、それがいまのように最も嫌う核を持っている、なおさら理解はしにくいんじゃないか」と事実上「核抜き」の方針を初めて明らかにしている。(48)

その年一月、日米有識者による「沖縄およびアジアに関する日米京都会議」が京都市で開催された。当時、京都産業大教授若泉敬や元JCS議長マクスウェル・テイラーらが顔を揃えたこの会議で参加者の多くが「核抜き、本土並み」返還を主張したことが佐藤の判断に影響を与えたとの推測もなされたが、実際の政策決定に与えたインパクトは間接的だったとみられる。(49)佐藤は若泉のほかにも民間人を密使として米国に派遣し、発足したばかりのリチャード・ニクソン（Richard M. Nixon）政権の沖縄問題に関する出方を探らせており、その結果、米側が最終的には「核付き」返還に固執しないとの感触を得ていたと言われる。(50)施政権返還後の沖縄の基地態様について「核付き」の余地を残すことを重要視してきた佐藤が「核抜き」裁断に至った背景は明確ではないが、米空母エンタープライズ寄港をめぐる抗議運動、その後に続いたソードフィッシュ事件、B—52戦略爆撃機の嘉手納基地墜落事故など一九六八年に起きた一連の出来事を経て前年一一月の日米首脳会談で大統領リンドン・ジョンソンに約束した核アレルギーを払拭する「国民教育」の挫折が明確になった段階では、佐藤に残された選択肢が大きく限られていたことは確かであった。

その間外務省は、一九六八年一一月の自民党総裁選に伴う内閣改造で外相に就任した愛知揆一の下で沖縄に関する「継続的検討」を続けていた。東郷文彦の回想によれば、愛知の就任早々、法制局、防衛庁も交えた勉強会が相次いで実施され、核兵器については「非常事態における持ち込みの問題に対処する用意を持ちつつ常時配置を行わざるよう説得」し、基地の作戦使用については朝鮮半島、台湾海峡、ベトナムに関連して「事前協議の交換公文との関連で適当な形に纏める」との方向性を大筋で固めている。[51] これは、米側が折に触れてベトナム戦争に支障を来さない戦闘作戦行動の自由と、有事の核持ち込みの保証が必要条件だと非公式に伝えていたことを反映している。例えば、国防次官補モートン・ハルペリン（Morton H. Halperin）は私見と断った上で「核は常置しないが有事の際迅速に持ち込めることの保証をとることがabsolute minimum（必要最小限）」と述べていた。[52]

しかし、日本側がこうした方針に基づく基地態様を確約できるかについては政治的な困難が予想された。一九六八年末から六九年初頭にかけて行われた会合で、愛知は駐日米大使アレクシス・ジョンソンに対し、返還後の沖縄には原則的に事前協議制度を適用し「本土並み」とするが、ベトナム戦争が継続する間の過渡的措置として核貯蔵と自由使用を認める用意があると説明している。[53] ジョンソンは日本が米軍による沖縄の基地使用について前向きな見解を示したことを「きわめて重要な前進」と受け取ったが、沖縄の無条件復帰を求める世論が圧力を増す中で日本が実際に約束を果たせるか半信半疑であった。[54] そうした中、実際に首相佐藤栄作が「核抜き、本土並み」の裁断を下したことで、米側との交渉に臨む日本側の手足は大きく縛られることになった。

(二)　拒否権と白紙委任

本格的な沖縄返還交渉開始を控えた一九六九年四月二八、二九の両日、外務省北米局長東郷文彦が瀬踏みの渡米を行い、「核抜き、本土並み」の方針に基づく日本側見解を米側に提示することになった。東郷訪米の直前に在日米大使館に提出されたポジション・ペーパー「沖縄返還問題」は、施政権返還の時期について一九七二年中が望ましいとした上で、返還時の基地態様については、修正を加えずに日米安保条約を適用することを前提とした。沖縄の核兵器については返還時までに撤去し、返還後の再持ち込みと、戦闘作戦行動のための基地使用については事前協議の対象とするよう要請したのである。(55)

東郷は一月に国務次官に転任したアレクシス・ジョンソンらと面会を重ねたが、いずれも日本側見解に対して大きな落胆を示した上「核及び基地の作戦使用の問題の何れについても頗る固い態度」をみせた。(56) 米側の懸念は、返還後の沖縄に事前協議を適用することで核兵器の持ち込み、そして戦闘作戦行動のための基地使用を日本が受け入れない恐れがあることだった。つまり、日本側が「拒否権」を行使する可能性に向けられていたのである。(57)

東郷は訪米で得た感触に基づいて「自由出撃の問題について軍事的に満足しうるべき了解に達しうる上核の問題に対処しようとするごとくである」と米側の基本姿勢を総括した。六月の外相愛知揆一の訪米で始まった施政権返還をめぐる正式交渉では、予想通りまず戦闘作戦行動の自由について米側が満足するような協力姿勢をどう示すかが焦点となった。

日本側は事前協議制度について、共同声明案と日本政府による一方的声明案の二つを用意して対米交渉に臨んだ。共同声明案では沖縄返還が極東防衛のための米国の義務履行と両立することを明記し、一方的声明案では韓国に対する「武力攻撃」が発生した場合、「日本の安全に重要な影響」を及ぼすとの認識に基づいて事前協議に対応するとの政府方針を盛り込んだ。共同声明案とは別に一方的声明案を用意したのは、朝鮮半島有事の際の事前協議で日本が肯定的に回答することを示唆するのが狙いであった。単独の意思表明という形式にしたのは、「諾も否もある」とする国内向けの事前協議に関する説明との矛盾について追及されても日米間の正式な約束ではないと釈明できるためである。(58)また、一方的声明案には「朝鮮議事録」をこの機会に廃棄したいとの思惑も働いていた。(59)日本側は愛知訪米の際に事前協議制度の運用について「極めて柔軟」な姿勢を明確にすることで秘密合意の廃棄に理解を得ようとしたのである。

ワシントンで国務長官ウィリアム・ロジャース（William P. Rogers）と愛知揆一との日米外相会談が行われたのは一九六九年六月三日から五日であった。会議に同席した駐米大使下田武三は、日本の一方的声明案は事前協議について「日本にとって困難な必ずイエスと、米国が呑めない拒否権の中間を行く方法を示唆している」と述べ、ベトナムの米軍支援にも「イエス」と回答する用意があると請け負っている。(60)つまり、表向き事前協議の白紙委任はできないが、極東防衛のために米軍が自由に基地を使用できるよう取り計らうと理解を求めたのであった。

しかし、米側は日本側提案に不満であった。事前協議に対する日本側の答えが常に「イエス」だとの確証が必要だと主張し、韓国にとどまらず、台湾、ベトナムについても基地の自由使用を強い文言で保証するよう求めたのである。(61)また、核持ち込みについても事前協議に対する回答が「ノー」とは限らないことを示す必要があるとして、沖縄から核撤去を求める愛知に言質を与えず、西太平洋における核抑止の重要性を再度強調した。(62)

外務省は朝鮮半島中心に捉える日本側と、「極東」の概念を越える東南アジアも視野に入れた米側の見解の乖離は大きいとみていた。日本側は通常兵器による戦闘作戦行動については大幅に認める姿勢を当初から示したが、国内向けの説明で正当化が困難な台湾やベトナムに絡む基地使用には抵抗せざるを得なかったのである。核問題でも米側から了解を取り付けることは難題であり、沖縄返還時の核撤去という佐藤政権の政治的命題を実現するためにはさらに譲歩する必要に迫られたのであった。(63)

(三) 国家安全保障研究覚書第五号(NSSM5)

沖縄の施政権返還に関する米国の対日交渉方針策定は、一九六九年一月のニクソン政権誕生とともに具体的に動き出した。沖縄返還をめぐる論点は、ジョンソン政権末期までに大筋整理ができていたが、各政策の優先順序を決定し実行に移す政治力を欠いていたのである。求心力を回復したニクソン政権下では、大統領補佐官(国家安全保障担当)に起用された元ハーバード大教授ヘンリー・キッシンジャー(Henry A, Kissinger)が沖縄問題を含む外交政策の舵を取ることになった。キッシンジャーの下で再編された国家安全保障会議(NSC)は、ベトナム、中東、対外援助、軍事態勢と並んで日本を取り上げ、問題点と取るべき政策について検討することを決定した。検討の結果は一九六九年四月二八日にまとめられ、NSCに送られた。国家安全保障研究覚書第五号(NSSM5)として知られる報告書である。(64)

NSSM5はまず、冒頭で日米関係を取り上げた。それによると日米関係は数年内に重大な試練に直面し、そこには緊急な決定を要する二つの争点が存在している。一つは沖縄の将来の地位であり、もう一つは一九七〇年以降の日米安保条約継続問題である。経済大国への道を歩みつつある日本だが、経済・安全保障の両面で米国に依存しており、独立性を高めるために必要な政治決断を下すこともできない現状に不満を募らせている。これまで推進してきた日米間のパートナーシップは東アジア全域に利益をもたらしてきたが、より大きな地域的役割を果たす「責任ある日本」

へと誘導することが求められている。文書は沖縄返還がこのような日米関係再構築の好機になると結論付けた。

ニクソン政権は東アジアにおける長期的な日米関係構築という視点から沖縄問題を捉えようとした。こうした文脈において、二つの争点のうち日米安保継続問題については修正を加えることなく条約を更新すべきだと勧告したが、沖縄返還については、返還後の軍事権について実現可能な選択肢を挙げ、メリット、デメリットを詳細に検証している(65)。

それによれば、沖縄の軍事権について最も望ましいのは現行の権利継続である。最小限は日本本土と同様の権利の適用、いわば「本土並み」である。安保条約が返還後の沖縄にも適用された場合、事前協議制度によって核貯蔵と核兵器を使用した作戦行動、通常兵器による戦闘作戦行動が影響を受けることになる。特に核使用の権利で日本から同意を得ることは頗る困難な作業となることが予想される。核にまつわる現行の権利が否定されれば、太平洋軍の能力低下を回避するためにも日本から「代償」を獲得する必要があるという。

軍事権のうち核貯蔵、核を使用した作戦の権利については、米国が保持できる軍事的能力の大きい順に次の選択肢があるという。①現状通りの自由な核貯蔵と核作戦の実施、②暫定的な核貯蔵と核作戦の自由、③緊急時の核持ち込みの権利、④核搭載機、艦船の通過権、⑤天候、人道上の理由による核持ち込み、⑥本土並み。

通常兵器による戦闘作戦行動では、事前協議なしの直接出撃が認められるのは日本有事、そして朝鮮半島の国連軍に対する武力攻撃が発生した場合のみで、後者は安保改定時の秘密合意に基づいている。「特別な協定」がなければ、事前協議制度による出撃制限は返還後の沖縄にも適用される。米軍が通常兵器を用いた戦闘作戦の自由を維持する上で日本政府は協力姿勢を見せているが、今後結ばれるいかなる協定もベトナム戦争の支援作戦を含むものでなければならないという。米国の選択肢としては維持可能な軍事的能力が大きい順に次の四つがある。①現状維持、②暫定的な自由使用、③緊急時やベトナム、台湾などの地域に限定しての自由使用、④本土並み。

報告書は通常兵器を使用した戦闘作戦行動に関して特別協定を結ぶ必要性に言及しているが、B―52戦略爆撃機のベトナムへの発進など沖縄で認められた軍事権を日本全体に拡大する協定を結ぶことで、沖縄で最大限の自由使用を確保しながら「本土並み」とする手段もある、と強弁していることも付記しておくべきだろう。一九九〇年代以降に成立した「日米防衛協力のためのガイドライン（新ガイドイラン）」関連法、有事法制を通じてかつて沖縄でしか容認されていなかった米軍の施設・区域使用が本土にも拡大された経緯を考慮すると、興味深い記述である。ガイドライン関連法では、「そのまま放置すればわが国に対する直接の武力攻撃になる恐れのある事態」と定義する「周辺事態」において、日本政府が、米軍に対する物資輸送、航空機や艦船の修理などの支援を行うことが規定され、地方自治体や民間に米軍の支援を依頼することができるようになった。沖縄のみならず、日本全土を挙げての米軍支援体制が日本の国内法で担保されたのであった。

㈣　核撤去の決定

ＮＳＳＭ５の勧告を受けた国家安全保障会議（ＮＳＣ）は一九六九年五月二八日、国家安全保障決定覚書第一三号（ＮＳＤＭ13）を作成した。その内容はＮＳＳＭ５の検討結果を全面的に踏襲し、沖縄の施政権返還交渉に臨むニクソン政権の対日政策の骨格を決定した。[66] ＮＳＤＭ13は、対日政策に関する大統領の決定事項を次のように書き記している。

一、米国は国益の観点から対日関係を改善する方法と、アジアでのより大きな日本の役割を追求しつつ、基本的にはアジアにおける主要なパートナーとして日本との現行の関係を維持する。

二、現行の安保条約が廃棄もしくは修正の議題となる際には、修正なしに七〇年以降も継続することを容認する。

三、不可欠な基地機能は保持しつつ、大きな摩擦を軽減するため漸進的に日本の基地構造と利用に変更を加える。

四、日本の防衛力について適度な増強と質的向上に向けた努力を奨励する現在の政策を維持し、実質的に大きな兵力や、地域的な防衛における大きな役割を担うよう求める一方で、日本に過度な圧力をかけることを回避する。

ニクソン政権は、日米安保条約の変更なしの継続、摩擦を回避するための基地縮小、現行の日本の防衛政策の是認を基本方針として定めたのであった。その上で、数カ月後に開始される日本との沖縄返還交渉を進めるため戦略文書を省庁間東アジア地域グループに準備するよう命じ、その際に以下の要素を考慮するよう指示した。

一、一九六九年に米軍基地使用を統括する基本的な要素について合意し、その時点までに詳細な交渉が終わっていることを条件に一九七二年の返還に進んで合意する。

二、とりわけ韓国、台湾、ベトナムについて、最大限自由な通常兵器による軍事基地の利用を望む。

三、沖縄における核兵器の維持が望ましいが、大統領は沖縄の合意における他の要素に満足できるなら、緊急時の貯蔵権、通過権を保持しつつ、交渉の最終段階において核兵器を撤去する用意がある。

四、沖縄に関する他の日本の関与を追求する。

施政権返還のタイミングと軍事権についてＮＳＳＭ５が示した選択肢のうち、米側が日本から引き出せる最大限の負担を注意深く見極めたことが分かる。返還に応じる条件は基地の自由使用の保証である。並んで重要なのは、緊急時の核持ち込みと通過の権利が確保されていることを前提に交渉の最終段階で核撤去に応じる可能性を明記したことであろう。ちなみに核の通過権とは、米軍の艦船や航空機によって日本の米軍基地を経由して、日本以外で核兵器が配備、または使用される際の基地使用の権利を指す。当時、沖縄の嘉手納基地にはB—52戦略爆撃機が常駐していたが、返還後も沖縄への飛来を可能にしておく必要があったのである。

基地の自由使用、日本による経済的・政治的負担と引き換えに返還に応じるという基本方針は、「核抜き」返還を容認する国防長官マクナマラらによる有力な意見が存在していたものの、JCS内で核貯蔵の必要性を説く勢力があったためにジョンソン政権下では最終決定には至らなかった。返還交渉に関わる政府機関の間よりも軍内部において核兵器撤去によって低下する前方展開能力をめぐり意見の相違があったのである。

しかし、JCSが見落としていたのは返還後の沖縄で核兵器を維持できたとしても、日本政府の意向を無視して核兵器を運用することは実質的に不可能だという現実政治の問題であった。一九六八年七月八日付で国防長官に宛てた文書で、国防次官補ポール・ウォンキ（安全保障担当）（Paul C. Warnke）は「（返還後は）日本政府の同意なしに、沖縄から直接敵を叩くことも、沖縄から直接戦闘地域へ核兵器を運搬することもできなくなる」とした上で「有事に核兵器を再び運び入れる権利を保持した上で、沖縄の核撤去がいかなる軍事的な能力の低下をもたらすか注意深く検証しなくてはならない」と提言している。

ニクソン政権の検討作業において、日本との返還交渉で直面する政治的な課題を考慮した場合、全面的な核貯蔵権に固執するよりも、最終局面における核撤去の用意をちらつかせる方が日本から引き出せる軍事権が大きいとの判断が働いたとみるべきであろう。そこには、米国の国益を最大化するためのカードの切り方について、ニクソン政権が張り巡らせた冷徹な計算が垣間見えるのである。

(五)　対日交渉戦略文書

ＮＳＤＭ13の指示に基づいて作成された沖縄返還交渉に関する戦略文書が、ＮＳＣ副長官級会議で承認されたのは一九六九年七月三日であった。(67) その約一ヵ月前、沖縄返還問題を初めて交渉テーブルに載せた外相愛知揆一と国務長官ウィリアム・ロジャースによる日米外相会談がワシントンで行われており、戦略文書は会談で示された日本側の見解も踏まえた内容となっている。文書は基本戦略、戦略と交渉日程、返還時期、通常兵器による自由使用、核の権利、財政問題、他の関与の七項目から構成される。これに加えて交渉担当者となる駐日大使への指示が添付されている。以後、この六ページの文書に沿って米国の対日交渉が進められることになった。

まず、交渉に臨んで米国が持つカードは三つあるという。①米国と摩擦を抱えてまで日本は施政権返還を主張しないこと②世論が受け入れやすい条件下での返還は、保守勢力とりわけ佐藤派にとって政治的な成果になること③交渉の後の段階で、米国が核撤去に応じる用意があることは対日交渉で最大の梃子になること。(68) 第三のカードは、日本が切望する「核抜き」の確約は、他の重要要素で納得する成果が得られるまで与えないが、いずれ米国が核撤去に応じるとの期待を抱かせることで日本から最大限の譲歩を引き出せると米国が見ていたことを示している。

次に一一月の佐藤・ニクソン会談までの日程を六段階に区切り、各段階で達成すべき目標を掲げているが、ここでは核カードを利用して利益を最大化するための米国の戦略がより明らかになっている。

第一段階。愛知・ロジャース会談で示された日本側の立場について探り、一一月の日米首脳会談で発表する共同声明と事前協議制度に関して米側の提案を示す。その際、米国民と米議会がともに軍事的な要請が満たされたと納得できる合意内容が必要であることを日本側に強調し、交渉テーブル上の核貯蔵権について米国の立場を維持する。

第二段階。七月の日米合同閣僚会議において、通常兵器の使用と財政取り決めを含むその他の関与について日本側がどの程度柔軟性を持ちうるのか、柔軟性が最大化する条件を国務長官ロジャースが見極める。日本が核貯蔵に引き続き反対するようであれば、九月の愛知訪米までに核問題を棚上げにして他の要素について交渉を進める。

第三段階。八月の交渉では次の三点に集中する。通常兵器の自由使用に関して公式及び秘密の了解の作成、返還に伴う経費負担など広範な財政取り決めに関する枠組みの形成、その他の日本の関与について草案作成。有事の核持ち込みや核通過権も議論するが、核問題での最終的な決断はこの段階では下す意思がないことを日本側に明らかにする。

第四段階。九月の愛知訪米で、日米両国が本国に訓令をあおぐことができる段階まで返還をめぐる全領域で合意を進める。この段階に至っても日本が核貯蔵を認めなければ、その時点までに合意した内容を考慮して核問題を再検討するよう大統領に進言し、その結果を九月末までに日本側に伝えることを国務長官が愛知に伝達する。この過程において、通常兵器の自由使用や核の貯蔵・再持ち込みといった懸案は、米国が満足する形で決着し、一一月の佐藤訪米に向けた最終的な準備に着手できるはずである。

第五段階。九月から一一月初旬にかけて、日米両首脳の了承を得られるよう一連の取り決めで合意し、共同声明の草案を作成する。

第六段階。佐藤訪米時に両首脳が諸取り決めを検討して承認に至る。

いわば、「核抜き」の了解を交渉の切り札として最後まで温存することで、通常兵器による基地の自由使用と、核の再持ち込み・通過の権利、さらには財政・経済取り決めについて佐藤政権から最大限の譲歩を引き出すための「日程表」であった。佐藤政権が要求した「核抜き」の条件こそが米側の最大の取引材料となったのである。

㈥　搦め手の米国、徒手空拳の日本

米側は前節で触れた戦略文書で設定された各段階の行動目標を達成するため、アレクシス・ジョンソンの後任として一九六九年六月二四日に駐日大使として赴任したアーミン・マイヤー（Armin H. Meyer）に対する詳細な指示も定めていた。

それによれば、通常兵器による基地の自由使用では、朝鮮、台湾、ベトナムへの米軍出撃における裁量をどこまで獲得できるかが焦点である。とりわけ日本が公式、非公式で自由使用をどの程度許容するのか、事前協議制度との関係をどう整理するつもりなのか――の二点を見極める必要がある。また核問題では、日本の国内世論が最大の障害だが、核兵器の持つ軍事的能力と抑止力の重要性を強調しなくてはならない。米国が沖縄での核貯蔵の継続を重視しているとの立場を維持することが、通常兵器の自由使用をめぐる交渉を有利に展開する上でも役立つからだ。これと並行して日本側から事前協議を経ることなく緊急時の核再持ち込みを確保できるのか、戦略文書は、その手段と問題点を探るようマイヤーに命じたのであった。(69)

事前協議制度との関連において米国の沖縄返還交渉戦略を眺めてみると、米側が追求したのは、協議を行わないための仕組みを「制度化」する試みであったことが分かる。日米両政府は、安保改定時に朝鮮半島有事で協議を経ずに日本の基地から米軍が出撃することを容認する秘密の合意議事録（朝鮮議事録）を交わしたが、その合意を温存する傍らで同様の自由使用の権利を台湾、ベトナムにも拡大しようとした。安保改定時の秘密合意で担保された自由使用の権利を共同声明などの公的文書で明示することが望ましいが、日本の政治事情が許さないのなら、関係地域に絡み新たな秘密合意を交わすことも有効な手段だとみなしていた。事前協議制度をめぐる交渉での米側の目的は、基地使用について日本の拒否権を確実に封じることであった。核に関しても、日本側が「事前協議がない以上、核兵器は搭載されていない」との理屈を貫くことで日本本土における米核搭載艦船の寄港は実質上容認されてきたが、それに加えて米国は沖縄への核再配備も事前協議制度の適用除外事項とすることを日本に認めさせようとしたのである。

非核三原則を掲げ、「核抜き」返還を公約とした佐藤政権が、反核感情に支配された世論を背景として施政権返還時の沖縄からの核撤去を何よりも必要としていること自体が米側を優位に立たせる要因となった。佐藤政権が「核抜き」実現のためであれば、自由使用では大幅な譲歩も辞さない様子を見せていたことも米側が交渉を有利に進める上で最大の推進力となった。米国は沖縄返還交渉という土俵の上で日本に搦め手で臨み、米軍の行動に対する事前協議制度の拘束を可能な限り取り除くことで、自国にとって望ましい基地運用の枠組みを確立しようとしたのである。

他方、沖縄返還を要請する側の日本には緻密な交渉プランを練る余裕はなかったようである。(70) 安保改定で事前協議制度の設置を米側が受け入れたのも、核配備を含め自由に使える沖縄の基地が米軍政下に残されていた側面が大きかった。その沖縄を日米安保体制に組入れることは、極東防衛のための米軍の基地使用について「共通の責任」を負う用意があるのかという、日本がこれまで回答を回避してきた課題に向き合うことを意味していた。その意味で日本にとって沖縄返還交渉は、これまで一度も発動されたことがない事前協議を、安全保障に関する日本の選択を反映する実質的な制度へと転換する契機となり得たのである。だが、交渉が動きだした時点での日本側の関心は「諾も否もある」という事前協議制度の「建前」と米国が求める効果的な軍事行動を両立させる文言をいかにして声明に盛り込むかに向けられていた。抑止力の主体が米国である以上、核運用や基地使用について日本側は米国の出方を見守るしかないという硬直した思考法が見え隠れするのである。

日本にも切り札がなかったわけではない。米国は沖縄返還の交渉戦略文書で日本の手持ちのカードについても言及している。米国がアジアにおける重要な非共産主義国である日本との関係維持を重視していること、米国の地域的な安全保障上の義務は沖縄の基地なしでは果たせないこと、そして本土と沖縄で沖縄の施政権返還を求める圧力が高まっており、注意深く扱う必要があると米国が認識していること—の三点である。だが、実際の交渉ではこれらのカードが有効に切られることはなかったのである。

四　自由使用と日米共同声明

(一)「イエス」の確証を要求

一九六九年六月の愛知・ロジャース会談で、日米両国は沖縄の施政権返還に向けた正式交渉に入ることで合意した。最初に取り上げられたのは一一月の首脳会談後に出される共同声明案である。愛知・ロジャース会談で日本側が提出した草案をたたき台に、七月一〇日から一七日にかけて、外務省と在日米大使館の間で一連の会談が行われた(71)。主要議題は事前協議制度の扱いであり、返還後の沖縄に制度の全面適用を求める日本側に対して、通常兵器による基地の自由使用に「イエス」の回答の保証を引き出そうとする米側が攻勢をかける構図となった。

一連の会談記録によれば、日本側は沖縄返還が日米安保条約の枠内で処理され、秘密の取り決めを回避することが基本方針だと説明した。その上で、沖縄返還が極東諸国の防衛のため米国が負う義務との「効果的遂行」と両立することを明記した共同声明案に加え、一方的声明案で韓国有事での事前協議における対応を表明しているのは、極東防衛を目的とした戦闘作戦行動が事前協議によって制約されないことを示していると強調した。例えば「韓国における武力攻撃」が発生した場合、極東の安全が重要だとの認識を基礎とすれば「日本政府の回答が、米国政府の期待する性質のものであろうことは容易に想像される」という。つまり「ノー」の回答はありえないという意味である。

こうした説明に対し、駐日米大使マイヤーは七月一七日の外相愛知揆一との会談で、共同声明で日米双方の要望を満たすのは困難だと指摘し、「口約束よりはもっと確実で恒久的なものを欲しい」として、有事に備え安保改定時と同様の秘密合意を検討すべきだと述べた。米国の求める最大限自由な基地使用を日本が公に認めるのは政治的に無理なのだから、秘密合意で恒常的に「イエス」が出る仕組みを設けるべきだと示唆したのであった。

次にマイヤーは「韓国における武力攻撃」に話題を転じた。一九六八年一月の「プエブロ号」事件に続き、一九六九年四月には米空軍の電子偵察機ＥＣ―121機が朝鮮半島周辺の上空で撃墜される事件が起きたが、マイヤーはこの二つの事件が「武力攻撃」に含まれるかどうかを尋ねている。これに対して愛知は、韓国の領空・領海外で発生した二つの事件は「武力攻撃」とは性質を異にするため事前協議で「日本側は常にＹＥＳなりと書くのは行き過ぎ」であるが「非常に率直に言ってSEARCH AND RESCUE（捜索及び救出）という名目なら自由使用と実質的に同じ」と回答している。

さらに事案が「両国共通の安全保障上の利益」に影響すると判断され、自衛権発動としての行動が取られるのであれば事前協議に対する日本の回答は「これ以上書かなくても明らか」であり、「主権国家のDECISION MAKING（意思決定）の権利を奪うこととなる様なあらかじめYESを言わせなくても米国はASSURE（保証）される」と説得にかかった。つまり、形式的には最終決定権を他国に委ねるわけにはいかないとしながらも、実質的には通常兵器による基地の自由使用を請け負うことで事前協議制度の存続に理解を求めたのであった。愛知・マイヤー間の個人的な「相互信頼」に頼り過ぎてはいまないかと指摘するマイヤーに、愛知は「反米的な勢力が政権を握ればいかなる書面上の約束も無効になる」と反論するしたたかさも見せている。

しかし、マイヤーは追及を止めなかった。公海上で米軍の電子偵察機が中国かソ連のミグ戦闘機に攻撃された場合、電子偵察機を護衛していたF―4戦闘機は日本本土や沖縄の基地から直接発進した場合でも仲間の偵察機を守るために緊急行動を取れるのかと質問した。この場合の迎撃に事前協議は必要とされるのかが問題であった。愛知はケース・バイ・ケースだが、「共通の安全に対する脅威」とみなされれば必要な対処行動が取れるとの見解を示したが、マイヤーは総理を呼び出している時間がないと切り返した。

愛知はここで事前協議制度の手続きについて言及した。幸い過去九年間事前協議は行われなかったが、その方法や手続きについては日米間に話し合いすらなかったことを挙げ、制度に関する米側の「率直な」見解を尋ねたのである。マイヤーは、協議メカニズムの検討が必要なことは認めたが「沖縄の施設の使用が必要なりと判断した際可能な限り自由に使用出来ることを期待している」と従来の見解を繰り返したのであった。国務省に宛てたこの日の会談記録で、マイヤーは「運が尽きたときのために」事前協議制度のメカニズムについて合意する必要があると訴えてはいるが、具体的な事案における日本側の対応について「追い詰めないでほしい」と懇願していると愛知の矛盾した態度を描写している。(72)

(二)　密約に代わる一方的声明

一九六九年七月一七日の会談が終盤に差しかかったころ、愛知は日本側が共同声明案と合わせて提出した一方的声明案に言及した。一方的声明案は、韓国に対する武力攻撃は「日本の安全に重大な影響」を及ぼすと規定し、こうした攻撃に対処するための戦闘作戦行動を米軍が日本の基地から行う際の事前協議に対する日本政府の対応は「かかる基本的認識に立って決定される」とする内容であった。

これについて愛知は、共同声明の一部ではなく、日本政府が国内向けに行う声明の形式を想定していると説明した。共同声明とは別に、韓国に対する武力攻撃を想定した際の自発的な意見表明という形式を用意したのは、日本政府の態度を明確化するためであり、「一九六〇年の了解に実質的にとって代わる公の了解を両国間で遂げることが望ましいことから、別途の取扱いをせんとするもの」だと付け加えている。[73]「一九六〇年の了解」とは、韓国の国連軍に対する武力攻撃が発生した際に事前協議なしで米軍が日本の基地から戦闘作戦行動を取ることを認めた秘密の「朝鮮議事録」を指す。愛知は日本政府による一方的声明と引き換えに朝鮮議事録を廃棄するようマイヤーに要請したのであった。

マイヤーの説得を試みる愛知の理屈はこうである。一方的声明案は韓国に対する武力攻撃に限定せず、より緊急度が低いケースも想定していることから「朝鮮議事録」よりも広範な事態をカバーしている。この際、文言は異なるが秘密議事録の趣旨を公式の声明に盛り込み、より広範な事案についても日本の対応を約束した方が良策ではないか。事前協議の際に迅速に行動できるよう米側と協力する用意もある。

「本土並み」返還の象徴として、事前協議制度を修正無く沖縄に適用することを要請される中で、日本側にとって制度の形式を壊す存在である密約は廃棄しておく必要があった。事前協議制度の沖縄への適用さえ米側と合意できれば朝鮮半島有事に絡む米軍の基地使用を正当化できるとの計算も働いていたとみられる。

しかし、マイヤーは日本側の打診を次のような明快な言葉で一蹴した。合意議事録は事前協議を免除しているが、一方的声明は日本側に拒否権を与えているという大きな違いがある。したがって、日本側の提案は議事録が保証する内容以下であるため受け入れることはできない。なおも「事実上事前協議を免除するのとおなじこと」と食い下がる愛知に対し、マイヤーは付け入る隙を見せなかった。最終決定権にこだわる日本側と、米軍の基地使用の制限につながりかねない日本側の「拒否権」を認めない米側の立場の相違が一層明確になったのである。

この後、両国は共同声明作成に着手するが、立場の差を容易に埋めることができない以上、その作業は専ら「諸も否もある」事前協議制度の建前を守りながら、日本側が自由使用について最大限の「イエス」の心証を米側に与える文言探しに集中することになった。当初、検討課題とされた事前協議のメカニズムや個別ケースにおける対応については殆ど取り上げられることはなかったのである。

(三)　韓国、台湾、ベトナムをめぐって

一九六九年一一月の日米首脳会談で発表される共同声明をめぐる二国間交渉は、主に三つのレベルで進行した。国務長官ロジャースと外相愛知の閣僚レベル、駐日米大使マイヤーと愛知の閣僚級レベル、そして駐日米公使・沖縄問題担当リチャード・スナイダーと外務省アメリカ局長東郷文彦の事務レベルである。(74)ちなみに、スナイダーは米政府内で沖縄返還に向けた検討作業を担当する琉球作業班の責任者を務めるなど米政府内で沖縄問題に最も精通した外交官の一人であったが、本格的な日米交渉開始に伴い一九六九年八月に国家安全保障会議から東京の米大使館に転任していた。

前節で紹介した一連の愛知・マイヤー会談後、米側は七月二二日に共同声明案を提出した。(75)それは、基地使用の裁量を大幅に認めた米側にとって「理想案」というべき内容であり、受け入れが困難と判断した日本側は新たな草案

（以下、日本側草案）を八月一二日に提出した。(76) さらに、日本側草案についての国務省の見解を入れた草案が在日米大使館により作成され、八月二三日までに完成した（以下、米側草案）。日米双方の草案が出揃う過程で明らかになった争点は、やはり通常兵器による基地の自由使用と核兵器の扱いであった。

まず通常兵器による基地の自由使用で問題となったのは、返還後の沖縄への事前協議制度適用と、極東における軍事的義務を履行する米軍の能力の保持という一見相反する原則をいかに共同声明で表現するか、であった。

日本側草案は「沖縄の施政権返還は、日本を含む極東の諸国の防衛のために米国が負っている国際的義務の履行と『両立』」（『』は筆者挿入）するとしたが、米側草案では「日本が米国の国際的義務の効果的履行を『熟慮する（contemplate）』（同）」とし、日本の関与をより強く打ち出す表現となっていた。日本側が「事前協議の予約を意味しうる」と難色を示したため、結局、日本側が提案した「妨げるようなものではない」に落ち着き、これは最終的に共同声明の第七項となった。(77)

自由使用問題の最大の焦点は、韓国、台湾、ベトナムに絡む地域防衛と沖縄の基地使用の関係であった。これらの地域で緊急事態が発生した際、沖縄の基地からの戦闘作戦行動を日本側がいかに保証するか、その表現が問われたのである。日本側草案は、朝鮮半島に依然として「緊張状態」が存在することを前提として「韓国の安全は日本自身の安全にとって『不可欠』」と強調することで、韓国防衛のための米軍の基地使用に日本側が理解を示す表現となっている。最終的に「不可欠」は日本語で「緊要」の文言に差し替えられ、地域情勢についての日米見解を記載した共同声明第四項に盛り込まれた。(78)

朝鮮議事録の廃棄を視野に入れていた日本政府は、韓国防衛に絡む基地使用については公的文書でも最大限認める用意があった上、朝鮮半島の緊張状態を考慮すれば国内理解を得やすいとの考えがあった。そのため米側との間に大きな見解の差はなかったと言える。(79)他方、台湾、ベトナムに絡む基地使用では、外務省アメリカ局長東郷が「(日本から) 遠くなれば問題が生じる」と訴えたように、両地域での戦闘に「巻き込まれる」と日本の世論の反発を招く恐れがあったため、声明の文言調整にはより多くの時間を要したのである。(80)

台湾については、韓国と同様に強い表現を求める米側と、台湾と韓国では脅威の深刻度が異なるとして共同声明の文言にも濃淡を付けるよう主張する日本側との綱引きとなった。日本側草案では台湾について、米大統領が同地域に負う「条約上の約束」に言及する一方、日本の総理が台湾情勢について「関心」を表明するという双方の立場を並べた内容となっていた。米側は対案として「(総理大臣は) 米国の立場に理解を示し、台湾あるいは膨湖諸島に対する武力攻撃は日本を含む極東の平和を危険にするものだと合意した」を提案したが、最終的には「台湾地域における平和と安全の維持も日本の安全にとってきわめて重要」で合意した。(81)台湾防衛への直接関与を示唆する表現を避けたのは、中国をいたずらに刺激したくないという日本側の意向を反映した結果であった。

さらに交渉を複雑化させたのがベトナムと基地使用の関係であった。韓国、台湾は日米安保条約第六条が規定する「極東」の枠内に収まるが、ベトナムを含む東南アジアは「周辺地域」の位置付けであった。ベトナム防衛に関連した基地使用を許せば安保条約が規定する範囲を逸脱する恐れがあった。

これに対し米側は、沖縄返還時にベトナム戦争が継続している場合も、返還前と変わらぬ自由出撃の保証を明確に打ち出すよう求めた。一九七二年の返還時期を延期するか、返還後も戦闘作戦行動を認めるかのいずれかの方法によって、返還がベトナム戦争に影響しないことを公的に示すことが米側の譲れない要求であった。ベトナム絡みの基地使用を対外的に認めることが困難だと判断していた日本側は一時、返還時期の延期も検討している。(82)というのも、嘉手納基地を拠点として行われるベトナム、カンボジアへの爆撃作戦は、施政権返還後に事前協議の対象とせざるを得なくなるが、野党の非難の的であるB—52戦略爆撃機の出撃を容認することは極めて困難と考えられていたのである。その後の交渉で、声明のベトナムに関する部分は、まず「ヴィエトナム戦争が沖縄の施政権が日本に返還されるまでに終結していることを強く希望」すると日米両国が意思を表明した上で、ベトナム戦争が沖縄返還時も継続していた場合「両国政府は、南ヴィエトナム人民が外部からの干渉を受けずにその政治的将来を決定する機会を確保するための米国の努力に影響を及ぼすことなく沖縄の返還が実現されるように、そのときの情勢に照らして十分協議することに意見の一致をみた」との表現へと修正された。米側草案にあった「軍事的努力」というあからさまな表現から「政治的将来を決定する機会を確保するための努力」といった婉曲的な表現に変更された上、沖縄返還時に基地使用の在り方について協議を行う余地を残して、共同声明の合意にこぎ着けたのである。

(四) 一方的声明による保証

共同声明に関しては、一九六九年九月に再びワシントンで行われた外相愛知と国務長官ロジャースの会談を挟んで韓国、台湾に関連した基地使用について日米の見解は大筋で一致し、最後まで調整に手間取ったベトナムの文言についても一〇月一日までには合意することとなった。(83) 韓国と同様、台湾、ベトナムに関する記述は共同声明第四項に収められた。しかし、米側は共同声明の文言だけで満足したわけではない。朝鮮半島有事での日本政府の対応を表明するために用意した一方的声明案にも、台湾に絡む基地の自由使用を保証する文言を盛り込むよう求めたのである。

一九六九年六月の愛知・ロジャース会談で米側に提示された一方的声明案は、米側の要請を反映した形で共同声明案と共に改定が加えられ、共同声明に関する交渉が本格化した八月下旬に在日米大使館に再び提出されている。(84) 本来は日本国内向けの演説形式が想定されていたが、最終的には一一月の佐藤訪米時にナショナル・プレスクラブでの演説として日本の方針を表明することに決まった。

そもそも日本側が共同声明案とは別に一方的声明案を用意したのは、米側が要請する基地の自由使用について、国内の政治事情から共同声明で明示的に「イエス」と保証することが困難だったためである。一方的声明案の目的は、韓国有事に限って基地の自由使用に関する事前協議での肯定的な回答を「補足」することにあった。八月下旬の時点で日本側が作成した一方的声明案は、韓国に対する武力攻撃が「わが国の安全に重大な影響を及ぼす」との認識を示した上で、米軍が日本国内の施設・区域を「戦闘作戦行動の発進基地」として使用する必要が生じた場合は「日本政府としては、このような認識に立って、事前協議に対しすみやかに態度を決定する」との方針に言及している。(85)

日米の記録では、基地の自由使用問題に関する共同声明での書きぶりで日米が大筋で合意した九月初旬に、米側が一方的声明案についての要請を矢継ぎ早に行っている。これは、交渉窓口の国務省や在日米大使館が同月の愛知・ロジャース会談までに交渉の目途を付けたいと考えたことを示しているとともに、共同声明では日本から可能な限りの譲歩を引き出したとみていたことを反映している。また、韓国と台湾に絡む基地使用の保証が不十分とみた国防省の要求を、共同声明に代わり一方的声明で満たそうとしたと考えられる。(86)

米側はまず、韓国に対する武力攻撃での事前協議で日本が「好意的（favorable）かつすみやかに」配慮を示すとの表現を盛り込むよう要請した。(87) 最終的に韓国に関しては「わが国の安全に重大な影響を及ぼす」の表現を残し、事前協議には「前向き（positive）かつすみやかに態度を決定する方針」が明記された。米側の要求をほぼ全面的に取り入れた形だが「好意的」を「前向き」と変更したのは、事前の応諾のトーンを多少でも和らげたいとする日本側の事情が斟酌されたためだ。

台湾に関しては「台湾地域の平和の維持もわが国の安全にとって大変重要な要素」との日本側認識に次いで、武力攻撃の際に「米国による台湾防衛義務の履行ということになれば、われわれとしては、わが国益上、さきに述べたような認識をふまえて対処して行く」との表現が盛り込まれた。米側は、韓国同様、台湾への武力攻撃での事前協議に対しても「好意的かつすみやかな」配慮を行うとの記載を求めたが、「幸いにしてそのような事態は予見されない」との表現を残すことで日本の有事対応に含みを残して日米は妥協した。米側にとっては、台湾が日本の安全にとって「大変重要」との表現が盛り込まれた時点で最小限の目標は達成したと判断したためである。

なおベトナムについては、沖縄返還時にベトナム戦争が継続していた際に日本が米軍による基地の継続使用に配慮するとの趣旨が記されると同時に、一方的声明では、インドシナ半島の平和と復興に果たす日本の役割を強調する表現が挿入されることになった。これらは、九月のロジャースとの会談に際して「核以外」の懸案で極力合意を目指す外相愛知の指示を受けて外務省が表現の修正を考案した結果であった。

一方的声明の重要性について、当時、外務省参事官の大河原良雄は「はっきり自由使用というわけにはいかんと。しかし事前協議という難しい手続きを経なくても米側の作戦上の必要性を阻害するようなことはしないような方法を考えようじゃないか」という発想から考案されたとして「共同声明とプレスクラブの演説、双方を一体として読めば日本の立場は分かるということで話を動かした」と回顧している(88)。言い換えれば、米側に共同声明で自由使用の法的保証を与えることは困難だが、一方的声明である首相演説で事前協議に前向きな対応を打ち出すことは可能だと判断したということであった(89)。首相演説で自由使用の保証を与えても政治的な保証にとどまると釈明できる上、共同声明と合わせて読めば、日本が米軍の戦闘作戦行動について事前協議で「イエス」と回答するという心証を米側に与えられる仕組みである。

対米交渉における日本側の限界寸前までの努力が「共同声明＋演説」という形式と、そこに盛り込まれる文言の考案に向けられていたという経緯は、日本政府にとって事前協議の持つ最大の重要性は、協議すべき内容という「実質」ではなく、依然として制度が存在しているという「建前」にあったことを裏付けているのである。[90]

五　核と沖縄

(一)　密かに用意された「会談録」

一九六九年一一月の日米首脳会談に向けての共同声明をめぐる交渉において、基本的な合意に至らなかったのは核兵器と財政問題[91]に関する条項であった。最終的に沖縄からの核撤去の可能性を探ろうとする駐米大使下田武三に、国務次官アレクシス・ジョンソンは「核についてなど諸問題は一括パッケージで取り扱われるべきもの」と述べた上で、日米両首脳が最終的に決めるとの基本的見解を繰り返したのであった。[92]米側によれば、核撤去に関する交渉は、日本から通常兵器による基地の自由使用で米側を満足させる保証が得られることが前提条件であった。

最終的な「核抜き」返還の切り札を温存することで、基地の自由使用やそのほかの日本の関与について最大限の譲歩を引き出すという米側の戦略通りに、交渉は進展したといってよい。愛知・ロジャース会談を控えた一九六九年九月二日、駐日米大使アーミン・マイヤーが国務省に宛てた公電には「日本は沖縄次第」との表題が付けられている。[93]マイヤーは公電で、良好な日米関係の維持が、沖縄問題で両国が満足できる解決を導き出せるかにかかっていることを説いた上で、過去数ヵ月の交渉について核問題を除いた課題を米国に有利な条件で合意に導いてきたと振り返っている。

この間、核問題について米側は、沖縄における核戦力の重要性を強調する一方で、有事の核再持ち込みをめぐり秘密合意の受け入れを日本に打診する戦略を維持していた。ワシントンの日本大使館は、国務省日本部長リチャード・フィン（Richard B. Finn）が「核撤去に国防省が反対しているので国務省は非常時の核持ち込みで収めたい」とし、日本側は共同声明に核持ち込みについて盛り込むことはできないだろうから、別途、秘密合意で裏付けることが必要だと主張したことを伝えていた。(94) 核撤去の確証を最後まで握らせず、膠着状態を脱するための措置として日本の国内事情に配慮するとの理由から秘密合意を求める米側に対し、日本側も対応を迫られていくのである。

交渉の矢面に立つ外務省アメリカ局長東郷文彦は一〇月三日の会合で、在日米大使館公使リチャード・スナイダーらに対して、沖縄に事前協議制度を適用しても米軍の能力低下を招く意図はないと強調している。その上で、返還時の沖縄からの核撤去を改めて訴え、その後の核再持ち込みへの事前協議制度適用に理解を求めたが、実際の事前協議で核持ち込みの是非についてどう回答するのか立場を明らかにしなかった。(95) 深入りして、核持ち込みに応じるとの言質を取られたくないという東郷の警戒がみてとれる。

だが、佐藤訪米を一ヵ月後に控えて、米側から核問題で回答を引き出すことができない背水の陣の日本側には動揺が広がりつつあった。一〇月七日に首相佐藤栄作と外務次官牛場信彦に対して報告を行った東郷は、米側が問題にしているのは沖縄への核再持ち込みの事前協議に対する「総理のお答え」だと説明している。佐藤は「非常事態で必要ならイエスと答える」と述べる一方で、「事情を知らなくては下手な決め方もできない」と逡巡している。さらに「米国が核を日本に認めさせる余り逆に日本が核武装しようと言ったら米国も困るのではないか」、「非核三原則の『持ち込ませず』は誤りであったと反省している」などと非核政策がもたらした自縄自縛の現状を嘆いたのであった。(96)

返還後の沖縄への核持ち込みの事前協議に迅速に応じることを示そうと、日本側は九月の愛知・ロジャース会談に合わせて共同声明第七項（後に第八項となる）に「事前協議に関するその（米国の）立場を害することなく（without prejudice to）」との表現を盛り込むことを提案していた。日米両政府の記録からは、佐藤から明確な指示を得られなかった外相愛知揆一と外務省が、このときの提案以外に策が尽きていく様子が窺える。

一九六九年一〇月八日には、来日したＪＣＳ議長アール・ホィーラー（Earle G. Wheeler）が、佐藤、愛知とそれぞれ会談を行った。沖縄での核貯蔵の重要性を説くホィーラーに、愛知は日米双方が完全に一致した観点で、事前協議を運用することが重要だと強調し、「サブスタンスにおいて米国の立場を満足できるようにすると共に日本に対しては独立国としての名を与えてもらいたい」と食い下がった(97)。米側記録によると、焦りを募らす愛知は、日本にとって事前協議で重要なのは「面目が立つ言葉遣い（face saving language）」だと本音を吐露している(98)。

しかし、日本側提案の共同声明の文言が事前協議を経て核を再導入する道を開いていると説得を試みる愛知に、ホイーラーに同行した大使アーミン・マイヤーは「イエスもノーもあるから軍にとって心もとないのだ」と述べ、核撤去の最終決定は大統領が下すとの基本的な立場を繰り返したのであった(99)。

こうして日本側は外交当局のルートから、首脳レベルにおいて核問題の解決を図る方法へと転換することになった。このころ外務省は、共同声明とは別に「会談録（Record of Conversation）」を用意している(100)。一〇月一五日に起草され、部分的な修正を経て首脳会談直前の一一月一四日に成案となった「会談録」は、日米両首脳の発言記録案とされ、日本側が返還後の沖縄への核再持ち込みを容認することを示唆する内容である(101)。

まず米国の首脳が、返還後の沖縄に核兵器を導入する必要性が生じる可能性に言及し、続けて核の持ち込みを必要とするような緊急時が発生した場合、米政府は「事前協議に対する日本政府の肯定的回答を期待する」と述べる。これに対して日本の首脳は、まず返還後の沖縄で核兵器に関する現行政策を堅持する意思を表明する。しかし、その政策は「国家の安全がかかっているときには再検討されることは当然」だとして、沖縄への核持ち込みに関する米国の事前協議に対する回答は「そのときの情勢及び前述の再検討の結果に照らして行われる」とされていた。

少々回りくどい表現だが、沖縄への核持ち込みについて肯定的な回答を要請する米側に対して、日本側は非核三原則など現行の非核政策は返還後の沖縄にも適用されるが、緊急時には見直しもあり得るとの認識を明らかにしているのである。返還後の沖縄への核持ち込みに「イエス」と回答することを仄めかしたものであった。形式を発言記録とした上、明らかに両国首脳を指す発言者を「代表者」として名前も記載していないのは、この会談録の使用が露見した場合も日米両政府による拘束力のある約束ではないと釈明する余地を残すためであろう。安保改定時に交わされた「討論記録」もしくは小笠原返還時に考案された「口頭了解」と同様の構造である。この文書を実際に米側に提示する必要に迫られるかどうかは、一一月一九日から始まる首脳会談の行方に委ねられることになった。

(二) 核問題における密使外交

沖縄返還後の核再持ち込みに関する日米交渉が正規の外交ルート以外でも行われていたことは、現在ではよく知られている。首相佐藤栄作の密使となった京都産業大教授若泉敬は一九九四年、米大統領補佐官ヘンリー・キッシンジャーを相手に行った核交渉に関する一部始終を詳述した著書『他策ナカリシヲ信ゼムト欲ス』を刊行した[102]。若泉は一九九六年に死去したが、その後に若泉の証言を裏付ける記録が日米両国で発見されたことで、沖縄返還における「密使外交」の位置付けが広く議論されるようになった[103]。

若泉の著書によれば、沖縄への核再持ち込み交渉において本格的な役割を担うようになるのは一九六九年九月下旬のことである。「両三年内」という沖縄返還合意時期の目処付けで合意した一九六七年の日米首脳会談に際しても密使役を果たした若泉は、一九六九年七月中旬に佐藤の信任状を携えて渡米し、キッシンジャーとの連絡ルートを設定していた。(104)

核交渉が膠着状態に陥っていた最中の九月二六日からの再渡米で、秘密合意を自ら提案して核抜き返還への突破口を探ろうとする若泉に対し、キッシンジャーは「むしろ大事なのは繊維だ」と述べていた。実際、九月三〇日の若泉との会談でキッシンジャーは核と繊維問題に関してそれぞれペーパーを提示し、二つの問題を結び付けて交渉する姿勢を明らかにしたのである。繊維産業が盛んな米南部の票獲得のため繊維製品の輸入規制を選挙公約としたニクソンは、日本をはじめとする繊維輸出国に自主規制を割り当てる方針を大統領就任時に表明していた。(105)

キッシンジャーによれば、核に関するペーパーはＪＣＳ議長ホィーラーが提案したもので、緊急時に「事前通告(prior notice)」によって核兵器を再び持ち込み(re-entry)、通過させる権利(transit rights)に加え、沖縄の核貯蔵地を緊急事態に使用できる状態とすることが記載されており、これらの条件が満たされる保証がなければ核抜き返還には応じられないという。(106)他方、繊維に関するペーパーは、日本に一九七〇年から五年間の繊維製品の輸出自主規制を求める内容であり、繊維問題での譲歩が核撤去の前提条件であることが明確に示されたのであった。

若泉の報告を受けた佐藤は「アメリカとの力関係で決まるんで、向こうがやればいいんだよ。そんな大変な緊急事態になれば、事前通告で押し切ればいい」と投げやりな態度を取るなど秘密合意に乗り気ではなかったが、一一月六日には極秘の「合意議事録」に日米両首脳がイニシャルを記すという若泉の提案を受け入れ、「核抜き」交渉を一任した。(107)

その際、佐藤は共同声明の核に関する項目について三つの提案を若泉に渡している。うち第一案は日本側の主張が最も強く反映され、返還時の核撤去を明確に謳ったものである。第二、三案からは核撤去の明示が消え、代わりに愛知・ロジャース会談で既に提案された「日米安保条約の事前協議に関するその立場を害することなく」の文言が盛り込まれている。うち三案は「米国政府としては」との表現が別途挿入されているため、より米国の立場に歩み寄った内容となっている。なお、三つの案文は、外務省案を下敷きに佐藤の首席秘書官楠田實ら総理官邸スタッフが作成したものであった(108)。

若泉はその後、総理官邸が作成した三案文を微修正し、さらに二案を加えた五つの草案を用意した。そして、キッシンジャーから提示された二枚のペーパーに基づいて繊維に関する「覚書」、核に関する「合意議事録」を作成し、一一月九日から一二日にかけてキッシンジャーとの最後の交渉に臨んだ。このとき若泉は日米間のホットライン設置と、「核抜き」返還の象徴として、沖縄返還までに核搭載可能な地対地巡航ミサイル「メースB」を撤去するよう求めている。折衝の結果、完成した核に関する「合意議事録」は次の通りである(109)。

米合衆国大統領

われわれが共同声明で述べたとおりで、実際に沖縄の施政権が日本に返還されるときまでに、沖縄からすべての核兵器を撤去することが米国政府の意図である。そして、それ以降は、共同声明に述べているごとく、日米安全保障条約とそれに関連する取り決めが沖縄に適用される。

しかしながら、日本を含む極東諸国の防衛のため米国が負う国際的義務を効果的に遂行するために、極めて重大な緊急事態が生じた際には、米国政府は事前協議を行った上で、核兵器を沖縄に再び持ち込むこと、及び沖縄を通過する権利が認められることを必要とするであろう。米国政府は、その場合に好意的な回答を期待する。さらに米国政府は沖縄に現存する核兵器の貯蔵地、すなわち、嘉手納、那覇、辺野古、並びにナイキ・ハーキュリーズ基地を、何時でも使用できる状態に維持しておき、重大な緊急事態が生じた際には活用できることを必要とする。

日本国総理大臣

日本国政府は、大統領が述べた前記の極めて重大な緊急事態が生じた際における米国政府の必要を理解して、かかる事前協議が行われた場合には、遅滞なくそれらの必要を満たすであろう。

この合意議事録は二通作成され、大統領と総理大臣が署名をした後に一通ずつ極秘裏に保管することになった。キッシンジャーの当初案と大きく異なるのは「事前通告（prior notice）」が若泉の主張を反映して「事前協議（prior consultation）」に差し替えられた点である。さらに核再持ち込みなどの事前協議で米国が「好意的な回答を期待する」との部分はキッシンジャーの提案で挿入された。[110]事実上、核の持ち込みを必要とする「緊急事態」を判断する主体は米国であることを考慮すれば、日本側が米側に「遅滞なくそれらの必要を満たす」と回答することは、核持ち込みの要請について常に「イエス」の保証を与えたと同義であった。「事前協議」の形式を残すことにこだわった若泉も、「遅滞なく」の表現の含意についてキッシンジャーに「緊急事態が起れば、おそらく現実にはカルト・ブランシュ（白紙委任）になる」と説明している。[111]これが、沖縄からの核撤去に合意を得るために日本側が払う代償であった。

若泉とキッシンジャーの間で、共同声明の核に関する項目については、総理官邸作成の第二案を採用することになった。「without prejudice to（立場を害することなく）」の文言を共同声明に盛り込むことは、若泉は秘密の合意議事録が成立した段階では必要ないと考えていたが、米議会工作を進める上で必要だとするキッシンジャーの主張を受け入れた。二人は日本の繊維製品の輸入規制に関する日米交渉の進め方を記載した「覚書」にも手を入れると、目前に控えた首脳会談での「脚本」についても申し合わせを行った。[112]

そのシナリオによれば、まず佐藤が共同声明の核の項目について、日本の非核政策の尊重を謳った草案を示した後、ニクソンが事前協議に関する文言に言及する方がよいと述べて米案を示し、それに対して佐藤が提示する合意済みの妥協案（官邸作成の第二案）をニクソンが受け入れることになっていた。最後に、大統領が所蔵する美術品を見せたいと会談場所であるオーバル・オフィス（大統領執務室）に隣接した小部屋に佐藤を案内し、そこで秘密の合意議事録にサインする手筈である。[113] 若泉によれば、訪米直前の一一月一五日、核に関する「合意議事録」、繊維問題に関する「覚書」、そして会談当日の手順について若泉から説明を受けた佐藤は、議事録や覚書の存在が外部には漏れないこと、沖縄からのメースBの撤去が確実に行われることを条件に原案を了承したという。[114]

(三) 日米首脳会談と「核抜き」合意

首相佐藤栄作と大統領リチャード・ニクソンによる日米首脳会談が一九六九年一一月一九日から二一日の間、ワシントンで行われた。うち沖縄の「核」についての協議が行われたのは第一日目の一一月一九日であった。会談記録から再構成すると、ホワイトハウスのオーバル・オフィスで向き合った二人は共同声明の核に関する条項について、若泉とキッシンジャーが書き上げた「脚本」通りのやり取りを交わしている。[115]

その後も事は順調に運んだようである。日米両首脳は日本の「第二案」で合意し、事前協議実施のためのホットラインの設置などを取り決めた後、サンクレメンテの自宅の写真を見せたいというニクソンが通訳を伴わずに佐藤を隣接する私室に案内したとの描写が続く。沖縄の「核抜き」返還に日米首脳が合意したのである。米側が核問題に絡めて解決を求めてきた繊維問題は二〇日以降に取り上げられたが、表面上は「沖縄」と「繊維」は切り離して扱われたのも事前のシナリオ通りであった。

「核抜き」返還に関して日米両首脳が合意した日本の「第二案」は共同声明の第八項に収められたが、それは次の文言であった。

総理大臣は核兵器に対する日本国民の特殊な感情及び、これを背景とする日本政府の政策について詳細に説明した。これに対し、大統領は、深い理解を示し、日米安保条約の事前協議制度に関する米国政府の立場を害することなく、沖縄の返還を、右の日本政府の政策に背馳しないよう実施する旨を総理大臣に確約した。

「深い理解を示し」を除いては九月の愛知・ロジャース会談に合わせて日本側が提示した修正案とほぼ同じ内容であることが分かる。そのため若泉による密使ルートの存在を知らない外務省事務方は「事前協議に関するその立場を害することなく」の表現が決め手となって、米側が沖縄からの核撤去に最終的に合意したと理解したようである。(116)

日米首脳会談前日の一一月一八日、外相愛知揆一、官房副長官木村俊夫、外務省アメリカ局長東郷文彦ら一行は最終打合せを行ったが、東郷はその席上で、米側が沖縄からの核撤去の条件として有事の再持ち込みの保証を求めてくる懸念に言及し「何らかの記録を作成せざるを得ないこととなる可能性がある」と述べている。東郷は核持ち込みの事前協議で肯定的な回答をすると示唆した「会談録」を念頭に置いていたと思われるが、愛知が「共同声明案のみをもってすることが最善なるゆえんを説得するの他なし」と強調したために、実際は米側に提示されなかったのである。(117)

密使・若泉敬が沖縄返還交渉で果たした役割をどう評価するかは、共同声明第八項に収められた「事前協議制度に関する米国政府の立場を害することなく」の表現が日米合意にもたらした重要性にも関わる部分だが、その考察は他に譲ることとしたい。だが、仮に若泉・キッシンジャーによる事前折衝がなく本番の首脳会談で核再持ち込みに絡んで問題が生じたとしても、外務省は「会談録」を提示することで米側に保証を与えた可能性が高いと考えられる。「会談録」が意図するところは若泉がキッシンジャーと作成した「合意議事録」と同趣旨であり、緊急時に沖縄への核再持ち込みを求める事前協議が行われれば、日本は「イエス」と回答すると言外に記しているからだ。ただ、その場合、米側が「会談録」に示された日本の保証を十分と判断するかは確実ではなく、その効果には疑問が生じるのである。

むしろ、留意すべきは日米双方が「事前協議」を共同声明に盛り込むことに合意したことであろう。若泉との折衝を通じて制度の内実に通じたキッシンジャーが、この背景について正鵠を射た解釈を残している。

米日安保条約には、緊急時における事前協議制度を定めた条項がある。共同声明で、この条項に言及しておけば、双方とも、それぞれの要請を満たせるはずであった。佐藤は、日本政府の核反対の立場を貫いたことになるし、ニクソンにしてみれば、この条項に基づいて、実際に緊急事態が発生する以前でも、沖縄の核兵器問題を取り上げる権利を得た、と主張できるはずであった。[118]

ここに反映されているのは、日米安保条約に基づく事前協議制度とは、日米それぞれに好都合な解釈ができる余地を残した制度であるという認識であった。米側にとっても協議が行われない限りにおいて、事前協議制度は存続する意味を持つのである。

(四) 沖縄返還交渉における「通過権」

沖縄返還における核交渉に関しての考察を終える前に、通過権について言及しておきたい。前述の通り、返還交渉の基本方針を定めたＮＳＤＭ13（国家安全保障決定覚書第一三号）は、「大統領は沖縄の合意における他の要素に満足できるなら、緊急時の貯蔵権、通過権（transit right）を保持しつつ、交渉の最終段階において核兵器を撤去する用意がある」としており、核兵器の通過権の維持が、「核抜き」返還の前提だったことがうかがえる。通過権とは、日本の米軍基地を経由して、日本以外で核兵器が配備、または使用される際の基地使用の権利を指し、米核搭載艦船の寄港や、核を積載した米軍用機飛来はその一部を成す。果たして、通過権は沖縄返還交渉においてどのように扱われたのだろうか。結論から言えば、通過権は専ら核搭載艦船の寄港問題として取り上げられ、日米双方は正面からの議論を回避することで合意した。核搭載艦船の扱いは依然として「日米双方にとりそれぞれ政治的軍事的に動きのつかない問題」だったからである(119)。

米国では作成後数十年を経ても、核に関連した多くの公文書が機密扱いであり、密約問題に関する有識者委員会の発足とともに公開された外務省の文書にも欠落が存在している。不完全ではあるが、これまでに公開された日米の記録から導き出せるのは、複雑な交渉過程において、核の通過権に関する言及は極めて限定されていることだ。

一九六九年七月に作成された米側の沖縄返還交渉戦略は、三段階目に当たる八月の交渉で核の通過権も取り上げることを想定しているが、記録で確認できる限り核の通過権が日米交渉で取り上げられたのは、この月が最初で最後であった。

一九六九年八月一五日の会談で、有事の核再持ち込みについて「何等かの了解」の必要性を強調した在日米大使館公使スナイダーは、通過権について「艦船航空機の通過に関する了解は存続されなければ困る。もしこれが本土のみということになれば、沖縄について明確な了解がなければならぬという事に成らざるを得ない」と述べた。これに対して外務省アメリカ局長東郷文彦は、有事の核持ち込みと同様に核兵器の通過権について「問題の所在は分かっているが、即時には何とも申し上げられぬ」と回答を回避した(120)。

しかし、三日後の一八日の会談で、この問題を再度取り上げたのは東郷であった。一五日の会談では、米側が日本側の共同声明草案について複数の修正を申し入れたが、その一つが「本土並み」返還に関する項目であった。返還後の沖縄に適用される日米安保条約と関連取り決めに「米軍による日本本土の区域・施設の使用に伴う現行の権利・義務」も含まれるとの表現を付け加えるよう要求したのである。これについて東郷は「挿入句が transit を指しているなら困る」「之には触れられぬ」と抗議しているが、「触れられぬとは了解は続くということか」と問いただすスナイダーに「現状のままという他ない」と述べた。[121]

東郷の抗議は、一九六〇年の安保改定時に交わした「討論記録」に基づき、米核搭載艦船が日本に寄港している可能性を認めた上で、そうした「現行の権利・義務」に核搭載の艦船寄港や軍用機の飛来が含まれていることを是認したと受け取られるのを回避したい、との意図から発せられたものであろう。[122] しかし、東郷にはこの機会に現状を修正する考えはなく、従来の「あいまい合意」を継続する意思を示したのであった。

米側も日本の「非核三原則」と米側の「肯定も否定もしない（NCND）政策」双方の立場を突き詰めない「あいまい合意」を放棄するつもりはなかった。それまで日本側は核搭載艦船の寄港を容認しており、また緊急時に沖縄へ核兵器を持ち込み、貯蔵ができるのであれば、あえて核兵器を使用する作戦行動を確保するための通過権を日本に求める必要性は低いと解釈したのであろう。米側には日本周辺での危機に際して核兵器を搭載する航空機が在日米軍基地へ派遣されても日本は異議を唱えない、との判断もあったからだ。

交渉が大詰めに入った一九六九年一〇月二八日、国務副次官ウィンスロップ・ブラウン（Winthrop G. Brown）が国務次官に宛てたメモランダムは、日米交渉の進展状況をまとめたものだが、核の通過権について次のように報告している。

> ＮＳＤＭ13でも核の通過権については言及されているが、（日米）双方とも通過は容認できるとの暗黙の前提に基づいて事を進めている。われわれは寝ている犬をそのままにしておくか、通過権についてあえて特記すべきかを決定しなくてはならない。[123]

この記述からは一九六九年八月以降、沖縄返還交渉では敢えて核の通過権については取り上げることはせず、現状維持を貫くといった暗黙の了解が日米間に存在していたことがうかがえる。少なくとも国務省と在日米大使館は「寝た犬」を揺り起こさないことを良しとしたようである。日本側も一九六九年一一月五日付公電で、外相愛知揆一が「Transit ならびに朝鮮半島問題の扱いに関しては、貴地においてことさら照会することは適当ならず」と在米日本大使館宛てに指示している。[124] 若泉敬と大統領補佐官キッシンジャーが作成した沖縄への核再持ち込みの「合意議事録」には、JCSの意向を反映して、緊急時に沖縄に持ち込まれた核を使用した戦闘作戦を可能とするための通過権が明記されたが、通常の外交ルートにおいて通過権は取り上げられなかった。「あいまい合意」が維持される中で、事前協議制度が発動されない以上、核の「持ち込み」はないとする日本政府の主張も「本土並み」に沖縄に適用されることが可能となったのである。

六　沖縄返還のバランスシート

(一)「核抜き・本土並み」合意とその意味

一九六九年一一月二一日、三日間の会談を終えた首相佐藤栄作と大統領リチャード・ニクソンがホワイトハウスのローズガーデンに姿を現した。この際に開かれた首相の歓送式典でニクソンは「第二次大戦後発生した最後の問題」である沖縄問題の解決を高らかに宣言した。一九七二年に沖縄が「核抜き・本土並み」で返還されることが決まったのである。

その後、佐藤と外相愛知揆一、官房副長官木村俊夫らは場所を移して日本人記者団向けの会見を行っている。共同声明が読み上げられた後、予想どおり質問が集中したのは事前協議制度と「核抜き・本土並み」との関係であった。とりわけ「核抜き」の根拠となった共同声明第八項の「事前協議に関する米国政府の立場を害することなく」が、有事の核持ち込みを認めたのではないかとの疑惑を呼んだのであった。これに対して佐藤は「米軍の重要な装備の変更は、本土においても事前協議の対象」「国会で答弁した通り、事前協議については日本の国益中心に考え自主的に決めることははっきりしている」などと答えたが、有事に核持ち込みがあり得るのかという質問には「確信をもって国民のみなさんに安心してください、といいたい」として正面から返答しなかった。(125) 愛知は佐藤の回答を敷衍する形で声明第八項について次のように説明している。

事前協議制度のもとでは、核兵器の日本への導入は法的に禁止されるということではなく、ただ日本政府は非核三原則によりこれを断る方針をとっています。従って事前協議の対象となるべき性質の問題であることは変わらず、米国政府の立場としてこれを確認したのが、『事前協議に関する米国政府の立場を害することなく』との表現であって、これによって我が方が有事持ち込みを認めるという保証を与えたものではありません。

さらに共同声明第八項と並んで重要なのが「本土並み」を謳った第七項だとした上で、日米安保条約と関連取り決めが「特別な取り決めなし」に沖縄に適用されると述べ、「かくして返還後の沖縄に事前協議制が全面的に適用されますので、いわゆる自由使用、自由発進などは全くなくなります」と強調した。(126)

一方、同日に米側が記者団に対して行った説明は少々ニュアンスの異なる内容である。ホワイトハウスで共同声明について背景説明を行った国務次官アレクシス・ジョンソンは、第八項が返還時の核兵器撤去を示すことを改めて強調すると、次のように述べている。

特別の事態に際し米国が必要と認めれば日本と協議を行うという権利を極めて慎重に留保しており、このことが核兵器に適用されることは明確である。この点に関連して万一、緊急事態が発生して、米国がその事態を深刻に受け取った際に、米国は日本が同様に深刻に事態を受け取らないとの想定に必ずしも立たない。また、第八項にいう協議に対する日本の答えが常にノーであるということを前提としていない。(127)

さらに事前協議に関連して第七項にも言及した。朝鮮半島、台湾などに絡む戦闘作戦行動に関する事前協議での日本の対応を盛り込んだこの項目の内容について「これは単に沖縄に関して適用されるだけでなく、日本本土南東部の米軍基地にも同様に適用される」と述べている。米側の考える「本土並み」とは、沖縄の基地で容認される基地使用が本土にも拡大されることを指しているのであった。

日米政府当局者による「核抜き、本土並み」の描写は、事前協議制度にまつわる日米の政治的な立場を反映したものだが、その内容は重要な差異を孕んでいる。事前協議制度が施政権返還後の沖縄に適用されるという点で双方は共通の見解を示しているが、制度が発動した際に日本側は「イエス」と回答する保証を与えたのかどうかについて両者は言い回しを異にしているのである。

同じ日に行われた日米当局者による説明の相違が示すのは、いみじくもキッシンジャーが描写したように、日米間の事前協議とはそれぞれが好都合な解釈で説明できる融通無碍な制度だということであった。その運用の在り方について双方が口にする見解には差異があっても、実際にそれが問題になるのは制度が発動したときだけである。そして、事前協議が必要とされる緊急時であるかどうかの判断を米側に委ねる、という日本側の基本姿勢に変化がない以上、制度が発動される事態は極めて限定される。

(二)「朝鮮議事録」廃棄をめぐって

沖縄返還交渉において、日本政府が通常兵器による基地の自由使用を一方的声明などで強く打ち出した背景には、安保改定時に交わした秘密合意「朝鮮議事録」を廃棄に持ち込みたいとの思惑があった。沖縄返還を実現するためにも、朝鮮半島有事の際の米軍による出撃を容認する用意があった日本側にとって、基地使用の保証を公式的にどう表現するかが最大の課題であった。最終的に日本政府は法的保証に至らない範囲で最大限の自由使用を認める形となったが、密約の廃棄という目的は達成されたのだろうか。

米側は一貫して通常兵器による自由使用、さらには核兵器の有事持ち込みについて日本側に「秘密の保証」を求めてきた。駐日米大使アーミン・マイヤーや同公使リチャード・スナイダーらが日本側に密約を迫る水面下では、対日交渉の成り行きに不満を募らせる国防省や軍部がより強い文言で保証を取りつけるよう交渉窓口である国務省や在日米大使館を突き上げていたのである。

ＪＣＳ議長アール・ホィーラーは国防長官に宛てた一九六九年九月八日付メモランダムで、米軍の基地使用を保証する共同声明の文言が不十分だと批判した上で「韓国の国連軍に対する武力攻撃があった際に事前協議なしでわれわれが対応することを容認した一九六〇年の秘密合意を廃棄することはあってはならない」と強調している(128)。共同声明の文言が基地使用の保証を明確にしていないことから、日本側に「拒否権」を与えたのも同然であり、密約が保証した権利を手放す価値はない、とするのがＪＣＳの主張であった。佐藤栄作のプレスクラブ演説にしてみたところで、一方的かつ政治的な宣言であるため後続の政権を拘束する効力はないと見ていた。

交渉が大詰めに入った一一月には、ＪＣＳは朝鮮議事録の廃棄を認めない一方で、新たな密約を要求する圧力を強めている。一一月八日には、沖縄返還に応じる条件としてNSDM13が規定した韓国、台湾、ベトナムに関連した基地使用の権利、核兵器の扱いが共同声明の文言では保証されていないとして「少なくとも、七〇年代を通じて有効な秘密文書による保証」を獲得するよう国防長官に進言し、一四日には国防長官がその内容を大統領補佐官ヘンリー・キッシンジャーに伝達している。[129]

沖縄返還合意というゴールを目前にした米政府内では、執拗に秘密合意を求める軍部をなだめるための証文として密約が必要とされたのであった。先に挙げた一九六九年九月二日付の「日本は沖縄次第」と題した公電の中で、大使マイヤーは対日交渉が想定通りの成果を上げていると評価する一方で「らくだの背中に荷物を載せすぎてはいけない」と警告している。[130] マイヤーは日本から最大限の譲歩を引き出しつつあると見ており、それ以上の要求を重ねて交渉が瓦解することを恐れていた。しかし、軍部は見解を同じくしておらず、佐藤栄作の密使若泉敬にキッシンジャーが語ったところによれば、返還後の沖縄への核再持ち込みを認めた秘密の「合意議事録」の原案を作成したのもJCS議長ホイーラーであった。なお、日米首脳会談から約四〇年を経た二〇〇九年一二月、佐藤家から日米両首脳のフルネームが署名された合意議事録が見つかったと報じられた。[131] 議事録が私的に所蔵されていた事実が示すのは、密約が後続の政権に継承されなかった可能性が高いということである。

機密解除された記録からは結局、「朝鮮議事録」も残されたことが裏付けられている。一九七三年七月に国家安全保障会議（NSC）が大統領リチャード・ニクソンのために作成した文書によると、当時在韓国連軍司令部が解体される可能性が出てきたため、NSCが議事録の改正を検討している。[132] 一九七四年にも同様の検討を行った形跡があり、NSCは日本側には問題を持ち出さないこととし「議事録を未解決のままとし、正式に消滅させることもしない」との決定を下したのである。[133] 元国務省高官は佐藤・ニクソン共同声明と首相のプレスクラブ演説をもって「日本政府が朝鮮有事で議事録とほぼ同様の権利を認めたと解釈している」とした上で、議事録が廃棄されなかったのは「いざという時に同盟が機能するための担保でしかない」としている。[134]

安保条約改定時に、当初から軍事的柔軟性を奪うと懸念されてきた事前協議制度を米国が受け入れたのは、日本が制度に適用除外事項を設けることに合意したからだ。その合意が秘密の形式となったのは、「基地を貸して守ってもらう」関係において日本が対等性の建前を確保するために必要だったからである。その文脈において、適用除外の密約は事前協議制度の導入に伴う代償であった。いうまでもなく、日本が必要な代償を支払わないとするなら、米国は事前協議制度への拒否感を強める。代償の規模は、米国の信頼に足る日本であるのか、米国が望むような責任ある同盟国として振る舞えるのかどうかに依拠しているのである。

結局、日本は事前協議制度の存続と代償の支払い拒否という選択肢の間で、安保条約改定時と同じく、沖縄返還交渉で事前協議制度を選んだことになる。むしろ、事前協議制度を維持することで日本の主体性を保持している姿を国民へ披露できるという政治的果実を得たといえるだろう。日本側にとっては、米軍の基地使用に主体的な判断が反映されていると国内政治向けに聞こえのよい発言ができる基盤を得たということであり、米国もまた、事前協議制度によって基地使用をめぐる自由を確保したと言えるのである。

(三) 事前協議制度の「有効化」

沖縄返還は、沖縄を日米安保体制の「外」から「内」へと迎え入れた。その過程に伴う最大の変化は、沖縄に事前協議制度を適用したことである。一九六〇年の日米安保条約改定で成立した事前協議制度は、日本が「基地を貸して守ってもらう」関係を選択する中で対等性を担保する装置として導入されたが、その前提は米軍が自由に使える沖縄の基地が維持されていることであった。軍事的効率性を制限するとして事前協議制度の導入に抵抗していた米軍部も、制度に適用除外を認める複数の秘密合意と沖縄の存在と引き換えにこれを受け入れた側面が強い。その沖縄に事前協議を適用することは、沖縄を最重要拠点としてベトナム戦争を戦っていた米軍部にとって極東戦略に抜本的な変化を迫るものであった。

日米安保体制下で沖縄の軍事的価値を最大現維持するという難題に対して、日本側は、佐藤・ニクソン共同声明とナショナル・プレスクラブでの首相演説で政府方針を示すことで対応した。共同声明では、自国の安全保障の見地から米軍の行動に対する事前協議での前向きな立場を表明し、それを首相演説で補強することで実質的に米軍による基地の自由使用を保証しようと試みたのである。あくまで外交権の範囲での政治的保証という位置付けであれば、国内的には対米自立性を主張することが可能になるからである。日本側は交渉を通じて、韓国だけではなく、台湾、ベトナムに絡む基地使用について「イエス」と回答する用意があると繰り返した。最終段階まで残った核持ち込み問題には明確な言質を与えなかったが、外務省は密かに米側に保証を与えるための文書を用意していた。米側はその過程で、沖縄返還後の事前協議制度の存続を米側が受け入れるのであれば、実際に制度を運用する意図はないとの日本側のメッセージを明確に理解したといえるだろう。日本の協力を得て沖縄の基地を使い続けるためには、事前協議制度の存続が米側にとっても有用だとの認識を示したのが佐藤・ニクソン共同声明であった。

核搭載艦船の寄港の扱いを含め、事前協議制度に適用除外を設けた安保改定時の秘密合意について日本側が修正を求めてこなかったという約一〇年間の〝歴史〟も米側の認識を支えた根拠だったかもしれない。沖縄返還という節目において日本側は朝鮮議事録の廃棄を求めたが、その内容に挑戦したわけではなかったのである。

交渉に関わった元外務省高官の多くが、それまで日本の国内向けには米軍の歯止め装置であり、「ノー」の回答しか想定されていなかった事前協議制度について「イエスもノーもある」という本来の機能を確認し、制度に現実味を持たせたとの認識を示しているのは興味深い。それが、有事に沖縄の基地を使う必要が生じた際に、日米で実際に協議を行うメカニズムを確認したという意味であれば正確ではないだろう。沖縄返還交渉において、制度発動時に必要な手続きや指揮系統などについて一切協議は行われていない。何よりも制度の発動を必要とする「有事」をどう認定するのか、日本側は一貫して、その判断と権限を米側に委ねたまま交渉を進めたのである。

沖縄返還交渉を通じて、事前協議という制度そのものが存続することによって日米それぞれが米軍の基地使用を正当化する根拠を獲得できるとの認識を共有したのであった。事前協議制度を日米間で米軍基地の維持に役立てるという点で、制度の「有効化」が図られたといえる。日本側は事前協議がない以上、核持ち込みや戦闘作戦行動は行われていないと説明し、米側は事前協議制度を通してそれらの行動を実行できると主張することが可能になる。実際に発動されない限りにおいて、事前協議制度は基地を媒介にした日米の相互援助関係を強固にする機能を果たすのである。施政権返還を契機に沖縄の基地に「本土並み」に事前協議制度が適用されたことで、沖縄の基地をめぐる現状に変更を迫る理由が失われた。同時に、事前協議制度を実質的に日本の安全保障上の選択を反映するメカニズムへと転化させる契機も失われていったのである。それは皮肉なことに沖縄返還を通じて米側が追求した「責任ある日本」とは矛盾する成り行きであった。

注

（1）講和条約交渉における沖縄の扱いについては、ロバート・エルドリッジ『沖縄問題の起源—戦後日米関係における沖縄1945—1952』（名古屋大学出版会、二〇〇三年）が詳しい。

（2）筆者による中島敏次郎氏インタビュー（二〇〇四年一一月二四日）。

（3）　Memorandum of Conversation, Subject: The Ryukyu Islands, June 21, 1961, Confidential, *FRUS*, 1961–1963, Volume XXII Northeast Asia, pp. 698–700.

（4）　Ibid.

（5）　Memorandum of Telephone Conversation Between President Eisenhower and Secretary of State Dulles, April 17, 1958, Secret, *FRUS*, 1958–1960, XVIII, pp. 21–22.

（6）　Memorandum From the Joint Chief of Staff to Secretary of Defense McElroy, May 1, 1958, Top Secret, *FRUS*, 1958–1960, XVIII, pp. 29–31.　我部政明『日米関係のなかの沖縄』（三一書房、一九九六年）一三〇〜一三三頁。なお同文書はＪＣＳがＩＲＢＭ（中距離弾道ミサイル）の配備先として沖縄を挙げているとの記載があり、その理由を「外国との交渉などを全く必要とせずにＩＲＢＭを配備し、作戦行動へ移れることにある」としている。

（7）　一九六一年八月二五日、米国家安全保障会議のカール・ケイセン（国家安全保障担当大統領副補佐官）を長とするタスクフォースが結成、沖縄での調査活動を行った。ケイセン調査団の勧告に基づき、米政府は沖縄に対する日本政府の継続的な経済援助の枠組み構築に着手。さらにケネディ大統領は一九六二年三月一九日の声明で「琉球は日本本土の一部であることを認める」と明言した上で、軍人出身の高等弁務官とは別に文官の民政官配置を行政命令で規定したが、こうした措置は軍事的な機能確保の枠内に止まるものであった（宮里政玄『日米関係と沖縄　１９４５—１９７２』岩波書店、二〇〇〇年）。

（8）　Transmittal of Revised Information Concerning U.S. Forces Practice Firing Ranges off the Okinawa Coast, 794C. 54/2–260, RG59, NA.

（9）　Ryukyu Islands: Task Force Report 1961 November-December, President's Office Files, Japan, Ryukyu Islands, JFK Library.

（10）　Telegram From the Department of State to the Embassy in Japan, February 8, 1962, Confidential, *FRUS*, 1961–1963, XXII, p. 719.

（11）　Robert S. Norris, William M. Arkin & William Burr, "Where they were", *Bulletin of the Atomic Scientist* (November/December 1999), pp. 26–35.

（12）　楠田實氏は「総裁公選で、吉田さんが池田さんの肩をもつのか、佐藤さんの肩をもつのかというのは、佐藤さんにとっては非常に大きな問題だったわけです」とした上で、吉田茂が佐藤支持に転じたのは「(佐藤が) 沖縄のことを相談したのではないか」と述懐している（楠田實氏オーラルヒストリー、国際交流基金日米センター所収)。

（13） 南方同胞援護会編『沖縄問題基本資料集』(南方同胞援護会、一九六八年) 六二〇頁。

（14） 豊田、前掲書、九七頁。

（15） CINCPAC, *Command History*, 1965, Vol. II. pp. 449–476. 資料として引用する米太平洋軍（ＣＩＮＣＰＡＣ）年次報告は、米シンクタンク「ノーチラス財団」が情報の自由公開法（ＦＯＩＡ）に基づく請求で入手したものである。

（16） Memorandum of Conversation, Subject: Current U.S.-Japanese and World Problems（January 12, 1965）POL JAPAN-US, RG59, CF 1964–66, NA.

（17） Tokyo 2076, Subject: Sato Visit（December 30, 1964）; Collection of Japan and the United States: Diplomatic, Security, and Economic Relations 1960–76, JU 401, NSA's website.

（18） 楠田オーラルヒストリー。

（19） Tokyo 3802（May 19, 1965）POL 27 VIETS, CF 1964–66, RG59, NA.

（20） Memorandum from the Ambassador to Japan to the Secretary of State, Subject: Our Relations with Japan（July 14, 1965）CF 1964–66, RG59, NA.

（21） Memorandum of Conversation, Subject: U.S. Policy in the Ryukyu Islands（July 16, 1965）NSA's website. 一九六五年七月一六日の会議を記録したこの文書によれば、同年一一月に予定されていた琉球立法院選挙に向け与党民主党を支援するための資金提供を含む秘密工作の詳細が話し合われた。民主党が敗北すれば、沖縄の基地使用や親米的な佐藤政権の足元が揺らぐ懸念があった。一一月一四日に行われた選挙では民主党が過半数を獲得し、勝利した。

（22） この会議では、施政権返還後の沖縄の基地使用について日本が要求するであろう事前協議の権利について影響を懸念する声が出ているが、知日派のライシャワーが「我々が与えることができるのは政治的なシンボルだけであり、それで十分であろう」と発言している。

（23） Letter from Secretary of State Rusk to Secretary of Defense McNamara, September 25, 1965, Secret, *FRUS*, 1964–1968, XXIX, Part II Japan, pp. 127–129.

(24) 我部、前掲書『沖縄問題とは何だったのか』五七〜六三頁。同書は施政権返還に向けた米政府の検討作業について詳述している。

(25) Memorandum from the Joint Chief of Staff to Secretary of Defense McNamara, December 23, 1965, Secret, *FRUS*, 1964–1968, XXIX, Part II Japan, pp. 132–134.

(26) ライシャワー大使は一九六五年に辞意を持っていたが、一年在任を延期。一九六六年七月二五日に辞任した。後任のU・アレクシス・ジョンソン大使は一〇月二九日に着任した（ライシャワー、前掲『ライシャワー自伝』）。

(27) Telegram from Embassy Tokyo to Secretary of State (June 26, 1966); Collection of Japan and the United States: Diplomatic, Security, and Economic Relations 1960–76, JU 580, NSA's website.

(28) Memorandum, Senior Interdepartmental Group (June 1, 1966); Collection of Japan and the United States: Diplomatic, Security, and Economic Relations 1960–76, JU 574, NSA's website.

(29) Memorandum for Harry H. Scwartz (September 1, 1968) Folder of "Japan 1965–1967"; Policy Planning Council, Policy Planning Staff; Subject and Country File, 1965–1969, Box 305, RG 59, NA.

(30) Ibid.

(31) Memorandum for the Secretary of Defense, Subject: Future Use of Ryukyuan Bases (July 20, 1967); Collection of Japan and the United States; Diplomatic, Security, and Economic Relations 1960–76, JU 695, NSA's website.

(32) Memorandum for Harry H. Scwartz (September 1, 1968) op. cit. 五百旗頭、前掲書、二二七頁。

(33) 序章参照。"Comparison of U.S. Base Rights in Japan and the Ryukyu Islands"; Box 8, History of the Civil Administration of the Ryukyu Islands, Records of Army Staff, RG 319, NA.

(34) Action Memorandum from the Assistant Secretary of State for East Asian and Pacific Affairs to Secretary of State Rusk, Secret, August 7, 1967, *FRUS*, 1964–1968, XXIX, Part II Japan, pp. 189–197.

(35) Memorandum from the Country Director for Japan to the Assistant Secretary of State for East Asian and Pacific Affairs, Secret, August 10, 1967, *FRUS*, 1964–1968, XXIX, Part II Japan, p. 198.

(36) FRUS, 1964–1968, XXIX, Part II Japan, op. cit., pp. 189–197.

(37) 内閣総理大臣官房編『佐藤内閣総理大臣演説集』(内閣総理大臣官房、一九七〇年)一六五〜一六六頁。

(38) 若泉敬『他策ナカリシヲ信ゼムト欲ス(新装版)』(文藝春秋、二〇〇九年)第四章。複数の米側公文書にも若泉氏とロストウ氏の接触が記録されている。Credential from Japanese Prime Minister Eisaku Sato to Dr. Walt Rostow (November 9, 1967) NSF, Country File Japan, the LBJ Library; Memorandum for the Record (November 13, 1967) Country File, Japan, NSF Files, LBJ Library.

(39) 「密約」調査に伴う外務省公開文書、その他関連文書①―96「施政権返還に伴う沖縄基地の地位について」(一九六七年八月七日)。

(40) 東郷、前掲書、一二五頁。

(41) 「密約」調査に伴う外務省公開文書、その他関連文書①―98「沖縄小笠原問題(総理との打合せ)」(一九六七年八月九日)。

(42) 外務省は当初「可能な限り早期」の施政権返還という文言を盛り込んだ共同声明案を提案したが、米側は返還のタイミングを示唆する表現に難色を示した。

(43) Cable from Secretary Rusk to the Embassy in Tokyo, Subject: Nuclear Weapons and Bonins Negotiations (January 4, 1968); Collection of Japan and the United States: Diplomatic, Security, and Economic Relations 1960–76, JU 871, NSA's website.

(44) Tokyo 06698, Subject: Bonins Negotiations-Nuclear Storage (March 21, 1968) NSF, Country File Japan, LBJ Library.

(45) Footnote of Document 118, *FRUS*, 1964–1968, XXIX, Part II Japan, p. 269.

(46) Cable from Bundy to Embassy Tokyo (April 3, 1968); Collection of Japan and the United States: Diplomatic, Security, and Economic Relations 1960–76, JU 926, NSA's website.

(47) State 133630 (August 9, 1969) POL Japan-US, CF 1967–69, RG59, NA. なお、ジョンソン国務次官は同文書で下田武三氏駐米大使は小笠原の核兵器に関する日米合意について知悉してない様子だったとしている。

(48) 国会会議録、参議院予算委員会九号(一九六九年三月一〇日)。

(49) 日米京都会議実行委員会編『沖縄及びアジアに関する日米京都会議・報告』(日米京都会議実行委員会、一九六九年)。

(50) 元京都産業大教授高瀬保氏は一九六九年一月、佐藤首相の指示で米国の組閣本部でニクソン大統領と面会して「(核抜き、本土並みに) 反論はなかった」との報告を持ち帰ったという。高瀬氏は「日米安保条約を沖縄に適用しますよ。つまり、核抜きということ。それでいいという返事だった」としている (筆者による高瀬保氏インタビュー、二〇〇五年一月一八日)。

(51) 東郷、前掲書、一五六～一五七頁。外務省条約局長だった中島敏次郎氏は愛知揆一氏が外務当局との勉強会において「これはそう簡単に核抜きってわけにはいかないね」と述べ、中島氏に「核付き」返還の案文を用意させたとしている (前掲、中島氏インタビュー)。

(52) 「密約」調査に伴う外務省公開文書、その他関連文書②―118「沖縄返還問題 (スナイダー、ハルペリン私見)」(一九六八年九月一二日)。

(53) 「密約」調査に伴う外務省公開文書、その他関連文書②―128「大臣米大使会談 (第2回)」(一九六八年一二月二九日)、その他関連文書②―132「1月10日大臣米大使会談録」(一九六九年一月一一日)。

(54) U・アレクシス・ジョンソン、増田弘訳『ジョンソン米大使の日本回想』(草思社、一九八九年) 二二一～二二三頁。

(55) 「密約」調査に伴う外務省公開文書、その他関連文書②―142「沖縄返還問題 (ポジション・ペーパー案)」(一九六九年四月二二日)。

(56) 東郷、前掲書、一六〇～一六一頁。

(57) 「密約」調査に伴う外務省公開文書、その他関連文書②―147「オキナワ問題 (ジョンソン次官との会談)」(一九六九年四月二九日)。ジョンソン国務次官は東郷北米局長に対して「日本政府に基地使用について拒否権を与えたのかと聞かれたら何と答えたらよいのか」と述べている。

(58) 条約課長として一方的声明案の作成にも関与した中島敏次郎氏は「日本の立場を約束にまでいかない立場でできるのは何かとぎりぎりまで考えた結果」としている (前掲、中島氏インタビュー)。

(59) Telegram from Tokyo to the Secretary of State (May 30, 1969); Collection of Japan and the United States: Diplomatic, Security, and Economic Relations 1960–76, JU 1077, NSA's website.

(60) 「密約」調査に伴う外務省公開文書、前掲「大臣国務長官第二次会談」、その他関連文書②―164「大臣国務長官第二次会談要旨 (追加)」(一九六九年六月五日)。Telegram from the Department of State to Embassy Tokyo, Subject: Aichi Vis-

it and Okinawa (June 7, 1969); Collection of Japan and the United States: Diplomatic, Security, and Economic Relations 1960–76, JU 1086, NSA's website.

(61) 前掲「大臣国務長官第二次会談要旨（追加）」。

(62) Memorandum of Conversation, Subject: Foreign Minister of Japan Aichi's Call on the Secretary (June 3, 1969); Collection of Japan and the United States: Diplomatic, Security, and Economic Relations 1960–76, JU 1082, NSA's website.

(63)「密約」調査に伴う外務省公開文書「外務大臣訪米随行報告」、その他関連文書②—166（一九六九年六月七日）。

(64) NSSM5: Japan Policy, Secret, Records of National Security Council, RG 273, NA. 我部、前掲書、七六〜九五頁。

(65) NSSM5は日米関係、安保条約と基地、沖縄返還、日本の防衛努力、日米の経済関係、アジアでの日本の役割の六章構成。そこでは在日米軍基地の再編、また沖縄返還に関連して日本の防衛力についても選択肢を挙げ、メリットとデメリットを検証している。

(66) National Security Memorandum 13, Subject: Policy Toward Japan (May 28, 1969) Records of National Security Council, RG 273, NA.

(67) Strategy Paper on Okinawa Negotiations (July 3, 1969) Box 1, History of the Civil Administration of the Ryukyu Islands; Records of Military History, Records of Army Staff, RG 319, NA.

(68) 戦略文書は米国の交渉カードが有効に働くためには、最終的に米国が核撤去に応じるとの感触を日本側が摑んでいる必要があるとしている。例えば、米政府による「リーク」という手法がこれに含まれるかもしれない。戦略文書が作成される直前の一九六九年六月三日付ニューヨーク・タイムズは、ニクソン政権が沖縄からの核撤去の方針を決めたとの記事を掲載し、訪米中の愛知揆一外相とロジャース国務長官の会談席上でも話題に上っている。この記事の情報源をめぐって国務省を中心にした犯人捜しが行われたことなどが記録として残っている。Memorandum for President: Hedrick Smith's New York Times' Articles on Okinawa (June4, 1969) POL7 Japan, CF 1967–1969, RG 59, NA.

(69) 戦略文書では、他に財政取り決め、沖縄における防衛責任の如何、核兵器撤去費用の日本負担などについてもマイヤー駐日大使に対する指示が記載されている。

(70) 日本政府が公開した沖縄返還交渉に関連した文書は内容・量ともに十分ではないため、沖縄返還交渉に臨む佐藤政権と外務省がどのような戦略を練ったのか全てが詳かになっているとは断言できない。しかし、公開された文書、先行研究、関係者のインタビュー等を総合的に検証したとき、交渉に関する日本側の検討作業の大半は共同声明などにおける文言の考案に終始していることが分かる。それは、長期的な日米関係構築の観点から交渉に臨んだ米国とは対照的である。

(71)「密約」調査に伴う外務省公開文書、報告書文書2—4「沖縄返還問題に関する愛知大臣・マイヤー米大使会談」(一九六九年七月一〇日)、報告書文書2—5「沖縄返還問題に関する愛知大臣・マイヤー米大使会談」(一九六九年七月一七日)。Tokyo 5907, from Embassy Tokyo to the Secretary of State, Subject: Okinawa Negotiations (July 18, 1969) Box 19, History of the Civil Administration of the Ryukyu Islands; Records of Military History, Records of Army Staff, RG319, NA.

(72) Ibid.

(73) 前掲「沖縄返還問題に関する愛知大臣・マイヤー米大使会談」(一九六九年七月一七日)。

(74) 我部、前掲書、『沖縄返還とは何だったのか』六八〜七〇頁。沖縄返還をめぐり米政府内では四つの作業グループが発足した(①共同声明作成担当②財政・経済問題作業担当③沖縄の防衛引き継ぎ作業担当④行政・民政担当)。②は返還に伴う通貨交換、米国資産の補償などの問題を扱ったが、これらの問題については別途日米交渉が行われている。柏木雄介大蔵省財務官とアンソニー・ジューリック財務長官特別補佐官が交渉責任者となった。

(75)「密約」調査に伴う外務省公開文書、その他関連文書②—172「共同コミュニケ米案の提示」(一九六九年七月二三日)。また米側草案に対する日本側の見解は、その他関連文書②—173「共同声明草案に対する日本側見解」(一九六九年七月二四日)。

(76) 外務省公開文書、その他関連文書②—180「共同声明案」(一九六九年八月一二日)。外務省アメリカ局長だった東郷文彦氏の回顧録などによると、この共同声明案は日本の一方的声明案と合わせて東郷氏が作成したものとみられる。

(77)「密約」調査に伴う外務省公開文書、報告書文書3—4「1969年佐藤総理・ニクソン大統領会談に至る沖縄返還問題」(一九六九年一二月一五日)。

(78) 一九六九年八月一二日に米側に共同声明草案を提出した時点で、「韓国の安全は日本自身の安全にとって不可欠」の「不可欠」は英語翻訳においてessentialであり、最終的な共同声明でもessentialが採用されている。

(79) 当時、外務省条約課長の中島敏次郎氏は「朝鮮半島で南が頑張ってくれるのが大事だと国民も分かってくれると思ったんです。アチソンも朝鮮はアジアの防衛線だと言ったんですから」と話している(前掲、中島氏インタビュー)。

(80) 「密約」調査に伴う外務省公開文書、その他関連文書②—177「8月7日スナイダー公使と会談の件」(一九六九年八月七日)。

(81) 「密約」調査に伴う外務省公開文書、その他関連文書②—183「東郷・スナイダー会談(8月21日午後)」(一九六九年八月二一日)。

(82) 「密約」調査に伴う外務省公開文書、その他関連文書②—189「沖縄返還交渉について」(一九六九年九月三日)。

(83) 「密約」調査に伴う外務省公開文書、その他関連文書②—200「沖縄返還交渉(訓令)」(一九六九年九月一四日)、その他関連文書②—200「外務大臣・マイヤー米大使会談」(一九六九年一〇月一日)。

(84) 本章第四節二項を参照。

(85) Tokyo 6935, Subject: OKENG No. 2 Text of Sato Unilateral Statement (August 23, 1969) Box 8, The History of Civil Administration of the Ryukyu Islands, Army Staff, RG319, NA.

(86) 栗山尚一著、中島琢磨、服部龍二、江藤名保子編『沖縄返還・日中国交正常化・日米「密約」』(岩波書店、二〇一〇年)、八二〜八三頁。

(87) 「密約」調査に伴う外務省公開文書、その他関連文書②—196「オキナワ返かん(原文ママ)問題に関するアメリカ局長・スナイダー公使会談」(一九六九年九月一〇日)。韓国への武力攻撃に関する日本の対応を表す文言として米側は一九六九年八月時点から「すみやかにかつ好意的に」を提案したが、日本側が受け入れに難色を示していた経緯がある。正確には九月時点で再び同じ要求を繰り返したことになる。

(88) 筆者による大河原良雄氏インタビュー(二〇〇四年一一月一九日)。大河原氏は米側が共同声明と一方的声明の「セット」案を受け入れた理由の一つとして、一方的声明発表の場が各国首脳、閣僚級が重要な演説や会見を行ってきたナショナル・プレスクラブに決まったことも影響していると述べている。

(89) 「密約」調査に伴う外務省公開文書、その他関連文書②—175「愛知外務大臣・ロジャース国務長官会談記録(沖縄問題)」(一九六九年七月三〇日)。日米外相会談に同席した外務省の東郷文彦アメリカ局長は、当時の共同声明に関する米側の提案では「事前協議をすることにして日本側が保留してある権利を放棄することになるから国会にかかる」と難色を示した上で「合意ではないが一方的宣言をして合意があるつもりで（事前協議を）運用したい」と説明している。

（90）大河原良雄氏は筆者とのインタビューで事前協議制度について「形式」を確保することが重要だったとの認識を示した上で、中身については「それこそ相互信頼の問題だった」と回答している（前掲、大河原氏インタビュー）。

（91）財政取り決めをめぐる交渉は大蔵省と米財務省との間で並行して行われた。一九七一年六月一七日署名の沖縄返還協定に基づき、日本政府は三億二〇〇〇万ドルの対米支払いを行うとされたが、実際には計三億九五〇〇万ドルの財政取引に応じていた（我部、『沖縄返還とは何だったのか』第六章）。

（92）「密約」調査に伴う外務省公開文書、その他関連文書③—91「オキナワ返かん交渉」（一九六九年九月八日）。

（93）Tokyo 7141, Subject: As Okinawa goes so goes Japan (September 2, 1969) POL 19 Ryu Is, CF 1967–69, RG59, NA.

（94）「密約」調査に伴う外務省公開文書、その他関連文書③—101「オキナワ返かん交渉」（一九六九年九月二二日）。

（95）Tokyo 8429, Subject: OKENG No. 19, October 5, 1969, Secret, POL19 Ryu Is, CF 1967–69, RG59, NA. なお同じ会談についての日本側記録によれば、東郷文彦氏は「核について返還の際の撤去及び再搬入の事前協議が、日本側が求めるミニマムであり、他は manageable である」と発言している。

（96）「密約」調査に伴う外務省公開文書、その他関連文書③—104「総理に対する報告（沖縄関係）」（一九六九年一〇月七日）。

（97）「密約」調査に伴う外務省公開文書、その他関連文書③—106「外務大臣ホイーラー米統幕議長会談録」（一九六九年一〇月八日）。

（98）Telegram from Tokyo to the Secretary of State (November 10, 1969); Collection of Japan and the United States; Diplomatic, Security, and Economic Relations 1960–76, JU 1159, NSA's website.

（99）「密約」調査に伴う外務省公開文書、その他関連文書③—107「愛知大臣・マイヤー大使定例会談」（一九六九年一〇月九日）。

（100）「密約」調査に伴う外務省公開文書、その他関連文書③—108「DRAFT RECORD OF CONVERSATION」（一九六九年一〇月一五日）。

（101）「密約」調査に伴う外務省公開文書、その他関連文書③—116「会談録（案）」（一九六九年一一月一四日）。

(102) 若泉、前掲書。

(103) 日本政府による密約調査委員会の発足を契機として、若泉敬氏に関する著書が相次いで刊行された。後藤乾一『「沖縄核密約」を背負って　若泉敬の生涯』（岩波書店、二〇一〇年）、信夫隆司『若泉敬と日米密約　沖縄返還と繊維交渉をめぐる密使外交』（日本評論社、二〇一二年）、森田吉彦『評伝　若泉敬　愛国の密使』（文春文庫、二〇一一年）などがある。

(104) この時、若泉敬氏がヘンリー・キッシンジャー氏に提出した一九六九年七月一八日付のメモランダムが米国立公文書館に所蔵されている。沖縄からの核兵器撤去と緊急時の自由使用の問題についてニクソン大統領の見解を質した内容だが、その中で作戦行動についての事前協議について「佐藤氏の見解によれば、真の緊急非常事態の場合においては『ノー』よりも『イエス』を意味するものでありうるし、また事実意味する」としている。または、Memorandum for Dr. Kissinger (July 18, 1969) National Security Files, Nixon Presidential Materials Project, NA.

(105) 沖縄返還における繊維交渉の位置付けについては次の著書が詳しい。I・M・デスラー、福井治弘、佐藤英夫『日米繊維紛争』日本経済新聞社、一九八〇年。

(106) 若泉、前掲書、三五三〜三六〇頁。なお核に関するペーパーで挙げられていた基地は嘉手納、辺野古、那覇空軍基地、那覇空軍施設、および三つのナイキ・ハーキュリーズ基地であった。

(107) 若泉敬氏が自著で繰り返し描写しているように、この時点での佐藤栄作首相や若泉氏には、米側にとっての繊維問題が持つ重要性についての理解が欠如していた。佐藤氏は若泉氏に「核抜き」返還を一任したが、繊維問題について余り深入りしたくないという態度を見せている（若泉、前掲書、三九九〜四〇一頁）。

(108) いわゆる「密約」問題に関する有識者委員会報告書、第四章「沖縄返還と有事の核再持ち込み」、六九頁。河野康子法政大教授の同論文によると、三つの案文は東郷文彦外務省アメリカ局長が内容を官邸に伝え、楠田、小杉両秘書官がそれを基に作成したものだという。

(109) 若泉、前掲書、四二四〜四二六頁。後述するように「合意議事録」は後に佐藤家から見つかるが、両首脳のイニシャルの記載欄のみで署名がない点を除けば、佐藤家が保存していたフルネームの署名入りの文書と同一の内容である。

(110) Memorandum for Henry A. Kissinger from Al Haig, "Items to Discuss with the President, Wednesday November 12, 1969" (November 12, 1969) National Security Files, Box 959, Nixon Presidential Materials Project, NA. 同記録は

「好意的な回答を期待する」の挿入を含む修正について「秘密議事録の内容を少々強化する」ものと説明している。

(111) 若泉、前掲書、四一九頁。

(112) 繊維問題の「覚書」は、日本の対米繊維輸出規制について毛及び化合繊製品全てを対象とする包括的なものであること、まず日米の二国間協議で一九六九年一二月末までに妥結し、関税貿易一般協定（ガット）の場で韓国や台湾など他の繊維輸出国との多国間数量規制協定に持ち込むことなどについて取り決めている（若泉、前掲書、四五二～四五三頁）。

(113) Memorandum for Henry A. Kissinger from Al Haig, Items to Discuss with the President, Wednesday November 13, 1969 (November 13, 1969) National Security Files, Box 959, Nixon Presidential Materials Project, NA. 同文書は佐藤・ニクソン会談での手筈を定めた「ゲームプラン」を記載しているが、その内容は若泉敬氏の著書の記述とも一致している。

(114) 若泉、前掲書、四五〇～四五九頁。

(115) 「密約」調査に伴う外務省公開文書、報告書文書3―2「佐藤総理・ニクソン大統領会談」（一九六九年一一月一九日）。Memorandum of Conversation, Subject: President's Conversation with Prime Minister Sato (November 22, 1969) VIP Visits, Visit of PM Sato, November 19–21, 1969, Vol. 1, National Security Files, Nixon Presidential Materials Project, NA.

(116) 日米首脳会談に同行した中島敏次郎氏は、ニクソン大統領との会談を終えた佐藤栄作首相が「B案で話しがついた」と説明したが「A案もB案も知らない」から戸惑ったと回想している。「それ（B案）を見ると、事前協議におけるアメリカの権利を害することなくっていうのが入っている。その一文が入っているからニクソンはじゃあそれで呑もうといってくれたわけ」（前掲、中島氏インタビュー）。

(117) 「密約」調査に伴う外務省公開文書、報告書文書3―3「共同声明第8項に関する経緯」（一九六九年一一月二四日）。東郷文彦氏が言う「なんらかの記録」が「会談録」とは別の核問題に関する秘密合意を念頭に置いていた可能性もある。

(118) ヘンリー・キッシンジャー、斉藤弥三郎訳『キッシンジャー秘録』第二巻（小学館、一九八〇年）三六～三九頁。

(119) 第三章四項を参照。

(120) 「密約」調査に伴う外務省公開文書、報告書文書1―6「8月15日スナイダー公使と会談の件」（一九六九年八月一五日）。

(121)「密約」調査に伴う外務省公開文書、報告書文書1―7「8月18日スナイダー公使と会談の件」(一九六九年八月一八日)。

(122) 前述の通り、「日米安保条約改定に伴い日米が交わした討論記録」の二項Cには「米軍部隊と装備の日本への侵入、米軍機の日本への飛来、米海軍艦船の日本領海及び港湾への侵入に関する現行の手続き」に事前協議は影響しないとの記載があり、この部分が核搭載艦船、または核搭載機が日本を通過する権利を行使できるとの米側解釈の根拠になっている。米側が日米首脳会談の共同声明に付加するよう求めた「現行の権利・義務を含む」の表現は、討論記録の二項Cの解釈をめぐる混乱を東郷氏らに想起させたのかもしれない。

(123) Information Memorandum, Subject: Okinawa-Preparations for Sato Visit (October 28, 1969); Collection of Japan and the United States: Diplomatic, Security, and Economic Relations 1960–76, JU 1137, NSA's website.

(124)「密約」調査に伴う外務省公開文書、報告書文書2―7「沖縄問題」(一九六九年一一月五日)。

(125) 東京新聞、朝日新聞ともに一九六九年一一月二二日夕刊。

(126) 外務省『わが外交の近況』(第一四号) 三八一頁。

(127) 鹿島平和研究所『日本外交主要文書・年表 第二巻』(原書房、一九八四年) 八九九〜九〇七頁。

(128) Memorandum for Secretary of Defense, Okinawa Negotiations (September 8, 1969); Collection of Japan and the United States: Diplomatic, Security, and Economic Relations 1960–76, JU 1118 , NSA's website.

(129) Cable from Joint Chief of Staff to Walter L. Curtis, Subject: Okinawa Reversion Negotiations (November 20, 1969); Collection of Japan and the United States: Diplomatic, Security, and Economic Relations 1960–76, JU 1172, NSA's website.

(130) Tokyo 7141, op. cit.

(131)「読売新聞」二〇〇九年一二月二二日夕刊。佐藤家から合意議事録の原本が発見されたことで、文書の内容が後続の政権に継承されなかった可能性が高くなった。合意議事録は沖縄返還交渉当時の米軍部や議会を納得させる証文にしか過ぎなかったとの結論を裏付ける事実である。

(132) Recommended Talking Points, July 1973, VIP Visit, Japan PM Tanaka (July 31, 1973) National Security Council Files, Nixon Presidential Materials Project, NA.

(133) 「いわゆる『密約』問題に関する有識者調査委員会報告書」第三章「朝鮮半島有事と事前協議」、五六頁。春名幹男氏は一九七四年当時の米政府の検討結果について米側が朝鮮議事録に関する日本の立場を「受け入れた」証左だとしているが、同論文では根拠となる傍証は示されていない。

(134) 元国務省高官インタビュー（二〇〇七年一二月一〇日、匿名希望）。この高官は佐藤政権以降の日本の政権が「(佐藤・ニクソン共同声明における）韓国条項を狭く解釈する傾向があったのが懸念材料だった」と述べている。

第五章　事前協議回避の制度化

一　危機下の日米安保と事前協議

(一)　二つの「ニクソン・ショック」

米大統領リチャード・ニクソンは一九六九年七月、グアムでの記者会見で米外交の新たな幕開けを告げる基準を発表した。ニクソンは「アジアの問題は究極的にはアジア人による解決が必要」と発言し、第三世界に対する米国の無制限な介入を回避するために同盟国の自衛力強化を求めたのである。

後に「ニクソン・ドクトリン」と称される新基準の下で、ニクソンは核兵器の脅威から米国の核の傘で同盟国を守る意志を改めて表明する一方、通常兵器による攻撃については、侵略を受けた国に防衛の第一義的責任を求めた。背景にあったのは、ベトナム戦争がもたらした米国の衰退である。膨らむ死者数や海外駐留経費もさることながら、対外援助や製造業の競争力低下などで米国の経済力は相対的に低下し続けていた。ニクソンと大統領補佐官ヘンリー・キッシンジャーは、米国のリーダーシップ再確立を目指す上で、外交の危機を象徴するベトナム戦争を終結させ、自らの国際的役割を変革することが必要と考えたのであった。

ベトナム戦争からの「名誉ある撤退」の実現には北ベトナムを支援していた中国、ソ連との関係改善は必須であった。まず朝鮮戦争以来の敵対関係が続く中国と一九七二年に和解を成し遂げ、それを梃子に中国と対立するソ連とも戦略兵器制限条約（ＳＡＬＴＩ）に調印する。デタント（緊張緩和）の到来であった。(1)

米外交の新展開は世界に驚きをもって受け止められたが、電撃的な米中和解は戦後日本外交の大敗北とも位置付けられる出来事であった。米国が日本の頭越しに中国と手を結ぶという、長年、日本の外交関係者の脳裏をかすめてきた「悪夢」が現実と化したのである。(2)同年一〇月の第二六会国連総会では「中国招聘、台湾追放」のアルバニア案が可決され、中国の国連加盟が認められた代わりに、台湾は国連脱退を発表した。日本は米国と歩調を合わせて中国と台湾の二重代表制(3)を提案したために再び面目をつぶされ、自民党内の親台派に配慮して中国と距離を置いてきた首相佐藤栄作にとっては手痛い失点となった。

ニクソンの訪中発表後、駐米大使牛場信彦は国務次官アレクシス・ジョンソンに「佐藤首相と自民党にとって最も深刻な事態だ。親米の吉田路線を継承し、中国問題で歩調を合わせてきたのに」と嘆いたが、(4)それは、中国を「主要敵」と位置付けてきた日米安保体制に変化が生じたことを物語っていた。一九七一年七月に北京を訪れたキッシンジャーが首相周恩来との極秘会談で「日本の軍事的膨張」の封じ込めを利益とする点で米中は一致しており、そのためにも在日米軍の存在が必要だと主張していたことなど日本側は知りようもなかった。(5)「ビンのふた」として米軍駐留を正当化したキッシンジャーに対して、中国も一貫して批判してきた日米安保体制を認めたのである。

さらに、ニクソン流新外交が引き起こす新たなパワーゲームに振り回される佐藤政権を、米中和解に続く「ニクソン・ショック」第二波が襲った。一九七一年八月一五日、ニクソンは輸入品に一律一〇％の課徴金を課し、ドルと金との交換を一時停止する措置を含む「新経済政策」を発表した。「平和の挑戦」と題したスピーチでニクソンは「我々の援助で彼らは活力を取り戻し、強力な競争相手になった（中略）米国が片手を背中に縛られたまま競争する必要はなくなった」と言ったが、「彼ら」が西独と日本を指すのは明白であった。

新経済政策には多分に日本を狙い打ちにした側面が認められた。当時の米国の対日貿易赤字は三〇億ドルに達し、米国では安保体制に「ただ乗り」してきた日本が不当な利益を貪っているとの見方が強まっていたのである。沖縄返還と引き換えに、日本の輸出自主規制で手を打ったはずの繊維問題で佐藤が解決に向けた行動を先延ばしにしていたことへの不信感も強く作用していた(6)。

(二) 自主路線の模索

米中和解の主眼はベトナム戦争の「ベトナム化」を図ることで米国の軍事的な負担を軽減することであり、金・ドル交換の停止には基軸通貨としての重荷をなくし、ベトナム戦費にあえぐ経済を再建する狙いがあった。ベトナム戦争に端を発した二つの「ニクソン・ショック」は、戦後日米関係を規定していた要件―日米安保体制と自由貿易体制に揺らぎをもたらすことになった。

安全保障面では、「ニクソン・ドクトリン」がアジア太平洋地域からの米軍の「引き潮」を意味すると受け止められたことから、七〇年代初頭に日本が米国と対等の立場に立って防衛上の責任を負うべきだとする「自主防衛論」が台頭した。旗振り役となったのは一九七〇年一月に佐藤内閣の防衛庁長官に就任した中曽根康弘であった。中曽根は文民統制や非核三原則の順守などから成る「自主防衛五原則」を提唱したが、特徴的だったのは日米安保体制の位置付けだった。西欧並みの防衛力を備え日米安保体制で「補充」することを旨とし、日米安保体制を「主」とし、米軍駐留に日本防衛を依拠すべきだと主張する自民党主流派と一線を画した。

中曽根構想の一つが「有事駐留論」であった。在日米軍基地を自衛隊に移管し、有事には米軍に再使用を認めることで削減しようというのがその内容である。中曽根自身、「何も日米安保の核心を下げてまで基地を減らそうというのではない」と話しており(7)、その構想は従来の親米路線を踏み外すものではなかった(8)。だが、その後も自民党の宮沢喜一や防衛庁防衛局長の久保卓也らが有事駐留論を説き、米軍の恒常的駐留が反基地感情に油を注ぐとの認識を示していた状況下では、経済的な成功に伴って台頭する日本のナショナリズムを反映した立場と受け止められる向きが強かったのである(9)。アジアからの米軍撤退の影響を最小限に抑えようとしていた米政府の一部では、日本の保守派に反米主義が存在するとの不安が広がっていた。このころニクソン政権内では、佐藤栄作の後継者がより親米的でなくなる可能性があるとして日米離反の影響についての検討作業も行われている。

自主防衛に関する論議は次第に下火となったが、そこで日本をのみ込んだのは石油危機という経済安全保障を揺るがす出来事であった。一九七三年一〇月、エジプトによるイスラエル攻撃で第四次中東戦争が勃発し、アラブ石油輸出国機構（OAPEC）のアラブ諸国は原油生産の削減とイスラエル支援国への禁輸を決定した。イスラエル支持の米国は中立政策の維持を求めたが、石油輸入の八割を中東に頼る日本にとってはアラブ諸国から非友好国と見なされることは死活問題であった。同年一一月二五日、日本政府はイスラエルに全占領地からの撤退を求める官房長官談話を発表し、「親アラブ」路線へと踏み出す。

石油危機で米国と対抗する外交を展開したのはエネルギー政策が資源に乏しい日本にとって死活的な重要性を持っていたからだが、日本が米国と衝突しない範囲で主体的な外交を模索する動きはそれ以前にも見られた。首相佐藤栄作の退陣を受けた自民党総裁選では、田中角栄が福田赳夫や大平正芳ら対抗馬を退けて圧勝した。田中は総裁に選出された七月五日の演説で日中国交正常化を急ぐと明言し、中国側も歓迎の意向を表明したことで正常化への機運は一気に高まった。九月二九日には国交正常化にこぎ着けている。

田中の電光石火の行動は米中接近の産物であった。「チャイナ・ショック」が自民党内の親中派を勢いづかせ、佐藤政権下で抑えられていた国交正常化待望論が噴出したのである。田中訪中の約一ヵ月前にホノルルで行われた日米首脳会談では、日中正常化が日米安保条約における台湾の地位に影響しないことが確認された。[10]しかし、新外交を主導するキッシンジャーは、日本の独自外交で極東における米国の影響力がそがれることを警戒した。米国の勢力均衡外交に余計な要素が加わるだけでなく、正常化を急ぐ日本が中国の要求を容れて、在日米軍の基地使用を制限する恐れがあったためである。[11]独自路線を志向する日本は、米国主導の世界秩序再編を目指すニクソン政権にとっては、戦略の進行に支障を及ぼしかねない存在であった。

(三) 事前協議の「公式化」を警戒

日本の安全保障観が変容しつつある状況を米側は注視していたが、とりわけ懸念材料だったのは、反基地運動が再燃の兆候を見せていたことであった。沖縄返還後の日本の変化について在日米大使館がまとめた一九七二年一一月一〇日付報告書は、米中・日中の関係正常化を受けて日本人の脅威認識が低下する中、米軍駐留の必要性を疑問視する傾向が強まっており、日米安保支持者の中にも、「見直し」「不要」論が出ていると指摘している。[12]そうした中、国会では戦闘に巻き込まれることへの「歯止め」としての事前協議制度の有効性に論議が集中しており、米側は米軍の基地使用権への波及を警戒した。

一九七二年三月末に始まった北ベトナム軍による南ベトナム反攻を受けて、米軍は北ベトナムに対する大規模な爆撃を再開した。その際、岩国基地から海兵隊のF―4ファントム機、横須賀基地からは第七艦隊所属艦艇が相次いでベトナムに派遣されるなど日本の基地からの「出撃」「移動」が相次いだ。さらに台風退避の名目でB―52戦略爆撃機が嘉手納基地に飛来したこともあり、国会では連日のように事前協議制度の在り方が問われることになった。事前協議制度では、米軍の配置や装備の変更、また日本の基地から戦闘作戦行動が行われる場合には日本政府と協議を行う必要があるとされている。野党は北爆再開に伴う在日米軍の行動に事前協議制度を適用すべきだと主張し、「歯止め」としての役割を制度が果たしていないと日本政府を非難したのであった。

防戦に追われる日本政府は、事前協議制度の運用見直しを約束することになった。外相福田赳夫は一九七二年月四月一二日の衆院外務委員会で、次回の日米安全保障協議委員会（ＳＣＣ）で事前協議制度について、「おさらいをする」と明言している。[13] 首相佐藤栄作も四月二一日の答弁で、事前協議を要する米軍の配置・装備の「重要な変更」を徹底的に見直すと発言した。さらに五月二〇日の記者会見で官房長官竹下登が、Ｂ—52の嘉手納基地納飛来などについて米側から事前協議の申し入れがなされるべきだとして、外務省に再調査を指示したことを明らかにした。竹下はこれらの米軍の行動を事前協議の対象外だとする外務省の見解を批判したが、それは国民の反基地感情に配慮したものであった。

さらに事前協議制度の「洗い直し」を求める野党からの突き上げを受けて一九七二年六月七日、日本政府は制度に関する統一見解を国会に提出した。[14] 統一見解は、事前協議の対象となるのは「戦闘行動」に限られ「補給」「後方支援」は含まれないとし、ベトナム戦争に関連した米軍の基地使用が許されるのは非戦闘行動に限られるとしている。米側は一連の日本政府の対応を、米軍の行動に足枷をはめる試みとみて警戒した。その年四月、アーミン・マイヤーの後任として駐日米大使として赴任したロバート・インガソル（Robert S. Ingersoll）は、福田に一連の発言の意図を質している。「（事前協議制度の）慣行に米国は満足している」とくぎを刺すインガソルに対し、福田は、制度の基本方針を変更するつもりはなく、対米協議を口にしたのは事前協議制度について「擦り合わせをした方が、不都合が起きないと考えたから」と答えている。[15] 外務省幹部も日本政府には事前協議制度を実質的に見直す意図はなく、SCCで取り上げても「うわべだけ」だと釈明している。[16] だが、事前に統一見解の内容を知らされたインガソルは「余りにも詳細過ぎる」と難色を示し、日本政府の意図について一層疑念を深めることになった。

統一見解発表後、日本政府は米側に対してベトナムでの爆撃拡大による在日米軍の兵力規模や米軍基地の兵站・修理活動について説明を求めている。野党の追及に備えることが日本政府の目的だったが、在日米軍司令部の上部機関である米太平洋軍司令部は、日本側の要求の背景には、条約の規定を超えて事前協議制度を「公式化（formalize）」しようとする意図があると指摘した。在日米軍基地から東南アジアへ向けて行われている後方支援のレベルに関しても日本に知らせることは米国の国益に反しており、米軍の行動の柔軟性に対する制限を回避するためにも日本側には一般化した情報だけを伝達するべきだと主張したのであった。[17]

日本政府の統一見解が発表された六月七日付で大統領補佐官キッシンジャーのために作成したメモランダムで、国防長官メルビン・レアード（Melvin R. Laird）も日本政府が事前協議を要する軍事的状況を明確化しようとしていると指摘した上で「過去に形成された合意が弱められる」として次のように懸念を露わにした。

事前協議に修正を加えることは、米軍の行動と日本における施設・区域の使用にまつわる柔軟性を大きく制限し、日米安保条約の有効性を損なう恐れがある。在日米軍とその基地は、東アジアにおける条約上の義務を果たすために常に使用できる状態であるべきで、制限は最小限にとどめなくてはならない。[18]

レアードの報告は、日米両国が形成してきた事前協議制度とその慣行が、米軍の自由な行動と基地使用を決して損なわなかったと米側が認識していたことを示しており、興味深い。後に見るように国防長官として事前協議制度の適用除外事項についても承知していたレアードは、制度を明確化しようとする日本政府の行動が、一連の合意で保証された米軍の行動の柔軟性を奪いかねないと警戒したとみられる。

(四)　あいまいさが共通の利益

第一四回日米安全保障協議委員会（ＳＣＣ）の日程は、一九七三年一月二三日に決まった。日本政府はＳＣＣ開催に備えて一月一六日、事前協議制度についての日本側の立場を説明したトーキング・ペーパーと付属文書を在日米大使館に提出した。

これに先立ち外務省アメリカ局長大河原良雄は、米大使館に対してＳＣＣで事前協議制度を取り上げるのは国会での議論を冷却化させるのが目的だと説明し、制度を修正する意図はないことを強調していた。(19)トーキング・ペーパーと付属文書に関してもその延長線上に位置付けられ、事前協議のメカニズムについての日米了解を確認し、メディア対応で齟齬が生じないようにすることが目的だと説明されていた。

注目すべきは三節から構成される付属文書で、事前協議を要する米軍の日本への配置における重要な変更、装備の重要な変更、戦闘作戦行動それぞれについての日本側の理解を詳細に記載している。(20)ほとんどが国会答弁などで日本政府が説明してきた内容の焼き直しだが、米側はそれを「従来の慣行からの大きな逸脱」とみなした。米大使館のコメントを記載した文書は非公開となっているが、(21)機密解除された文書で国務省の見解を知ることが出来る。在日米大使館が作成した一月一八日付文書によれば、日米はいかなる場合に事前協議が必要とされ、または対象とされないかについて細かく規定するのを回避するのが双方の利益だと考えてきたという。その意味では、日本側が事前協議制度の運用や解釈について詳細な協議を求めてきたことは重要な変化と映った。国務省は、日本側が事前協議制度について提出した文書は、米側の利益に沿うよう配慮されているが、「(事前協議制度に関する) 合意を公式化するという基本的な考え」自体に問題があるため、そのまま受け入れることは難しいと判断していた。[22]ＳＣＣで取り上げるには準備不足であるため、新たに設置される公使・審議官級の安保運用協議委員会（ＳＣＧ）[23]で検討するよう在日米大使館に指示したのであった。

ＳＣＣでは、事前協議制度に関する「諸問題」を討議し、「運用上の基準についての双方の理解の一致を再確認」したとの記者発表がなされたが、実際には制度が議題に上ることはなかったのである。その代わり一月二〇、二四の両日に外務省アメリカ局長大河原と、在日米大使館公使から国務次官補代理（アジア太平洋担当）に転任したリチャード・スナイダーらの間で行われた非公式折衝で事前協議制度が取り上げられた。[24]

その中でスナイダーは、一月一六日に日本側が提出した付属文書に関して数点の指摘を行った。例えば、米軍装備の「重要な変更」について「事前協議が行われなかったのだから、これまでにいかなる種類の核兵器も日本には持ち込まれなかった（introduced）」とする箇所について「米側の伝統的表現」と照会して問題があると述べたほか、[25]戦闘作戦行動に従事する米艦船や軍用機が日本の領海・領空を通過する（transit）際に日本の同意を要するとした説明には異議を唱えている。その上で、スナイダーは「余り細かい議論はしないでflexible（柔軟）にしておくのがよいと思う」と発言している。

日本側にも実際に協議を行う場合の詳細な手続きに踏み込もうとの意図はなかった。米側記録によれば、大河原は非公式折衝でも事前協議を要する具体的な事例について日米の説明に矛盾が生じる危険性を最小化することが狙いだと日本側の意向を再度説明している。結局、日米は説明ぶりの相違を無くす目的で事例研究を進め、日本の国会で質問が出た際の回答を準備することで合意した。一月二四日の折衝について在日米大使館は公電で、「現存する米国の自由裁量」を損なわない形で事前協議の事例研究を行うことで日米は一致したと国務省に報告している。[26]

日米が事前協議制度について検討する場として想定されていたSCGの第一回目会合は一九七三年四月二三日に開催された。「率直な雰囲気」の中で始まったSCGでは日本側出席者による積極的な発言が目立った。大河原は事前協議制度に触れて、ベトナムへの米軍介入が終われば野党の攻撃は「干上がってしまう」と指摘し、日本の国内政治における「安保の季節」の終わりを強調した。米側記録で辿る限り、この会合で事前協議制度は正面から取り上げられることはなく、二回目以降のSCGでも同様であった。(27) 日本の国会でやり玉に挙がらない限り、事前協議制度にまつわる問題について蒸し返すのは得策ではないとの結論に日米が暗黙のうちに到達したことが見て取れるのである。

二　空母母港化と事前協議

(一)　在日米軍基地整理統合計画

同盟国・友好国に国防の第一次的責任を負うことを要請する「ニクソン・ドクトリン」の下、米国はアジア太平洋における兵力・基地の大幅削減を実行するが、国防予算削減やインフレ、徴兵制廃止の決定が拍車をかけた。ニクソン政権発足から二年足らずで八四九の米軍基地が閉鎖または縮小され、基地従業員は約二九〇万人まで削減された。(28) 米軍再編の進行は、在日米軍の基地編成にも影響を与えた。米側は一九六八年一二月の日米安保協議委員会（SCC）で在日米軍基地の整理縮小計画を提案し、日本側の了承を得て日米合同委員会で計画の実施見通しを検討する運びとなった。これは当時日本本土にあった一四〇ヵ所の米軍基地や演習場のうち約三分の一について、返還や自衛隊との共同使用などを通じて整理縮小を目指す内容であった。米側は計画が実行されれば、日本国内で肯定的に受け止められ、残る基地を維持する上でも有利に働くとみていた。一九六九年一月のニクソン政権誕生を受けて、この基地整理・統合案はさらに大規模な計画へと拡大した(29)。一九七〇年一二月二一日のSCCで日米が共同発表した基地整理統合計画には、三沢から横田、横田から嘉手納への米空軍F—4戦闘航空団の移駐や、板付、厚木基地の返還が含まれ(30)、さらに横須賀基地については、一九七一年六月末までの第七艦隊司令部の佐世保移駐、そして六号ドックを除く船舶修理施設（SRF：Ship Repair Facility）を自衛隊に移管することが決まった。米側は、ニクソン・ドクトリンを日本に適用した初の取り決めであり、今後の両国関係の規範になるとして計画を高く評価した(31)。

しかし、計画発表から約一ヵ月後の一九七一年一月に国務省から在日米大使館に届けられた「爆弾情報（blockbuster）」によって基地整理統合計画の再検討を要する可能性が浮上した。それは、米海軍が佐世保に駆逐艦六隻を母港化させる構想であった(32)。米海軍はアジア太平洋での兵力・基地再編と並行して戦力見直しを行っていたが、国防予算の削減、ソ連海軍力の増強、米海軍基地をめぐる受け入れ国との摩擦などから、機動性に富む海軍戦力と空母航空戦力の価値が見直されていた。その中で艦船運用の効率性と兵士の士気を高めるために生まれたのが海外母港化計画であった(33)。乗組員の家族を艦船が配置された海外の港に住まわせれば、艦船の作戦期間と乗組員が家族と過ごす時間をともに確保できるからである。佐世保の駆逐艦母港化は一九七一年一月までの実施が想定されており、さらに同年度中に空母一隻の母港化も検討されているという(34)。

在日米大使館は駆逐艦だけならまだしも、空母の佐世保母港化は困難だとの見通しを国務省に伝えた(35)。圧倒的な住宅不足に見舞われることが確実な上、空母母港化には艦載機による核兵器搭載の有無が政治問題として取り上げられる懸念があるためであった。その点、横須賀であれば空母の存在も人目に付きにくいという利点があると付け加えている。海外母港化計画を主導する海軍作戦部長ズムワルト（Elmo R. Zumwalt, Jr.）も佐世保より横須賀の母港化を考えているとの情報が国務省に伝えられていた。(36) 首相佐藤栄作も来日した統合参謀本部（ＪＣＳ）議長トマス・ムーラーとの会談で、米軍の横須賀維持に前向きな反応を示していた。しかし、佐世保の母港化と横須賀の維持ということになれば、当面の問題は「ニクソン・ドクトリン」に則った米軍プレゼンスの削減を全面に出した前年一二月発表の基地整理統合計画と明らかに矛盾するという点であった。整合性を保つために鍵となるのは日本政府の「自主性」であり、日本側の要請に基づいて計画を変更するとの体裁が必要だとマイヤーは主張した。それは、将来の空母母港化に際して浮上する核持ち込みに関する事前協議の問題を処理する上でも重要だと考えられていたのである。(37)

一九七一年二月に入り、米大使館は横須賀維持を望んでいる首相佐藤の意向に沿う形で基地統合計画の見直しを検討していると外務省に伝えている。外務省の当初の反応は否定的だったが、(38) 自衛隊に横須賀の施設を引き継ぐ用意がないこと、さらにはＳＲＦ返還に伴い予定される従業員解雇を回避できることから、計画見直しは日本側にとっても国会対策上有利な側面があったのである。(39) 外務省は、どちらか一方の要請ではなく「相互利益」からの変更として発表することが望ましいとの見解を示していた。

こうして日米は基地整理統合計画の変更に合意し、その内容は一九七一年三月三〇日に発表された。(40) 横須賀のＳＲＦは一九七二年六月末まで返還が延期され、第七艦隊の佐世保移駐も中止、ＳＲＦ従業員の解雇も延期された。「相互利益」という表現には防衛庁長官中曽根康弘が難色を示したため、共同声明には盛り込まれず、駐日米大使マイヤーから外相愛知揆一への書簡にのみ挿入された。(41) この後、民間の従業員が法律上、米海軍艦船の修理に従事できないことなどが判明し、計画はさらに修正された。一九七二年三月三一日、日米両政府は共同声明を発表して航空母艦を修理できる第六号ドライ・ドック、中型の第四、五号ドックをそのまま米軍使用とし、小型の第一～三号ドックのみを自衛隊使用とした上、ＳＲＦの返還は見送られたのである。

(二) 母港化に伴う「困難な問題」

米艦船の日本母港化計画は二段階から構成されていた。第一段階は駆逐艦六隻の配備であったが、配備先は当初の佐世保から横須賀へと変更されて、一九七一年一一月に完了した。第二段階として横須賀への空母配備が予定されており、駆逐艦と合わせて一個の空母戦闘グループを構成することになっていた。(42) この間、空母の横須賀母港化計画について日本側への通知は行われなかった。米政府は佐藤政権に次ぐ日本の新政権が誕生する一九七二年夏以降まで正式な通知を待つことにしたのである。この間、米政府内では横須賀の空母母港化に絡む最も厄介な問題について検討が加えられることになった。航空母艦の日本母港化計画について、当初から日本国内で核兵器の持ち込み疑惑を引き起こし、政治問題化する懸念が指摘されていたのである。(43)

母港化計画の第二段階、つまり空母母港化についての対日協議を開始するに際して国防長官レアードは国務長官ロジャースに協力を求めたが、(44) 国務省は消極的であった。国務省によれば、駆逐艦配備とは異なり空母母港化には「より慎重な検討を要する、根本的に困難な問題を伴う」という。母港化は、核を搭載した空母が日本領海に事実上常駐することであり、事前協議を要する、配置の「重要な変更」かつ日本への核「持ち込み」に該当するとして議論を引き起こすことは必至であった。(45)

当時、国務長官代行を務めていた国務次官アレクシス・ジョンソンが、一九七二年五月二三日付で極秘書簡をレアードに送っている。(46) ジョンソンは、東アジアへの航空母艦配備計画を歓迎しながらも、空母が搭載する核兵器をめぐり事前協議の問題に直面せざるを得ないと強調した。その上で、マニラなど日本以外に候補地はないのか、核兵器を取り外した上での日本母港化は可能なのか、についてレアードの見解を質したのであった。書簡でジョンソンは「長い間、公式的な事前協議を回避することが米国の利益であり、米国の行動に責任を負いたくない日本政府もまた同意見だと考えてきた」としたが、ベトナム戦争に絡む基地使用をめぐり国会で事前協議制度に関する議論が高まる中で、日本政府が野党対策のために米側に協議を要請することを恐れたのである。

しかし、六月一七日付で国務長官に宛てた返信でレアードは、ジョンソンや国務省の懸念を「悲観的過ぎる」と一蹴した。(47) レアードは、空母母港化にまつわる事前協議の回避が米国の利益だとする見解には賛同したが、それは航空母艦の配置が事前協議を要する「重要な配置の変更」に該当しないと判断しているためであった。乗組員家族の海外居住が母港化の主体であって、過去二〇年間にわたる米艦船による横須賀の利用から実質的な変化はないという。さらに、駆逐艦六隻の日本配備に際して、日本政府が事前協議（prior consultation）ではなく、通告の対象（matter of notification）として扱うよう米側に要請したことを挙げ、日本側が事前協議を求めることはないと指摘した。

責任ある政府内外の日本人は、少なくとも米艦船の一部が核兵器を搭載していることを承知している。しかし、自国の安全を依存している同盟国に対してこの問題を詮索することは彼らの利益にならない。ニクソン・ドクトリンの下では、極東に信頼に足る核の傘と抑止力を提供するのが我々の責務だ。日本は核の傘を必要としており、米国が核装備を維持する必要があると知っているのだ。

「核抜き」の母港化についても、レアードは「軍事的にも非現実的で、法的にも不要」と取り合わなかった。空母を核抜きで配備すれば、他国からも同様の要求を招き、米軍の海上核配備に波及する。さらに一九六三年四月に行われた駐日米大使ライシャワーとの会談で当時外相の大平正芳が「日本領海、港湾内にある艦船上の核兵器」を事前協議の対象外とする米側の理解を受け入れており、法的にも事前協議は不要だと強調したのであった。

一九六三年四月の大平・ライシャワー会談では、ライシャワーが核を搭載した米艦船の寄港、通過について、事前協議を要する「持ち込み（introduction）」に該当しないことを日米間で確認したとされる。しかし、核搭載空母の母港化は、それが日本の領土上ではないにしても、限りなく「持ち込み」に近い状態が継続することを指す。レアードが意図的に拡大解釈を行ったのかは不明だが、これ以降核兵器は艦船上にあれば、たとえ日本に常駐していても「持ち込み」ではなく、事前協議は不要とされたのである。(48)

(三) 事前協議回避の決定

駐日大使時代から国務次官アレクシス・ジョンソンは、日本を米国の陰に隠れて事前協議を回避するという「贅沢」を浪費する無責任な国家から、真の同盟国に変える必要性を論じてきた。(49)横須賀の空母母港化は、アジア太平洋で進行する米軍再編に日本がいかに主体的に関与するのかが問われる局面であったにもかかわらず、結局は事前協議を取り巻く曖昧さを維持することが双方の利益、という結論に落ち着くことになった。

一九七二年八月、ハワイ・ホノルルで米大統領ニクソンと新首相田中角栄による首脳会談が開催された。会談では米国の対日貿易赤字、日中国交正常化といった今後の両国関係を規定する懸案が話し合われた。横須賀の空母母港化について米側が日本政府に通知を行ったのもこの会期中であった。

八月三一日、ハワイのホテルでは国務次官ジョンソンが田中政権で再び外相に就任した大平正芳に向き合っていた。(50)ジョンソンはまず、西太平洋に展開する米空母は「日本に対する核の傘」の重要な要素であると強調し、その上で米艦船の利用実績がある横須賀に空母を母港化したいと要請している。

ジョンソンは、従来の米艦船寄港と実質的な変化はないと強調し、違いがあるとしても、横浜地域に八〇〇程度の家族が新たに移住し、通常一週間程度の停泊期間が約二週間に延びるだけだと述べた。そのため日米安保条約上の事前協議は必要ではないとして、こう述べている。

一九六三年のあなたとライシャワー大使との協議に関する限り、状況に変化はないと考えます。これは日本における艦船の配置ではありません。家族がそこにいるというだけの話です。

ジョンソンは慎重に言い回しを選んだようである。母港化が事前協議を要する「重要な配置の変更」には該当しないことを強調した上で、核持ち込みを表す「イントロダクション（introduction）」は一切使用しなかった。その説明は、核兵器を搭載した米艦船が日本に常駐しても、それが「艦上の核」であれば持ち込みには当たらない、とする米側の新解釈を示したものであったが、大平は反論せず「真剣に検討する」と回答した。

一九七三年一〇月に入って国務・国防両省は、在日米大使館に対してホノルル会談を基礎として日本側と正式に空母母港化に関する協議を開始するよう指示した。[51] 訓令の中でも、母港化と寄港の違いは家族の移住を伴うことに過ぎず、大平・ライシャワー会談での確認事項に基づいて事前協議の必要がないことが念押しされた。核問題に関して敏感な日本の世論に配慮し、事前協議の問題を回避するためにも空母配備については「母港化」や「前線配置」ではなく「長期展開」と表現するようにとの指示も付け加えられていた。

空母母港化に関する実際の交渉は同年一〇月一三日に始まったが、日本側も事前協議問題を回避したいという点では立場は同じであった。母港化交渉で米大使館は、大平・ライシャワー会談について外務省の見解を求めたが、日本側は核問題に触れようとはしなかったという。駐日米大使インガソルはこれについて「日本側は基本的に米政府の要求を受け入れる姿勢であることを示した」と報告している。[52] この間、日米は事前協議の回避という点では歩調を同じくしていたが、本来協議すべき事柄である空母母港化が有する意義に関して深く議論した形跡はないのである。[53]

一一月、日米間の書簡交換によって正式に横須賀の空母受け入れが決定された。[54] 一二月一五日には、米海軍が空母

「ミッドウェイ」の横須賀配備を正式に発表したが、結局、母港化計画は「海外家族居住計画」と表現されることになった。日本に配備される空母が核を搭載しているのか否かという問いに対しては、首相岸信介と大統領ドワイト・アイゼンハワーによる一九六〇年一月の日米首脳会談の共同声明に則って「日米安保条約の事前協議に懸かる事案について米政府は日本政府の意思に反して行動する意図はない」と回答するとの米政府の方針が決まっていた。(55)

空母「ミッドウェイ」は一九七三年一〇月五日、数千人が抗議デモを繰り広げる中で横須賀に入港した。米側は空母母港化に関する日本の協力姿勢を、米軍の軍事的行動の自由を保障するものとして高く評価した。(56)その後、インデペンデンス、キティホーク、ジョージ・ワシントンと空母は代替わりするが、現在に至るまで日本が唯一の米空母海外母港となっている。

三　暴露騒動をめぐって

(一)　ラロック証言の波紋

日米両政府は、空母「ミッドウェイ」の母港化を「家族の移住」と読み替えるなどの共同作業によって巧みに事前協議を回避したが、元米海軍幹部の証言により、これまでの不自然な理屈のほころびが晒されることになった。

ミッドウェイが横須賀に就役した翌年の一九七四年九月一〇日、退役米海軍少将のジーン・ラロック（Gene R. La Rocque）が米連邦議会合同原子力委員会軍事利用小委員会において「核兵器を運搬する能力のあるあらゆる艦船は、核兵器を搭載している。それらの艦船が日本や他国に入港する際に核兵器を降ろすことはない」と証言した。(57)翌月にラロック証言が公表されると、ミッドウェイや他の米艦船が核兵器を搭載したまま日本に入港していたとのではないか、との疑惑が広がった。横須賀市はミッドウェイ寄港拒否の方針を発表し、日本政府に疑惑解明を求めた。外務省はこれに対して、米側から事前協議の申し入れがない以上、核兵器は日本に持ち込まれたことはない、という従来の説明を繰り返したが、事態収拾に向けた検討を水面下で始めていた。

一〇月下旬、外務省条約局長松永信雄が対応策を思案したメモをまとめている。[58] 松永のメモ「事前協議問題に関する件」は、ラロック証言がもたらした問題の核心を「事前協議が一時立寄り（寄港）[59]にも適用されるとの政府の了解は米国政府の了解と食い違っているのではないか、然らざれば一時立寄りは事前協議から除外するとの秘密協定があるのではないか」という点だとする。こうした疑惑が深まった背景には、日本政府が問題回避を重ねてきた上、近年の戦術核をめぐる発達で多くの米艦船の核搭載が可能になったこと、さらにはミッドウェイ母港化が影響していると指摘した。

松永はメモの中で、政府が「追い詰められた憂心の形」で実態を吐露する最悪の事態を避ける必要があるとして、次の選択肢を提案した。①従来の立場を維持、②従来の政府解釈の誤りを認め、寄港は事前協議の対象外とする、③従来の見解を維持しつつ、寄港は「持ち込み」に該当しないとして事前協議の対象外とする、④ミッドウェイに限定して核を搭載していないことを表明する、⑤補助的取り決めを結び、持ち込みは寄港を含めて事前協議の対象とする一方、核搭載の航空機については日本滞在日数を限定する。

いずれの案も損失を伴う上、米国の理解が必要となる。これまでの方針を変更する場合は、安保改定時にはその後の軍事的発達を予想しておらず、事前協議制度の内容を再検討する時期が来た、と明言するべきであり、米国に対しては「ミッドウェーの母港化以降、高まりつつある政府不信の問題を放置することは結果として安保体制そのものの破壊を将来することになりかねない」と説得するべきだと進言した。

(二)「非核二・五原則」を模索

米核搭載艦船と事前協議制度の関係見直しをめぐる外務省の検討作業は条約局中心に行われ、日本政府の立場として「核兵器『持ち込み』の概念を明確化し、単純な領海通過及び一時寄港は(持ち込みに)該当しないことを確立する」方向で意見を集約した。(60) 外務省から説明を聞いた臨時外相代理の大平正芳は、外務省の考え方に同意し、秋に予定された米大統領ジェラルド・フォード(Gerald R. Ford)の来日までに対米折衝を進めるよう指示した。(61) ニクソンは八月九日にウォーターゲート事件の責任を取る形で退任し、代わって副大統領フォードが大統領に就任していた。

外務省は①非核三原則との整合性②従来の日本政府の立場との整合性③国会対応、の三分野で別途取り決めが必要になると判断していた。新たな立場は非核三原則を限りなく「非核二・五原則」に近づける内容であり、一九七二年一〇月の臨時国会で国会決議化されたばかりの非核三原則と核搭載艦船の寄港容認との整合性をどうつけるかが難題であった。さらに核搭載艦船の寄港を「持ち込み」に含まないとの立場を公表した場合、これまで日本政府が公言してきた「transit(通過および寄港)は事前協議の対象」とする説明との矛盾をどう処理するか、回答を迫られることになるのである。

日本側がフォード来日直前に、日米合意を前提として作成した総理発言案に添付された説明資料から、日本政府の最終的な立場を知ることができる。(62) それは、次の内容から構成されていた。①領海通過及び寄港は核の「持ち込み」としない、②通過、寄港中に米艦船が核兵器を使用する場合は事前協議の対象となる、③寄港は施設区域のみに限定する、④寄港期間に制約を求める、⑤常時核装備のポラリスは①の例外とし、通過・寄港ともに認めない、⑥核搭載航空機は①の例外であり、上空通過・寄港を認めない。

従来の日本政府の立場と、新たな公式見解との整合性をどうつけるかに関しては、戦術核兵器を搭載する米艦船が増加し、日本にも寄港するに至った現状を挙げて「事態の変化は米国の事情だがこれに対応する措置を執ってこなかった責任がある」と「痛み分けの立場」をとる必要があった。(63) 外務省が作成した国内向け発表文案は、さらに次のように述べている。

米国は核の所在は一切明らかにしないとの最高政策から、わが国の領域に入る米国艦船の核兵器搭載の有無についても明らかにせず、わが国はこれに理解を示してきたが、今後、米国艦船の通過又は一定期間内の寄港の場合については、わが国は米国のこの最高政策を尊重することとした次第である。

わが国としては非核三原則をあくまで守る決意であり、核兵器の持ち込みについても事前協議が行われる場合には、国家危機存亡の場合を除き、これを拒否するとの立場を貫く所存である。

つまり、米艦船の寄港・通過に限って、核兵器の存否について米国の「ＮＣＮＤ（肯定も否定もしない）」政策を非核三原則より優先すると宣言しているのである。核搭載艦船の寄港・通過を事前協議の対象外と認めれば、非核三原則との矛盾が生じることには変わりはないが、「持ち込ませず」原則の放棄を宣言するよりは米国の核政策を尊重すると説明した方が、米国ならびに日本国内向けにも理解を得やすいと考えたからであろう。

㈢　「灰色」は「灰色」のままに

大統領フォードの来日を約一週間後に控えた一九七四年一一月一一日、国務省地域スタッフ会議の席上で国務次官補フィリップ・ハビブ（Philip C. Habib）が日本の「核に関連する興味深い提案」をヘンリー・キッシンジャーに伝えた[64]。フォード政権で国務長官として留任したキッシンジャーは、この会議を利用して地域懸案の整理を行うのが常だったが、この日は金権問題で苦境に立つ田中政権が話題になった。

ハビブの説明では、日本政府がミッドウェイの母港化中止と引き換えに、核搭載艦船の寄港または通過を公式に認める用意があるという。ハビブは、日本側の提案について、過去の日米関係の特徴だった「不実さ」について「曖昧な態度を取る必要がなくなる」メリットがある一方、「日本が以前も核搭載艦船の寄港を受け入れていたことを認めたくない」点が「ややこしい」という。一一月八日、核持ち込み問題でハビブに提案を申し入れた駐日米大使安川荘は、過去の経緯をどう説明するかが難題であり「日本国民をだましていた」となれば、日米安保体制にも波及するとして米側に協力を求めていた。これ以前にも、日本側の要望に応えて「日本に核が持ち込まれたことはなかった」と言明すれば、核の存否を答えないNCND政策に反すると在日米大使館公使シュースミスが外務省に伝えており、米側にとって日本側提案には受け入れ困難な側面があった[65]。

さらに懸念されたのは、日本側の見解変更が混乱を引き起こした結果、米側の軍事的柔軟性が大きく制限される事態だった[66]。大統領訪日に際し米側は世論の圧力を受けた日本政府が日本に寄港するすべての米艦船から「核抜き」を要求することも予想して、韓国に港湾の提供まで依頼していた。駐日米大使ジェームズ・ホドソンは一一月一五日、外務次官東郷文彦らに「政治指導者がイニシアチブをとり、かつリスクを取る用意があるのか」と念を押している[67]。結局、大統領訪日までに合意したのは、日米首脳会談で核搭載艦船寄港に関する日本政府の立場を説明し、詳細は日米外相会談で協議するとの手順だけであった。

一一月一九日、日米首脳会談が行われた。首相田中角栄は外務省が用意したペーパーを読み上げる形で、ラロック証言以来、核持ち込み疑惑への対処をめぐって日本政府が難局に立たされており、国民への回答を迫られていると述

べたが、核搭載艦船の寄港・通過に関して日本が打ち出す新たな立場には触れなかった。(68)
具体的な議論が行われるはずの日米外相会談では、キッシンジャーは新たな日米間の取り決めは不要との立場を明らかにした。(69)「核持ち込み問題が日米間の協力関係の credibility（信頼性）に問題を投げかけていることは事実」と切り出した外相木村俊夫に対してキッシンジャーは、この場で話し合うのは適当ではないと述べている。さらに「作戦上の必要となるいくつかの条件があり、これが充たされなければ西部太平洋地域の安全が脅かされる」とし「ひとつの国との関係で一旦先例を作ってしまうと、それがパターンとなって波及し、収拾がつかなくなるという問題もある」と述べた。キッシンジャーは、日本の要請に応じれば、米艦船が施設を利用する各国に対して、艦上の核兵器の存否を回答する必要に迫られかねないと日本側を牽制したのだった。

フォード来日から間もない一九七四年一二月九日、国会で金脈問題を追及されていた田中角栄内閣は総辞職した。レームダックと化した田中に非核三原則を「二・五原則」へと変える余力は残されていなかった。新首相に三木武夫が、新外相に宮沢喜一が就任すると前政権からの積み残しである核持ち込み問題が取り上げられ、従来方針の維持が決まった。核政策の修正を行えば、日本国民の激しい反発を招くのは必至であり、米艦船の入港が阻止されるなど横須賀、佐世保が米海軍基地として使い物になる事態は日本にとっても得策とはいえなかった。(70)一二月二四日付で外務次官東郷から駐米大使安川に宛てた公電には「核兵器持ち込み問題について、総理、大臣の御意向として従来どおりの線で対処することになったので、ご参考までに」とある。(71)日米双方は再び、従来の「あいまい政策」を続けることが、日米安保体制の維持には最善だとの結論に落ち着いたのであった。

ラロック証言が明らかになった後、安川がキッシンジャーと交わしたある会話を記録している。そこで、「この問題で間違っていたのは誰なのか？」と尋ねたキッシンジャーに安川は「物事には白と黒のほかに灰色がある」と答えているが、さらに「では灰色は灰色のままにしておけばよいのかね」と問われると安川は「その通り」と肯定した。[72]一連のやりとりからは、核搭載艦船の寄港・通過問題と事前協議制度をめぐる互いの立場について異論を挟まず、国内ではそれぞれが政治的に有利な説明を繰り返すことが好都合だ、という双方の変わらぬ本音が垣間見えるのである。

(四) ライシャワー発言の顚末

ラロック証言の波紋は田中政権退陣を経てほどなく沈静化したが、非核三原則と米艦船の運用実態の間に横たわる矛盾が修正されない以上、その存在を告発する発言に日米関係は揺さぶられる命運にあった。一九八一年五月一八日付の毎日新聞は元駐日米大使エドウィン・ライシャワー[73]の会見記事を大々的に報じた。[74]その中でライシャワーは米核搭載艦船をめぐる日米間の「秘密合意」について明らかにしたため、ラロック証言後、三木武夫、福田赳夫、大平正芳を経て鈴木善幸へと首相が代替わりしていた自民党政権は再び浮上した核持ち込み疑惑への対応に追われることになった。

われわれ（米国）にとって、イントロダクションとは、その核兵器を陸揚げして設置することを意味しました。他方、日本で「モチコミ」とは、日本の領海内に核兵器を単に持ってくるという意味にとっていました。私は、日本国民と米政府の間に、確かに誤解が存在したと思います。そして、しばしば日本政府と米政府との間にも誤解がありました。

インタビューで、このように語ったライシャワーは一九六三年四月四日の大平正芳との会談にも触れ、日本人が望むなら日米安保体制の現実を明らかにしても良い時期だと述べたのであった。元駐日大使の発言はラロック証言を上回る衝撃をもって受け止められ、一九六〇年の安保改定交渉に遡り、核を搭載した米艦船の寄港に事前協議制度が適用されていたのか、という問題に関心が集中した。

この直後、外務省は「『核持ち込み』問題に関する政府の基本的考え方」を発表し、従来通り非核三原則を堅持すること、米艦船による核持ち込みが事前協議の対象であることを表明し、ライシャワーが証言した核搭載艦船の寄港・通過を「事前協議の対象外」とする日米間の合意の存在を否定した。(75)しかし、メディアが核持ち込み問題に関する特集を相次いで組むなど事態収束の兆しが見えない中、日米関係への波及を懸念した外務省条約局では密かに米艦船の寄港にまつわる事前協議制度の運用について見直しを模索することになった。(76)

外務省が後に公開した資料によれば、当時、条約局長だった栗山尚一の試案として考案された見直し案には、核の所在に関する米国のNCND政策を尊重し、通常艦船については核装備の有無を確認しない方針などが盛り込まれた。核搭載艦船の寄港・通過と非核三原則の接点を見出すことを通じて事前協議制度の運用見直しを指向した点で、ラロック証言時に検討された日本政府の「新たな立場」を下敷きとしたものであった。非核三原則の「持ち込ませない」を修正するのではなく、あくまで米国のNCND政策を尊重する、との理屈を採用している点でも同様であった。

栗山案は事前協議制度の運用について米国と新たな取り決めを結ぶことを前提としていたが、日本政府内の一試案にとどまった。栗山によれば試案を外務省の関係部局に配布したが、「君の言うことは分かるけれど、これちょっとどうにもならんな」が上司の反応であったという。

(五)　日米関係の修復と事前協議制度

ニクソン・ドクトリンを柱とする米外交の新機軸と、それが引き起こした相互不信に揺さぶられた日米関係は、一九七四年になって米政権がニクソンからフォードへ、そして日本の政権が田中内閣から三木内閣へと移行するに伴い修復に向かった。

大統領フォードはニクソン政権の外交政策を継承する方針だったが、一九七五年の独立を契機に始まったアンゴラ内戦で、ソ連とキューバによる軍事支援を受けたアンゴラ解放人民運動が勝利すると、デタントに対する批判が強まった。デタントに懐疑的なドナルド・ラムズフェルド（Donald H. Rumsfeld）が国防長官に就任したことで、ニクソン・キッシンジャー流の外交は政権内部からも挑戦を受けることになった。米政権内部でソ連に対する警戒心が再び大きく頭をもたげる中で、日米関係の重要性が再確認されていったのである。

一九七四年一一月にはフォードが現役大統領として初訪日を果たし、翌七五秋には昭和天皇が史上初の訪米を行うなどニクソン政権時に傷ついた関係修復を象徴する出来事が続いたが、その傍らでは安全保障面でも関係再構築の試みが本格化した。三木内閣で防衛庁長官に就任した坂田道太は、デタントに相応した防衛態勢の確立を目指した。(77) 一九七五年一〇月に閣議決定された「防衛計画の大綱」は、「限定的かつ小規模な侵略までの事態」への対処を目標とする「基盤的防衛力」を日本の防衛力として位置付け、日本単独で排除が困難な大規模侵略には、米国の協力を待って対処することを明記した。大綱には防衛力に一定の歯止めを設けることで国民の理解を得る狙いがあったが、必要最小限ゆえに米軍との協力が不可欠とされたのである。

防衛大綱は、米軍と自衛隊との役割分担を明確にする初の理論を提示した形となり、「日米防衛協力のための指針」（ガイドライン）策定へと道筋を開いた。福田赳夫政権下の一九七八年一一月に開催された日米安全保障協議委員会で正式合意されたガイドラインは、日本有事、極東有事、また侵略を未然に防止するための態勢についての日米協力の概略を定めた。「米国は核抑止力を保持し即応部隊を全面展開する」と安保改定で合意した日本有事での米軍来援が初めて具体的に確約された。なお、一九九〇年代に入って本格的な議論が行われた極東有事については、当時の法的・政治的制約から日本が米軍への「便宜供与」を研究する、と数行の記載しかないが、米軍の補完部隊としての自衛隊のその後の役割拡大に根拠を与えることとなった。

防衛大綱やガイドライン策定は、日米安保体制の「制度化」をもたらすものであり、七〇年代前半に自主防衛論や離反の可能性を浮上させた日米関係が、安全保障面においても従来の枠組みへと引き戻されたことを意味していた。空母「ミッドウェイ」の横須賀母港化も同盟関係の改善につながり、米軍の前方展開を強化した点で「制度化」に資する日米合意として位置付けられよう。ソ連海軍の脅威が強く認識された八〇年代の「新冷戦」で、第七艦隊は日米同盟における「盾と矛」の役割分担の「矛」と目されたのである。日本にとっては、改めて核・非核両面での米国の抑止力への依存が確認され、米軍の基地使用を保証するため一層の貢献が必要とされた。その過程において、事前協議制度は依然として米軍の基地使用を確実にする政治的装置として、日米安保体制を支える機能を担った。同時に実際の協議を回避するための「制度化」も進行したのである。

七〇年代、日本政府内では事前協議制度の運用を見直す動きが幾度となくみられたが、防衛面での対米依存を見直し、抑止力を主体的に捉える試みとしてではなく、国内の安保論議を沈静化させるための対処療法として提起された。そのため、事前協議制度をめぐる議論では、協議すべき内容や制度発動のメカニズムには言及されず、国内向け説明をいかに修正かつ調整するかに労力が注がれたのである。

ベトナム戦争に絡む基地利用、空母母港化をめぐる事前協議制度の運用に関して行われた対米折衝では、日本政府による制度の説明について米国が日本の国内事情を斟酌することで、実際の協議を回避するための日米間の共同作業が進んだ。具体的には、日米合意の公表形式や内容についての摺り合わせが行われたのである。しかし、米国は軍事的効率性の低下につながる運用見直しには消極的であり、日本政府がそれだけの政治的リスクを引き受けられるとは信じていなかった。暴露証言を端緒として、核搭載艦船の寄港を事前協議の対象外とする立場を公式発表しようとする日本側提案が立ち消えになったのは、日米ともに事前協議制度について国内向けの「あいまいな説明」を続けることが、日米安保体制に悪影響を与えず、むしろ在日米軍基地の柔軟な使用を可能にするとの結論に至ったからである。空母母港化をめぐる交渉などを通じて、あらためて事前協議制度は発動しない制度として確立されたといえよう。修正を試みるには、事前協議制度をめぐる日本国内向けの説明と日米安保体制の実態の乖離はあまりにも大きすぎたのであった。

注

（1）欧州では、西独がブラント宰相の下で一九六九年から七〇年にかけて「東方外交」を展開し、独自のデタント政策を推進した。一九七三年九月には東西両独が国連に同時加盟を果たし、七二年からは全欧安保協力会議が始まるなど大幅なデタントの進展がみられた。

（2）ジョンソン、前掲書、二八六〜二八七頁。

（3）日本は台湾の追放という重要事項を決定するには三分の二の賛成を必要とする「逆重要事項指摘方式」の提案国となったが、「アルバニア案」に破れた。

（4）Memorandum from Johnson to Kissinger (July 20, 1971) CF 1970–73, RG59, NA.

（5）毛里和子、増田弘監訳『周恩来　キッシンジャー機密会談録』（岩波書店、二〇〇四年）文書1、2、10、15。

（6）デスラー・福井・佐藤、前掲書。

（7）田中明彦、村田晃嗣「西廣整輝オーラルヒストリー」National Security Archive U.S.-Japan Project Oral History Program (http://www.gwu.edu/~nsarchiv/japan/nishihiro.pdf 二〇一三年三月一八日閲覧)。防衛事務次官だった西廣整輝氏は中曽根氏の有事駐留論について「余った土地を返してほしいということであって、存在する米軍の軍事力なり機能を削減することは考えなくてよろしいということになった」と回顧している。

（8）Paper presented by Minister Nakasone, enclosed with Airgram from Embassy Tokyo to Department of State (May 22, 1970); Collection of Japan and the United States: Diplomatic, Security and, Economic Relations 1960–76, JU 1252, NSA's website. 一九七〇年七月開催のＳＣＣ（日米安全保障協議委員会）で、中曽根康弘氏は「自主防衛論」について米国の核抑止力を前提としたもので、日本が在日米軍基地を引き継ぐことが日米安保体制の効果的運用に貢献し、ニクソン・ドクトリンに基づく海外基地削減方針にも適っていると主張している。

（9）"Asian Misgivings Concerning U.S. Policy Toward Japan's Role" (January 6, 1970) POL 1 Japan A-12, CF 1970–1973, RG59, NA.

（10）五百旗頭、前掲書。

（11）豊田、前掲書、一五六～一五七頁。

（12）Airgram A-1091, Subject: The US-Japan Security Relationship: Changing Japanese Attitude (November 10, 1972) DEF Japan -US, CF 1970–73, RG59, NA.

（13）国会会議録、衆院外務委員会七号（一九七二年四月一二日）。

（14）国会会議録、衆院沖縄及び北方問題に関する特別委員会一七号（一九七二年六月七日）。同委員会で福田赳夫氏は、補給・偵察の場合も戦闘行動と「密接不可分」の場合は事前協議の対象と説明している。また、Ｂ―52戦略爆撃機が在日基地から出撃する場合には「わが国はこれに対して応諾を与えません」と述べている。

（15）Tokyo 4369, Subject: Prior Consultation Arrangements (April 27, 1972) DEF15 Japan-US, CF 1970–73, RG59, NA.

（16）Tokyo 3738, Subject: Prior Consultation Issue (April 11. 1972) DEF 6 US, CF 1970–73, RG59, NA.

（17）CINCPAC, *Command History*, 1972, vol. II, pp. 623–626.

（18）Memorandum for the Assistant to the President for National Security Affairs, Subject: Topics for Discussion-Japan Trip (June 7, 1972); Collection of Japan and the United States: Diplomatic, Security, and Economic Relations 1960–76, JU 1552, NSA's website.

（19）Memorandum from Erickson to Sneider, Subject: US/Japan Base Issues (October 21, 1972) DEF 15 Japan-US, CF 1970–73, RG59, NA.

（20）「密約」調査に伴う外務省公開文書「事前協議制度について」、その他関連文書①—82（一九七三年一月二五日）。

（21）Tokyo 504, Subject: Security Consultative Committee Meeting-Prior Consultation (January 16, 1973) DEF 1 Japan-US, CF 1970–73, NA. 同文書は二段落目以降が非公開となっている。

（22）State 10874, Subject: Security Consultative Committee Meeting-Prior Consultation (January 18, 1973) DEF Japan-US. CF 1970–73, RG59, NA.

（23）安保運用協議会（ＳＣＧ）は、米大使館公使、外務省審議官級で構成される。具体的には米側出席者が政治・軍司担当参事官、在日米軍司令官、同参謀長、日本側が外務省アメリカ局長、防衛施設庁長官、防衛庁防衛局長、統合幕僚議長。

（24）前掲「事前協議制度について」。

（25）同上。スナイダーが指摘した「伝統的表現」とは核兵器の所在について「肯定も否定もしない（ＮＣＮＤ）」政策に基づく表現を指すとみられる。

（26）Tokyo 1254 (February 2, 1973) DEF 1 Japan-US, CF 1970–73, RG59, NA. 一九七三年一月二四日の折衝については日米両政府の記録が公開されているが、そのニュアンスは異なっている。外務省の記録では、現状では運用に関わる細かい議論ができないと主張する日本側の立場が強調されているが、米側記録では、あくまで「国会対策」として事例研究が必要だと理解を求める日本側の説明が盛り込まれている。

（27）Tokyo 6165 Subject: Second Meeting of SCG (May 17, 1973) DEF 1 Japan-US, CF 1970–73, RG59, NA.

（28）“Defense Cuts to Increase Base Closing,” *Washington Post*, December 17, 1970, A20.

（29）Ambassador Meyer Statement: XI SCC, May 19, 1970, enclosed with Airgram from Tokyo to the Secretary of State (June 11, 1970); Collection of Japan and the United States: Diplomatic, Security, and Economic Relations 1960–76, JU 1267, NSA's website. 米側はこのとき共同使用方式を採用する場合、緊急時の米軍による再使用が確保されることが重要だと念を押している。

（30）Tokyo 9317 (November 17, 1970) DEF 15 Japan-US, CF 1970–73, RG59, NA.

（31）State 207979, Subject: Base Realignments (December 21, 1970) DEF 15 Japan-US, CF 1970–73, RG59, NA.

（32）State 9367 Subject: Homeporting of Seventh Fleet Units in Sasebo (January 18, 1971) DEF 15 Japan-US, CF 1970

-73, RG59, NA. 海軍の海外母港化計画について説明した同公電によると、佐世保以外の候補地はナポリ、アテネ、シンガポールであった。

（33）阿川尚之『海の友情　米国海軍と海上自衛隊』（中公新書、二〇〇一年）一六六頁。

（34）State 9367, op. cit.

（35）Tokyo 625, Subject: Homeporting of Seventh Fleet Units in Sasebo (January 22, 1971) DEF 15 Japan-US, CF 1970-73, RG59, NA. Recent Developments Regarding Our Japan Bases Memorandum from Winthrop G. Brown to the Under Secretary (January 22, 1971) DEF 15 Japan-US, CF 1970-73, NA.

（36）State 12338, Telegram from Alexis Johnson to Ambassador (January 23, 1971) DEF 15 Japan-US, CF 1970-73, NA.

（37）Tokyo 925, Subject: Base Realignment and Homeportig (February 1, 1971) DEF Japan-US, CF 1970-73, RG59, NA.

（38）Tokyo 1413, Subject: Revision of US NAVY Base Realignment in Japan (February 18, 1971) DEF 15 Japan-US, CF 1970-73, RG59, NA.

（39）Tokyo 1936, Subject: Yokosuka (March 4, 1971) DEF 15 Japan-US, CF 1970-73, RG59, NA.

（40）Tokyo 2678, Subject: Revision of USN Base Realignment (March 25, 1971) DEF 15 Japan-US, CF 1970-73, RG59, NA.

（41）Tokyo 2677, Subject: Revision of USN Base Realignment (March 25, 1971) DEF 15 Japan-US, CF 1970-73, RG59, NA.

（42）State 95359, Joint State-Defense Message, Subject: Homeporting Additional Ships at Yokosuka (May 29, 1971) DEF 15 Japan-US, 1970-73 CF, RG59, NA.

（43）Tokyo 625, op. cit.

（44）Letter from the Secretary of Defense to the Secretary of State (May 9, 1972); Collection of Japan and the United States: Diplomatic, Security, and Economic Relations 1960-76, JU 1536, NSA's website.

(45) Memorandum from Ambassador Hummel and Thomas R. Pickering to the Acting Secretary (May 23, 1972); Collection of Japan and the United States: Diplomatic, Security, and Economic Relations 1960–76, JU 1540, NSA's website.

(46) Letter from Acting Secretary Johnson to Secretary of Defense Laird, Subject: Homeporting in Japan (May 26, 1972); Collection of Japan and the United States: Diplomatic, Security, and Economic Relations 1960–76, JU 1541, NSA's website.

(47) Letter from the Secretary of Defense to Secretary of State Rogers, Subject: Deployment of Aircraft Carrier to Yokosuka and Combat Stores Ships to Sasebo (June 17, 1972); Collection of Japan and the United States: Diplomatic, Security, and Economic Relations 1960–76, JU 1562, NSA's website.

(48) 梅林宏道『在日米軍』（岩波新書、二〇〇二年）一六二〜一六五頁。

(49) Papers of U. Alexis Johnson, the LBJ Library. ジョンソン、前掲書。

(50) Memorandum of Conversation, Subject: Homeporting of CVA in Japan, Memorandum of Conversation between Foreign Minister Ohira and Under Secretary Johnson, August 31, 1972, Secret, Collection of Japan and the United States; Diplomatic, Security, and Economic Relations 1960–76, JU 1629, NSA's website.

(51) Telegram 184073, Subject: Extended Deployment of CVA/CVW (October 7, 1972); Collection of Japan and the United States: Diplomatic, Security, and Economic Relations 1960–76, JU 1650, NSA's website.

(52) 梅林、前掲書、一六六〜一六七頁。

(53) 密約に関する有識者委員会による報告書発表に伴い外務省が公表した関連文書の中には、空母母港化に関するものは含まれていないため、日本側の資料からの分析は困難なままだ。その後、空母の核搭載疑惑をめぐる騒動が浮上した際の日米協議に関する文書が多数公開されていることを考えると不自然の感は否めない。

(54) Tokyo 12687, Subject: CVA Deployment (November 30, 1972) DEF 15 Japan-US, CF 1970–73, RG59, NA.

(55) State 227322, Subject: CVA Homeporting (December 16, 1972) DEF 15 Japan-US, CF 1970–73, RG59, NA.

(56) 小谷哲男『空母「ミッドウェイ」の横須賀母港化をめぐる日米関係』（『同志社アメリカ研究』四一号、二〇〇五年）一一二頁。本論文はニクソン・ドクトリン下での在日基地再編と空母母港化の経緯を詳述している。

（57）Joint Committee on Atomic Energy, *Proliferation of Nuclear Weapons: Hearing Before the Subcommittee on Military Applications of the Joint Committee on Atomic Energy* 93rd Cong. Second Session 1974, p. 18.

（58）「密約」調査に伴う外務省公開文書、その他関連文書①—84「事前協議問題に関する件」（一九七四年一〇月二一日）。

（59）当時の外務省作成の文書には、「寄港」「一時立ち寄り」「一時寄港」と異なる表現が混在しており、区別は明確ではない。日本国内向けの説明で、米空母の母港化を「長期展開」「海外家族居住計画」と説明し、通常の寄港と変化はないとしていただけに母港化と区別して通常の寄港を「一時立ち寄り」「一時寄港」と表現していたとみられる。

（60）「密約」調査に伴う外務省公開文書、その他関連文書①—92「事前協議問題について」（一九七四年一〇月二九日）。

（61）「密約」調査に伴う外務省公開文書、その他関連文書①—94「事前協議問題について」（一九七四年一〇月三〇日）。

（62）「密約」調査に伴う外務省公開文書、報告書文書1—11「安保条約問題（総理発言用説明資料）」（日付なし）。

（63）「密約」調査に伴う外務省公開文書「事前協議問題」、その他関連文書①—87（一九七四年一〇月二三日）。

（64）Memorandum, Subject: The Secretary's 8: 00 am. Regional Staff Meeting, Monday, November 11, 1974 (November 12, 1974) Transcripts of Secretary of Staff Meetings, 1973-1977, Lot File 78D443, Records of the Department of the State, RG59, NA.

（65）「密約」調査に伴う外務省公開文書、その他関連文書①—96「核問題に関するシュースミス公使の内話」（一九七四年一一月二日）。

（66）Talking Paper on Japanese Nuclear Issue, Handwritten Memorandum (November, 1974); Collection of Japan and the United States: Diplomatic, Security, and Economic Relations 1977–92, JA 95, NSA's website.

（67）「密約」調査に伴う外務省公開文書、その他関連文書①—100「核問題に関する東郷次官とホドソン米大使との会談要旨」（一九七四年一一月一五日）。

（68）「密約」調査に伴う外務省公開文書、報告書文書1—12「無題（田中総理とフォード大統領との会談録）」（一九七四年一一月一九日）。

（69）同上、「無題（田中総理とフォード大統領との会談録）」。

(70) 波多野、前掲書、二〇八頁。
(71) 「密約」調査に伴う外務省公開文書、報告書文書1―13「(大臣発在米大使あて公電)」(一九七四年一二月二四日)。
(72) 前掲「核搭載艦船の日本寄港問題の経緯」。
(73) ライシャワー発言をめぐる米政府の反応などを示す公文書のほとんどは公開されていないため、先行研究と同様、本論文の記載も主に日本側の文書、証言に依拠している。
(74) 「毎日新聞」朝刊(一九八一年五月一八日)。
(75) 『核持ち込み』問題に関する政府の基本的考え」(外務省、一九八一年五月二三日)。
(76) 栗山著、中島・服部・江藤編、前掲書、二五六頁。
(77) 三木内閣時代の防衛政策については、佐道明広『戦後日本の防衛と政治』(吉川弘文館、二〇〇三年)、植村秀樹『自衛隊は誰のものか』(講談社現代新書、二〇〇二年)、田中明彦『安全保障―戦後年の模索』(二〇世紀の日本二)(読売新聞社、一九九七年)など。

終章　事前協議制度の役割

㈠　新冷戦と日米役割補完の深化

事前協議制度について最終的な検証を行う前に、一九八〇年代以降の同盟の概観と制度の位置付けについて触れたい。

米政府内で顕在化しつつあったデタントと対ソ強硬路線の対立に終止符を打ったのが一九七九年一二月のソ連軍によるアフガニスタン侵攻であった。一九七六年一一月の大統領選で現職のフォードを破った民主党のジミー・カーター（James E. Carter）は、「人権外交」を掲げ、デタントの流れを利用した在韓米軍撤退を選挙公約としていたが、アフガン侵攻の翌月に行われた一般教書演説では、「ペルシャ湾地域の支配を獲得しようとするいかなる外部勢力による企ても米国の死活的に重要な利益に対する攻撃とみなす」と中東石油の権益確保に乗り出したソ連への敵意をむき出しにした。その後、第二次戦略兵器削減条約（ＳＡＬＴⅡ）の批准凍結、モスクワ五輪不参加などの強硬措置を矢継ぎ早に打ち出し、対ソ強硬路線へと舵を切る。

こうして米国は「新冷戦」へと助走を始めるが、それまでの「冷戦」とは性質を異にしていた。一九七五年にサイゴンが陥落、ベトナムでの米国の敗北は動かしようがない事実と化していたが、経済的な疲弊も進んでいた。米国は政治、経済両面で「応分の負担」を果たさない同盟国に苛立ちを強めていたが、日本に対しては貿易摩擦、在韓米軍撤退という二つの圧力の下に防衛力増強が要求された。(1) ニクソン・ドクトリン以降の要求項目である装備調達、防衛費増額といった要求に加え、基地従業員の労務費負担、自衛隊による後方支援が求められたが、「新冷戦」の直前までに、米国は米軍を補完する自衛隊の役割強化をより重視するようになる。一九七八年一一月に、ポスト・ベトナム戦争の新たな日米同盟の役割を視野に入れて策定された「日米防衛協力の指針（ガイドライン）」は、デタントの中で日本の防衛費を維持するために必要とされる国内政治上の正当化の道具となった。米国は防衛費を確保して自国防衛への責任感を抱き、東アジアの安定への貢献志向を持ち始めた日本を評価したのであった。

一九七九年四月のイランでの米大使館人質救出事件の失敗で求心力を失っていたカーター政権に代わって登場したロナルド・レーガン（Ronald W. Reagan）政権は衰退する大国のイメージを払拭すべく「強いアメリカ」の復活を国家目標に打ち出す。対ソ戦略においては、戦略核戦力、通常兵力の両面で劣勢を挽回することが至上命題であり、東アジアではソ連と対峙するパートナーとして、日本に役割分担の強化を通じて実質的な防衛力の増強を迫った。(2) 一九八一年五月八日に発表された首相鈴木善幸とレーガンによる日米首脳会談の共同声明には、日本と極東の防衛には日米間の「適切な役割分担が望ましい」と明記され、さらに同日、ナショナル・プレスクラブで行った演説後の質疑応答で鈴木は「日本の庭先」である周辺海域についてシーレーン防衛を進めていくと発言したのであった。(3) その後、共同声明の文言をめぐって鈴木が「同盟」に「軍事的意味合いはない」と発言したことから紛糾が生じたが、プレスクラブでの「シーレーン発言」は対米公約となり、日本の防衛政策を方向付けることになった。

レーガン政権が負担分担要求を強めた背景には、ソ連の海洋進出に対する危機感があった。米国は欧州が攻撃された場合にアジア太平洋の米海軍艦隊などを欧州に振り向ける「スイング戦略」を採用していたが、空母機動部隊を欧州に投入すれば空白が生じる。ソ連が太平洋艦隊を増強し、新戦略爆撃機バックファイアーを極東に配備する中、第七艦隊の機動力が削がれるのを回避するために日本との「分業」を必要としたのであった。レーガン政権の国防長官キャスパー・ワインバーガー（Caspar W. Weinberger）はこれについて、鈴木訪米に先立つ会談で外相伊東正義に「米国が核の傘を提供し、横須賀にミッドウェーを配備する」代わりに日本が「本土防衛と防空、太平洋北東のシーレーン防衛」に責任を持つことだと説明している。(4)

こうした米国の戦略変更に伴って日本に対する役割分担構想は、一九八二年一一月に誕生した中曽根政権下で着々と実行に移されていく。(5)「戦後政治の総決算」を掲げた中曽根康弘は対米自立を目指すナショナリストを自認していたが、首相就任後に重視したのは鈴木政権で停滞した対米関係の改善であった。一九八三年一月一七日の訪米を前に、防衛費を原案の六・一％から六・五％としたほか、一月一五日には対米武器技術供与を武器輸出三原則の例外とする内閣官房長官談話を発表した。訪米時には米紙とのインタビューで、ソ連のバックファイアー爆撃機の侵入に対し「不沈空母」の役割を果たすべきだと発言し、日本が「西側の一員」として能動的に米軍との分業を受け入れる意向を明確にした。(6)これまでの基地使用をめぐる枠組みではなく、日本が米軍を支える役割を果たすことが日米の防衛協力となった。

この後、中曽根政権はガイドラインの下で日本の防衛政策を進めていく。一九八三年三月には日米防衛協力小委員会でシーレーン防衛の共同研究を行うことが決定し、青森県三沢基地への米空軍F―16戦闘機配備が実施された。防衛費の対GNP比一％突破をもたらした一九八五年の中期防衛力整備計画では、海上交通路保護と対空能力向上に力点が置かれた。(7)F―15や対潜哨戒機P３Cの大規模配備が始まり、対ソ封じ込めを可能とする防衛力整備が行われた。自衛隊は有事を想定した演習などで米国の核戦力を担う空母機動部隊を護衛し、護衛艦や対潜哨戒機がソ連の潜水艦を探知する役割を担った。その任務は、千島・津軽・対馬三海峡をソ連海軍から封鎖することである。

新冷戦は日本の防衛政策に質的な変化をもたらした。自主防衛と日米安保体制の路線対立は、中曽根政権発足と共に日米同盟重視の明確化という形で決着したといえよう。それに伴い「日本防衛」に関して米軍が自衛隊を補完する構造に重点を置いていた日米防衛協力も、「極東防衛」に関して自衛隊が米軍を補完する構造へと変換を遂げたのである。この質的変換は「米国と西側諸国を守ることが、日本防衛につながる」という論法で正当化された。一九八三年二月四日の衆院予算委員会で、「極東有事」で自衛隊が米軍艦船を護衛することは集団的自衛権行使に該当するかを尋ねられた中曽根が、「日本が侵略された場合」と状況を「日本有事」に置き換えて「日本防衛の目的で米艦船が日本救援に駆けつける。それが阻害された場合に自衛隊が救出するのは個別的自衛権です」と回答したのは象徴的である。[8]「日本防衛」と「極東防衛」の境界を曖昧にすることで、米軍と自衛隊の補完関係追求を同盟の目的に掲げることが中曽根の狙いであった。

同盟の質的変換が可能となったのは、かつて中曽根が「対米従属の象徴」とした在日米軍基地が沖縄返還後の再編で関東地方を中心に大幅に縮小されたことも寄与していた。キャンペーンとしての基地縮小が政治的な訴求力を失う中で、中曽根は日米防衛協力への積極参加という形で「対等性」を追求したとみることも可能だろう。しかし、前提とされたのは、依然として三沢、横須賀、沖縄の米軍基地の安定的運用であった。日本が軍備増強に突き進む一方、在日米軍駐留費負担（思いやり予算）も増加の一途をたどり、中曽根政権最後の一九八七年度には一〇〇〇億円を超えた。[9]同年一月の閣議決定では「特別協定」を設け、さらに労務費負担を受け入れることになった。これは日本の自発性に基づく「思いやり予算」から協定形式による米軍支援の義務化を意味した。[10]

ソ連の脅威を盾に、米国の核の傘と基地を日本が支える構図も完成されていった。「極東防衛」が「日本防衛」と同義に読み替えられ、この二つが交換可能な定義となった。その帰結は、在日米軍基地をめぐる日本国内での議論の枠組みの崩壊であった。基地使用の目的が曖昧になることで、事前協議制度が有名無実化したのである。また、基地使用よりも対米軍事協力の不足（いわゆるただ乗り批判）が強調されたために自衛隊による補完の在り方に関心が集まることとなった。事前協議制度は「極東防衛」を必要とする事態を迎えたときに日本の主体性を確保するための手段とされていたが、冷戦を戦う米国を積極的に補完することが日本の「主体的」な政策となった以上、その必要性が喚起されることはなかったのである。

(二) 安保再定義と新ガイドライン

一九八九年二月にソ連軍によるアフガン撤退が完了し、同年一一月にはベルリンの壁が崩壊した。年末にかけて東欧では共産主義政権が次々と崩壊した。こうした東欧での異変を前に米大統領ジョージ・ブッシュ（George H. W. Bush）は一九八九年一二月三日にソ連共産党書記長のミハイル・ゴルバチョフ（Mikhail Sergeevich Gorbachev）とマルタ島で会談し、冷戦の終結を宣言した。一九九一年、米国は空母や攻撃型潜水艦から戦術核を引き揚げる方針を打ち出し、核兵器の世界でも冷戦を葬る儀式が行われた。戦後米外交の大転換だったが、それは日米両国の枠組みにおいてもレーガンと中曽根両首脳の緊密な関係が押さえ込んできた潜在的な摩擦要因を顕在化させる契機となる。

冷戦時には想定できなかった地域紛争が勃発したが、一九九〇年八月のイラクによるクウェート侵攻は、米国が主導する冷戦後の秩序形成への挑戦であった。米国と共に約三〇ヵ国が多国籍軍を形成し、イラクで「砂漠の嵐」作戦を展開した。日本は多国籍軍や周辺諸国に計約一三〇億ドルを拠出したが、米国の要求に押されるように追加支援を積み重ねた結果、突きつけられた評価は「あまりにも少なく、あまりにも遅い」であった。自衛隊派遣を目的とした「国際平和協力法案」は国会論議の紛糾で廃案となり、湾岸戦争後、ペルシャ湾に掃海艇を派遣するだけにとどまった。新冷戦下で「極東防衛」を「日本防衛」に読み替えることで米国を支援してきた日本だったが、遠く離れた中東で起きた戦争をどう支援するのかについては格好の理屈を見出せなかった。

かねてからの貿易摩擦は、九〇年代に入って日米関係全体に波及しつつあった。一九九三年一月に発足したビル・クリントン（William J. Clinton）政権は、日本を安全保障上の同盟国としてよりも、経済的な競合国として捉えた。政権発足早々に経済版NSCに該当する国家経済会議（NEC）を立ち上げたが、その主な対象は日本であった。

米国で新政権が誕生したこの年、日本では政治改革の行き詰まりから自民党が分裂し、宮沢喜一内閣への不信任決議案が可決され、解散総選挙となった。総選挙で過半数議席を確保できなかった自民党に代わり、一九九三年八月に日本新党の細川護熙を首班とする初の非自民連立政権が誕生した。三八年間にわたる自民党の一党支配が崩れ、五五年体制に終止符が打たれたのである。一九九四年二月には、クリントンと細川両首脳が初の会談を行ったが、主要議題はやはり貿易問題であった。クリントンは米国製品のシェア拡大に向け数値目標の設定を迫ったが、反米感情を強める世論に配慮した細川はこれを拒絶し、日米関係は一層ぎくしゃくしたものとなっていく。

この頃、貿易摩擦とは別に日米関係に影を落としたのが北東アジアの安全保障問題である。一九九三年三月、北朝鮮が核不拡散条約（NPT）脱退を表明、五月には能登半島沖に向けて中距離弾道ミサイル「ノドン一号」を発射した。さらに一九九四年四月の南北会談で北朝鮮側代表が「戦争になればソウルは火の海」と発言すると、朝鮮半島情勢は一気に緊迫した。水面下では、米軍が朝鮮有事の作戦計画「５０２７」の発動を検討するなど米朝は開戦寸前であった。この間に露呈したのは、日米同盟の機能不全である。米国は米軍による日本国内の港湾利用など開戦時の支援を打診したが、政界再編後の混乱に振り回されていた日本側に確かな回答を導き出すことは不可能であった。元米大統領ジミー・カーターが特使として訪朝し、北朝鮮国家主席金日成との会談で核開発凍結の合意を取り付けたことで開戦の危機は回避されたが、朝鮮半島が戦闘の縁に近づいていたその間、日本の首相は宮沢喜一（自民）から細川護熙（日本新）、羽田孜（新政党）、村山富市（社会党）と四人も入れ替わった。密かに関係省庁は対米支援について協議を重ねたが、いざとなれば「超法規的措置」しかない、が結論であった(11)。

存在意義を見失い漂流する日米同盟を、沖縄での少女レイプ事件が襲った。一九九五年九月、沖縄県北部で帰宅途中の一二歳の少女を米兵三人が襲ったこの事件では、日米地位協定を盾として起訴前の身柄引き渡しを米側が拒否するなど日米安保体制の暗部が浮かび上がった。事件を契機に基地削減を求める声は沖縄を発火点に全国に広がり、冷戦後も米軍基地が必要とされる理由について多くの国民が納得していないことを浮き彫りにした。基地に代わる日米間の紐帯を印象付ける材料が見当たらない以上、その存在を正当化する行動が必要とされたのである。

同盟の修復作業に着手したのは、村山富市に代わり一九九六年一月に連立政権の首班となった自民党の橋本龍太郎であった。橋本は首相就任から約一ヵ月後にカリフォルニア州サンタモニカで行った会談で、クリントンに沖縄の普天間飛行場返還を要請し、後に正式合意する。日本で米国離れの傾向が強まっていることを懸念し、クリントン政権の経済偏重路線に変更を迫る勢力が米国内にあったことも影響した(12)。一九九五年二月には国防次官補ジョセフ・ナイ（Joseph S. Nye Jr.）らを中心に「東アジア戦略報告」がまとめられ、「地域及びグローバルな安全保障」に資する冷戦後の日米同盟の重要性を打ち出していた。一九九二年にはフィリピンのスービック海軍基地、クラーク空軍基地が反米感情の高まりから閉鎖に追い込まれており、残されたアジアの最重要拠点である沖縄を失わないためには冷戦期の前方展開見直しは喫緊の課題となっていたのである。

一九九六年四月一七日、クリントンと橋本は東アジアで米軍一〇万人体制を維持し、日米同盟が「アジア太平洋地域」の安定と繁栄を確保するための基礎であることを謳った日米安全保障共同宣言に署名した。いわゆる「安保再定義」である。ここで「極東」防衛のための日米安保体制は「アジア太平洋」のための安保へと書き換えられることになった。沖縄返還で日本が韓国・台湾・ベトナム防衛に絡む在日米軍基地の使用を認めたように、橋本は普天間基地返還と引き換えにアジア太平洋の安定維持という名目下での基地使用を容認した。共同宣言と同時に発表された日米合意には、一九七八年に策定された「日米防衛協力のための指針」(ガイドライン)の見直しが盛り込まれていた。

前提条件とされた沖縄県内移設が「基地転がし」との反発を呼び、普天間飛行場返還の日米合意は宙に浮いた形となったが、一方で「安保再定義」で提唱された冷戦後の同盟強化は着々と進んだ。ガイドラインの見直しは、一九九七年九月には素案としてまとまり、一九九九年には新たなガイドラインを法的に可能とする周辺事態法が成立した。新ガイドラインでは日米防衛協力を平素の協力、日本有事への対処、「周辺事態」に分類した上で、人道支援、米軍の施設利用、自衛隊による後方支援などが四〇項目にわたって確認された。(13) 旧ガイドラインが日本有事に重点を置いていたのに対し、新ガイドラインの核心は周辺事態である。周辺事態は地理的な概念ではなく「事態の性質」に着目したものとされ、日本は極東有事を超えた「遠くで起きている戦争」での協力に踏み込み、米軍を補完する体制を整えたのであった。

新ガイドラインは朝鮮半島危機で米軍に対する支援を質した米国の〝宿題〟に対して、その障害となる法制度や憲法の制約を克服するための日本側の回答であった。米軍に対する支援拡大が取り沙汰される中で、新旧二つのガイドラインには、目立たないがさらに重要な相違がある。旧ガイドラインには日米防衛協力の前提として憲法、非核三原則と並んで記載されていた事前協議が、新ガイドラインからは外された。新ガイドライン策定に関わった米国防総省高官は「日米それぞれが〝主体的〟に行動すると決めたのだから、事前協議を明記する必要はなかった」と語っている。(14) 日本の主体的判断の結果が、米国が望む内容の協力であるなら事前協議の必要はない、ということである。しかし、日本有事以外での基地使用をめぐる日米協議のチャンネルが事前協議である以上、日本の行動が主体的であれ客体的であれ、周辺事態に絡む行動は本来、事前協議の対象となりうるはずである。むしろ、事前協議制度がガイドラインの前提から外されたことは、米軍による基地の自由使用を事実上、日本が容認することにほかならない[15]。

元高官らの証言によれば、米側は朝鮮半島危機の際に日本と事前協議を行う準備を行っていた[16]。それまで事前協議は一度も行われたことがなかったが、「開戦となれば日本にとっても危機であり、回答はイエスしかない」と米側は考えていたという。仮に日本が「ノー」と回答するときがあるとすれば、それは日米同盟が破綻したときである。日本の答えにかかわらず米軍は日本の基地を使用して必要な行動を起こしていたであろう。日米安保体制の意匠が変わっても、依然として「有事」の判断を握り、同盟の設計図を描くのは米国であった。

(三) 事前協議制度が果たした役割

冷戦後の「安保再定義」を経ても日米同盟の原型は、基地を貸して守ってもらう「物と人」との交換関係に変わりはない。自衛隊による米軍支援が法的に担保され、防衛協力が拡大するなど「物と人」から「人と人」との交換関係への転換に向けた動きが進行しているようにみえても、「極東」から「アジア太平洋」の安定のためへと在日米軍基地が使用される目的は拡大し、基地運用を安定化するための「思いやり予算」を含む財政支援は継続した。そして、現在に至るまでアジア太平洋の「要衝」とされる沖縄には嘉手納空軍基地をはじめとする主要基地が集中している。米軍に守ってもらう代わりに日本が差し出す基地の価値は、決して減ずることはなかったのである。このなかで事前協議制度はいかなる役割を果たしてきたのであろうか。

事前協議制度がビルト・インされた日米安保改定交渉では、いかなる場合に協議が必要とされるか、制度発動に必要な手続きや連絡、指揮系統の在り方などの詳細は一切取り上げられることはなかった。日本側は事前協議を必要とする米軍の配置や装備の「重要な変更」について、米側とは議論を交わさないまま国内向けの説明を行ったが、米国もこれに異を唱えなかった。一方、国内世論の要請から事前協議の適用が必須とされた「戦闘作戦行動のための基地使用」と「核兵器の持ち込み」は事前協議の対象となると説明されたが、いずれも米側との合意内容とは異なっている。戦闘作戦行動を目的とした基地使用については、朝鮮半島有事では事前協議なしで在日米軍基地からの直接出撃を容認する秘密合意が結ばれた。核兵器の持ち込みについては、最重要懸案とされたにも関わらず、日米双方が問題提起を回避したのであった。

その後、沖縄返還までの約一〇年間、日本国内ではたびたびベトナム戦争などに絡む基地使用に関連して事前協議制度の在り方が国会で議題となったが、日本側からは、制度のメカニズムについて協議を持ち掛けることはなかったのである。この時期に事前協議制度との絡みで最も議論を呼んだのが、米国の原子力潜水艦や空母の日本寄港によって浮上した核持ち込み疑惑であった。非核政策を掲げる日本政府は「事前協議が行われない以上、米艦船が核兵器を搭載している事実はない」と説明してきたが、実際には核兵器の存在について「肯定も否定もしない」とする米側方針に挑戦することはなく、米艦船が核兵器を搭載する可能性については黙認した。米側も、日本側が米艦船の運用を妨げない限りは日本側の国内向け説明を容認したのである。

こうした日米の〝共同作業〟は、事前協議制度が発動しないことを確実にする目的で続けられてきた。日本にとっては、米軍の基地使用に発言権を行使し、対米対等性を確保しているという体面を保つ上で事前協議制度の存続は必要だったが、実際に協議を行って米軍の行動に責任を負うことは、与野党が真っ向から対立する五五年体制下にあっては政治的に困難だと考えられていた。米側にとっては、事前協議を行えば、米軍の行動の柔軟性が損なわれる恐れがあったが、制度を拒否して親米的な日本の保守政権を追い詰めることは、米軍基地の維持を困難にすることを意味していた。日米双方にとって、制度の本質に踏み込まず、事前協議を回避する十分な理由が存在していたのである。

共同作業がある種の完成形に到達したのは沖縄返還交渉であった。安保改定における事前協議制度の設置は、米施政権下の沖縄に米軍が自由に使用できる基地が存在していたために可能になったといえる。その沖縄を日米安保体制に組み入れ、米軍による基地使用に事前協議制度を適用することは米国の極東戦略に根本的な変更をもたらす恐れもあった。だが交渉の結果、日本側は事前協議制度を弾力的に運用することで韓国、台湾、ベトナムに絡む米軍の基地使用を大幅に認める意向を示すことにした。これらの有事を迎えたとき、事前協議で米軍の基地使用の要請にほぼ自動的に「イエス」と回答することを事前に約束した形だった。

返還後の沖縄への核兵器持ち込みの是非が懸案となったが、日本側は「持ち込みを是認したわけではない」とする一方、米側は「必要な場合は、事前協議を通して核兵器の持ち込みを日本側に要請する権利がある」と説明した。実際には想定される韓国や台湾が絡む有事において事前協議が行われることがない以上、日米双方が政治的に都合の良い説明を行うことが可能になったのである。沖縄返還以降は、こうした共同作業はより明確な意図を持って行われた。例えば、装備や配置の「重要な変更」に該当するはずの米空母の横須賀母港化は、日米合意の下に「米軍属の長期移住計画」として発表され、事前協議を必要としない事案として処理された。

事前協議回避を目的に続けられた日米の共同作業が守ってきたものこそが、日本の基地貸与と引き換えに米軍が日本を含む極東防衛に関与する相互依存関係であった。「物と人との協力」という非対称な関係において、どのように米軍に守ってほしいのか、または守られることを拒否するのかについて、発言権を確保するための事前協議制度は日本側にとっては唯一の対米対等性の担保であった。しかし、実際に事前協議を行えば、極東の防衛に資する基地の価値を低減させ、自国の安全保障を依拠する米軍の抑止力の減退を招く恐れがある。こうしたジレンマに陥った日本が行った選択が、形式としての事前協議制度の存続に固執しながらも、実質的な協議を回避することであった。

基地使用の制約に強い警戒心を抱く米国が、最終的には事前協議制度の存続に合意した上、制度運用について日本政府が行う国内向け説明に反論を唱えず、ときには説明ぶりを合わせるなどの協力を行ったのは、基地の価値について現状変更を求める意図が日本側にないことを知悉していたためである。安保改定から沖縄返還に至る道程は、事前協議制度が存在しているが故に日本政府の合意の下で安定した基地運用が可能になるという有用性を米側が認識した過程と重なっている。その判断を下支えするように「事前協議が行われない以上、核兵器の持ち込みはない」「事前協議制度がある以上、日本の意志に反した基地使用はない」と日本政府が繰り返してきた説明によって、日本の基地を拠点に行われる米軍の行動の詳細は質されることはなく、その柔軟性が保持されてきたのであった。

一方で、地域防衛上の責任を負わない日本に対し、在日米軍基地の自由使用という利益を得ながらも、米国は単独で地域の同盟国防衛の義務を負うことになった。基地と安全保障の交換という非対称な関係は、日米安保体制を維持する上でのコストとリスクについて双方から不満が生ずる構造となっている。軍隊を出す方は血を流さない相手を見下し、基地を提供する方はその対価を理解しない相手に不信を覚えがちである。事前協議制度とは、この中で対等な主権国家同士が条約を結ぶという「建前」を守り、基地の価値という「実質」を損なわない、という二つの要請の間で調整を果たしてきたのである。事前協議制度が相反する要請を両立させる調整弁としての役割を確立することで、日米間の非対称な関係は維持、強化されてきた。日米交渉史を振り返るとき、安保改定や沖縄返還、その後両国に生じた軋轢の中にあっても、「物と人との協力」という基本形が変わらないという事実と、事前協議制度の存続には明らかな相関関係が認められるのである。

冷戦の終結は、従来の非対称な協力関係を変える契機となるはずだった。日米が直面する脅威の質とそれぞれの国内事情が変化しただけでなく、ソ連との全面戦争に備えていた時代には明白だった在日米軍基地の戦略的価値にも変化が生じたからである。しかし、日米は「日本防衛」「極東防衛」という異なる目的を持つ同盟から「アジア太平洋」の安定に資する共通の同盟へと書き換えることで日米安保条約の適用範囲を実質的に拡大した。そればかりでなく、日本は米軍の基地運用を自衛隊が支援する仕組みを法的に担保することで、「物」の価値を高める行動に出たのであった。

「極東」から「アジア太平洋」へと適用範囲を拡大させる日米安保体制を日本が支える姿勢を明確にするに従って、「日本防衛」と「極東防衛」の対比を超えた基地使用の在り方にも疑問が投げ掛けられることはなくなっていく。しかし、アジアを取り巻く安全保障環境が大きく変わる中でも事前協議制度が継続してきたのは、互いを守り合う本来の同盟とは違う、いびつな交換関係に依拠した日米同盟において、主体性を確保する手段をいまだに日本が持てずにいるという冷徹な現実を反映している。

(四) 幻想の維持装置として

「発動しない制度」としての事前協議制度の存続は、日本の安全保障を確保する上で在るべき米軍の抑止力とは何か、という問いについて日本政府を思考停止の状態に留め置くこととなった。核の傘と在日米軍基地に依存する現状に挑戦しないことが不文律となっただけでなく、日本の基地や施設を舞台として展開されるであろう「有事」の判断についても米国に委ねることが常態化していく。日本が経済大国の道を歩み、防衛力を増強するに伴って日米間の防衛協力は深化し、安保分野での協議枠組みが増えていった。[17] しかし、事前協議制度が米軍の配置・装備の「重要な変更」を扱う枠組みとされているために、新たに設置された枠組みでは基地使用の在り方は協議対象から外された。むしろ米国が求める安全保障戦略に沿う日米協力が協議されることとなったのである。つまり、発動されない事前協議制度を存続させることを通じて「物と人との交換関係」を残すと同時に、新たな協議制度を導入したのであった。

九〇年代の「安保再定義」を経た日米同盟は、現在も二〇〇一年九月の米同時多発テロを契機として始まった米軍再編（Military Transformation）のプロセスの只中にある。対テロ戦争を戦う米国は「いつでも、どこでも」戦える軍隊への転換を目指し、前方展開拠点の見直しに着手した。予算削減のためにも中核機能を果たす拠点以外は再編成し、同盟国の軍隊を手足として使う発想である。二〇〇六年五月には「抑止力維持と負担軽減」の方針下において日米が在日米軍再編合意を発表し、太平洋から中東までを責任区域とする米陸軍第一軍団司令部をキャンプ座間（神奈川）に移転し、陸上自衛隊司令部を併設、横田基地には北朝鮮からの弾道ミサイルをにらむ日米共同統合運用調整所を設置することを決定した。これによって自衛隊と米軍の司令部機能は統合され、「アジア太平洋」の日米安保体制は地球規模で展開するテロ作戦の拠点へと変容することになった。一方、「負担軽減」の目玉は二〇一四年までの在沖海兵隊八千人（二〇一二年の計画見直しで九千人に変更）のグアム移転とされ、普天間飛行場を機能分散し、うちヘリポート機能を沖縄県名護市辺野古に移転する計画である。(18)

二〇一三年末、沖縄県知事は辺野古沿岸部の埋め立て申請を承認し、海底ボーリング調査が始まったが、普天間飛行場の県外移設を求める県民の反発は根強い。「負担軽減」をめぐる合意進展が停滞し、計画の見直しを迫られる一方で、(19)共同統合運用調整所が運用を開始するなど「抑止力維持」のための措置は進展している。その間米国は、米空軍嘉手納基地に最新鋭のステルス戦闘機F―22Aラプターの事実上のローテーション配備を行い、太平洋艦隊の強化を進め、「海と空との戦争（Sea and Air Battle）」を見据えた戦力配備を図るなど、軍備増強を図る中国を視野にアジア太平洋重視の国防戦略を一層強く打ち出し始めた。これらの同盟強化策に伴う基地態様の変化は事前協議で取り上げられることはなく、最終的な合意を〝出来レース〟とする事務レベルや閣僚級の日米間会合で話し合われるだけであった。米側には中国に近接した沖縄などの基地の脆弱性を指摘する声も出始めたが、脅威の変化に応じた抜本的な兵力構成の見直しに至る動きは在日米軍絡みでは見えてこない。米国は軍事的な軍事目標を対テロ戦争から中国に対するアジア太平洋地域における軍事均衡の維持に転換しつつあるが、日本がこうした情勢の変化に対応できているかは疑問だ。(20)

二〇一四年七月、第二次安倍晋三政権は集団的自衛権の行使容認を閣議決定した。閣議決定では国民への「明白な危険」があり「わが国の存立」を守る上で他に手段がない場合に、集団的自衛権の行使が認められるとしたが、具体的にどのようなケースが該当するかについて政府は「事態発生を受けて個別具体的に判断する」と述べた。政府の解釈次第で際限なく行使の範囲は拡大しうるということである。戦後掲げられてきた「専守防衛」の看板は事実上下ろされ、日本の防衛政策の大転換とされたが、従来の「物と人との協力関係」を変えるようには見えない。

これまでの憲法解釈と現行法では何ができないのか、十分に整理されないまま拙速な行使容認が為された理由として、政府は年末までの完了を目指すガイドライン再改定に間に合わせる必要性を挙げた。日本と中国が対立する尖閣諸島をめぐる有事において米軍の支援を確実にする合意を盛り込むためには、米国が望む米軍と自衛隊の役割分担を強化することが前提になるという。それは、米国の意志に沿うことではじめて日本が自主性を確保できるというねじれた論理に変化がないことを示している。皮肉なことは米側が、中国や周辺国との間に余計な摩擦を煽ってまで日本の役割拡大を求めてはいないことだった。

事前協議制度に適用除外を設けた秘密合意や不透明な運用実態は、平和憲法を掲げ、唯一の被爆国である日本が、米国の核抑止力と在日米軍基地に依存していることの鋭い矛盾を覆い隠すために存在していた。しかし、米国の基地を日本の資金と人で支えるという日米同盟の構図が冷戦によって正当化されると、密約で合意した対米貢献策の多くは公的な義務となった。冷戦後に新たな同盟の意匠が構築される中で深化する防衛協力の内容は、密約をとうに追い越してしまったといえるだろう。密約の存在が明らかにされ、形骸化が証明された事前協議制度が現在も覆い隠しているものは、日本自らが安全保障のビジョンを描き、志向する意志と能力を欠いているという事実であろう。

形骸化を理由に制度を見直すことは、別の枠組みで日本の安全保障にとって真に必要とされる米軍の抑止力と基地態様について、日本自身が思考し、有事の判断に関与するのを迫られることを意味する。過去に幾度も訪れた機会にも関わらず、自ら安全保障の方向性を選び取ることに挫折してきた日本にとって、これほどの難題はない。事前協議制度とは、基地貸与に依拠したいびつな交換関係において、対等に米国と向き合っているという「幻想」を維持するために必要とされていたのではないだろうか。

注

（1）カーター、レーガン両政権下での対日防衛増強要求について、マイケル・グリーン、パトリック・クローニン編、川上高司監訳『日米同盟　米国の戦略』（勁草書房、一九九九年）、第二章、第七章。

（2）一九八二年五月に策定された国家安全保障決定指令32（ＮＳＤＤ32）は、日本が「自国および相互の防衛努力に貢献すること」が東アジアにおける対ソ戦略の要と記載している（http://www.fas.org/irp/offdocs/nsdd/nsdd-032.htm、二〇一三年四月九日閲覧）。

（3）第五章四節参照、また藤本一美、浅野一弘『日米首脳会談と政治過程――１９５１年～１９８３年』（龍渓書舎、一九八四年）五九五頁。

（4）豊田、前掲書、二三六頁。

（5）外岡・本田・三浦、前掲書、第六章。
（6）「不沈空母」発言は日本国内で波紋を呼び、中曽根首相は「不沈空母」もしくは「四海峡封鎖」は口にしていないと否定したが、後に否定を撤回している。
（7）佐道、前掲書、三五九～三六二頁。
（8）国会会議録、衆院予算委員会第四号（一九八三年二月四日）。
（9）前田哲男『在日米軍基地の収支決算』（ちくま新書、二〇〇〇年）一九五～二〇四頁。
（10）一九八〇年代において、経済成長と国家歳入の拡大により日本の米軍受け入れ国支援は増大したが、韓国でも同様の傾向がみられた。他にドイツ、イタリア、クウェートなどが米軍に同様の支援を行っているが、政権交代や金融財政によって米軍駐留費負担の割合が変動しているのに対し、日韓の負担割合は一定の基準で推移しているのが特徴である。特に日本は九〇年代後半から二一世紀にかけて、国内米軍駐留費の七五～七九％を負担するなど「一貫して気前のいい支援」を行っており、その支援規模は突出している（ケント・E・カルダー、武井楊一訳『米軍再編の政治学　駐留米軍と海外基地のゆくえ』日本経済新聞社、二〇〇八年、第八章）。
（11）朝鮮半島危機から安保再定義に至る経緯と水面下の日米両政府の動向については、船橋洋一『同盟漂流』（岩波書店、一九九七年）、秋山昌廣『日米の戦略対話が始まった―安保再定義の舞台裏』（亜紀書房、二〇〇二年）が詳しい。
（12）細川内閣時に発足した諮問機関「防衛問題懇談会」（座長・樋口廣太郎）は、冷戦後の日本の防衛政策を検討、報告書で「多角的安全保障」を提唱した。国際連合や地域機構の重要性を強調したことから日米同盟を軽視する内容との評価があった（五百旗頭、前掲書、三〇一頁）。
（13）新ガイドラインの詳細については、森本敏『安全保障論　21世紀世界の危機管理』（PHP研究所、二〇〇〇年）第五章。なお新ガイドライン制定をめぐる国内議論の錯綜については山本武彦『安全保障政策―経世済民・新地政学・安全保障共同体』（日本経済評論社、二〇〇九年）が詳しい。
（14）豊田、前掲書、二六四～二六五頁。
（15）新ガイドラインで議論となったのは、「周辺事態」に台湾有事が含まれるのかという問題であった。中国側は「周辺」に台湾海峡が含まれるなら、「内政干渉」だとして反発し、日本国内でも「軍事同盟の拡大」を批判する声が上がった。当時の梶山静六官房長官が「日米安保ができた当時のことを考えると（台湾海峡が含まれるのは）否定できない」と発言するなど、日本政府は日米同盟の対象が台湾を含んでいることを否定しなかった（共同通信配信記事、一九九九年八月一九日）。

（16）豊田、前掲書、二六四〜二六五頁。

（17）日米安保条約改定時に設けられた日米安全保障協議委員会は、駐日米大使、米太平洋軍司令官、日本からは外務大臣、防衛庁長官を代表としていたが、九〇年代には米側の代表が国務・国防両長官に改められた。七〇年代にはガイドライン策定を通して日米安全保障協議委員会の下に小委員会が設けられ、九〇年代のガイドライン見直しも担当したほか、安保再定義を契機とした沖縄の基地再編作業を検討する「沖縄に関する特別行動委員会」（ＳＡＣＯ）も小委員会が扱っている。そのほか、防衛技術協力について協議する日米装備・技術定期協議（Ｓ＆ＴＦ）などの枠組みがある。

（18）「再編実施のための日米のロードマップ」（http://www.mofa.go.jp/mofaj/kaidan/g_aso/ubl_06/2plus2_map.html、二〇一三年五月一八日閲覧）。

（19）二〇一二年四月二七日、日米両政府は在日米軍再編見直しの共同文書を発表し、普天間飛行場を沖縄県名護市辺野古へ県内移設する計画について検討の余地を広げる文言を盛り込んだ。また、在沖海兵隊約一万九〇〇〇人のうち約九〇〇〇人を国外に移転する計画とした。

（20）元内閣官房副長官補の柳沢協二氏は、現在のアジア太平洋をめぐる安全保障環境の変化を「アメリカの戦争に巻き込まれないための歯止め」を必要とした時代から、米国が尖閣をめぐる日中対立に巻き込まれることを憂慮する時代になったとしている（筆者による柳沢氏インタビュー、二〇一三年六月一〇日）。

主要参考文献

〔一次史料〕
外務省条約局法規課『平和条約の締結に関する調書Ⅲ昭和二五年九月～昭和二六年一月準備作業』（一九六六年一二月）
外務省条約局法規課『平和条約の締結に関する調書Ⅳ一九五一年一月～二月の第一次交渉』（一九六七年一〇月）
外務省条約局法規課『平和条約の締結に関する調書Ⅴ昭和二六年二月～四月』（一九六八年九月）
外務省条約局法規課『平和条約の締結に関する調書Ⅵ昭和二六年五月～八月』（一九六九年九月）
「いわゆる『密約』問題に関する有識者委員会報告書」
http://www.mofa.go.jp/mofaj/gaiko/mitsuyaku/pdfs/hokoku_yushiki.pdf
「いわゆる『密約』問題に関する調査結果」報告対象文書
http://www.mofa.go.jp/mofaj/gaiko/mitsuyaku/taisho_bunsho.html
「いわゆる『密約』問題に関する調査結果」その他関連文書
http://www.mofa.go.jp/mofaj/gaiko/mitsuyaku/kanren_bunsho.html
外務省、平成二二年度第一回外交記録公開（七月七日）
日米安保条約の改定にかかる経緯①（0120-2010-0791-01）から⑧（0120-2010-0791-08）
大嶽秀夫編・解説『戦後日本防衛問題資料集　第二巻』三一書房、一九九一年
大嶽秀夫編・解説『戦後日本防衛問題資料集　第三巻』三一書房、一九九二年
鹿島平和研究所『日本外交主要文書・年表　第二巻』原書房、一九八四年
神川彦松編『アメリカ上院における新安保条約の審議―議事録全訳』（日本国際問題研究所、一九六〇年）
北岡伸一監修『沖縄返還関係主要年表』国際交流基金日米センター、一九九二年
堂場肇文庫（平和安全保障研究所所蔵）

南方同胞援護会編『沖縄問題基本資料集』南方同胞援護会、一九六八年
内閣総理大臣官房編『佐藤内閣総理大臣演説集』内閣総理大臣官房、一九七〇年
新原昭治編訳『米政府安保外交秘密資料　資料・解説』新日本出版社、一九九〇年
細谷千尋、有賀貞、石井修、佐々木卓也編『日米関係資料集　1945―97』東京大学出版会、一九九九年

CINCPAC, *Command History*, 1965, Vol. II
CINCPAC, *Command History*, 1972, vol. II（以上、米ノーチラス財団）
Digital National Security Archive（http://nsarchive.chadwyck.com/marketing/index.jsp）
Joint Committee on Atomic Energy, *Proliferation of Nuclear Weapons: Hearing before the Subcommittee on Military Applications of the Joint Commitee on Atomic Energy* 93rd Cong. Second Session 1974

U.S. Department of State, Foreign Relations of the United States（以下、FRUSと略す）, 1949, vol. VII, The Far East and Australia（US GPO: 1976）
FRUS, 1950, vol. VI Japan; Korea（US GPO: 1976）
FRUS, 1951, vol. VI, Asia and the Pacific（US GPO: 1977）
FRUS, 1952–1954, vol., XIV, China and Japan, Part2（US GPO: 1985）
FRUS, 1955–57, vol. XXIII, Part I Japan（US GPO: 1991）
FRUS, 1958–60, Vol. XVIII, Japan; Korea（US GPO: 1994）
FRUS, 1961–1963, Vol. XXII Northeast Asia（US GPO: 1996）
FRUS, 1964–1968, Vol. XXIX, Part 2 Japan（US GPO: 2006）

U.S. Department of State, Dipolomatic Records: Central Files, RG59, National Archives.
U.S. Department of State, Dipolomatic Records: Lot Files, RG59, National Archives.

U.S. Department of State, Dipolomatic Records: Foreign Service Posts, RG84, National Archives.
Records of National Security Council, RG 273, National Archives.
Records of Army Staff, RG 319, National Archives.
Records of John F. Kennedy Presidential Library and Museum.
Records of Lyndon Baines Johnson Presidential Library.

〔単行本〕

阿川尚之『海の友情　米国海軍と海上自衛隊』中公新書、二〇〇一年
明田川融『日米行政協定の政治史：日米地位協定研究序説』法政大学出版局、一九九九年
芦田均、進藤栄一、下河辺元春編纂『芦田均日記』（第六巻、第七巻）岩波書店、一九八六年
秋元英一、菅英輝『アメリカ20世紀史』東京大学出版会、二〇〇三年
秋山昌廣『日米の戦略対話が始まった―安保再定義の舞台裏』亜紀書房、二〇〇二年
五百旗頭真編『日米関係史』有斐閣ブックス、二〇〇八年
五十嵐武士『戦後日米関係の形成―講和・安保と冷戦後の視点に立って』講談社学術文庫、一九九五年
五十嵐武士『日米関係と東アジア　歴史的文脈と未来の構想』東京大学出版会、一九九九年
石井　修『ゼロから分かる核密約』柏書房、二〇一〇年
石井　修『冷戦と日米関係―パートナーシップの形成』ジャパン・タイムズ、一九八九年
石川真澄『戦後政治史』岩波新書、一九九五年
伊藤昌哉『池田勇人　その生と死』至誠堂、一九六六年
伊藤之雄、川田稔編著『二〇世紀日本と東アジアの形成　１８６７～２００６』ミネルヴァ書房、二〇〇七年
井上寿一、波多野澄雄、酒井哲哉、国分良成、大芝亮編集委員『日本の外交第2巻　外交史戦後編』岩波書店、二〇一三年
植村秀樹『再軍備と55年体制』木鐸社、一九九五年
植村秀樹『自衛隊は誰のものか』講談社現代新書、二〇〇二年

梅林宏道『在日米軍』岩波新書、二〇〇二年
ロバート・エルドリッジ『沖縄問題の起源―戦後日米関係における沖縄　1945-1952』名古屋大学出版会、二〇〇三年
大河原良雄『オーラルヒストリー　日米外交』ジャパン・タイムズ、二〇〇六年
大嶽秀夫『再軍備とナショナリズム―保守、リベラル、社会民主主義者の防衛観』中公新書、一九八八年
太田昌克『盟約の闇　核の傘と日米同盟』日本評論社、二〇〇四年
大平正芳回想録刊行会編『大平正芳回想録―伝記編』大平正芳回想録刊行会、一九八二年
川上高司『米軍の前方展開と日米同盟』同文館出版、二〇〇四年
我部政明『沖縄返還とは何だったのか　日米戦後交渉史の中で』NHKブックス、二〇〇〇年
我部政明『日米関係のなかの沖縄』三一書房、一九九六年
ケント・E・カルダー、武井楊一訳『米軍再編の政治学　駐留米軍と海外基地のゆくえ』日本経済新聞出版社、二〇〇八年
岸信介、矢次一夫、伊藤隆『岸信介の回想』文藝春秋、一九八一年
岸信介『岸信介回顧録　保守合同と安保改定』廣済堂出版、一九八三年
ヘンリー・キッシンジャー著、桃井眞監修、斉藤弥三郎訳『キッシンジャー秘録　第2巻　激動のインドシナ』、小学館、一九八〇年
北岡伸一『自民党　政権党の38年』中公文庫、二〇〇八年
共同通信社憲法取材班『「改憲」の系譜　9条と日米同盟の現場』新潮社、二〇〇七年
楠田實、和田純、五百旗頭真編『楠田實日記　佐藤栄作総理首席秘書官の二〇〇〇日』中央公論社、二〇〇一年
栗山尚一『日米同盟　漂流からの脱却』日本経済新聞社、一九九七年
栗山尚一著、中島琢磨、服部龍二、江藤名保子編『沖縄返還・日中国交正常化・日米「密約」』岩波書店、二〇一〇年
マイケル・グリーン、パトリック・クローニン編、川上高司監訳『日米同盟　米国の戦略』勁草書房、一九九九年
黒崎輝『核兵器と日米関係』有志舎、二〇〇六年
ジョージ・F・ケナン、清水俊雄訳『ジョージ・F・ケナン回顧録―対ソ外交に生きて（上）』読売新聞社、一九七三年
河野一郎『今だから話そう』春陽堂書店、一九五八年

河野康子『沖縄返還をめぐる政治と外交―日米関係史の文脈』東京大学出版会、一九九五年
後藤乾一『「沖縄核密約」を背負って　若泉敬の生涯』岩波書店、二〇一〇年
坂元一哉『日米同盟の絆　安保条約と相互性の模索』有斐閣、二〇〇〇年
佐藤栄作、伊藤隆監修『佐藤栄作日記』(全六巻) 朝日新聞社、一九九七年
佐道明広『戦後日本の防衛と政治』吉川弘文館、二〇〇三年
信田智人『日米同盟というリアリズム』千倉書房、二〇〇七年
信夫隆司『若泉敬と日米密約　沖縄返還と繊維交渉をめぐる密使外交』日本評論社、二〇一二年
島川雅史『アメリカの戦争と日米安保体制　在日米軍と日本の役割』社会評論社、二〇一一年
下田武三著、永野信利構成・編『日本はこうして再生した　下田武三　戦後日本外交の証言（下）』行政問題研究所、一九八五年
下斗米伸夫『アジア冷戦史』中公新書、二〇〇四年
進藤栄一、下河辺元春編集『芦田均日記』第七巻、岩波書店、一九八六年
マイケル・シャラー、市川洋一訳『日米関係とは何だったのか』草思社、二〇〇四年
マイケル・シャラー、五味俊樹監訳『アジアにおける冷戦の起源』木鐸社、一九九六年
U・アレクシス・ジョンソン著、増田弘訳『ジョンソン米大使の日本回想』草思社、一九八九年
菅英輝、石田正治編著『21世紀の安全保障と日米安保体制』ミネルヴァ書房、二〇〇五年
世界平和研究所編、北岡伸一、渡邉昭夫監修『日米同盟とは何か』中央公論社、二〇一一年
外岡秀俊、本田優、三浦俊章『日米同盟半世紀』朝日新聞社、二〇〇〇年
田中明彦『安全保障―戦後五〇年の模索』読売新聞社、一九九七年
田中明彦『日中関係　１９４５―１９９０』東京大学出版会、一九九一年
I・M・デスラー、福井治弘、佐藤英夫『日米繊維紛争』日本経済新聞社、一九八〇年
東郷文彦『日本外交三十年　安保・沖縄とその後』世界の動き社、一九八三年
ドウス昌代『水爆搭載機水没事件―トップ・ガンの死』講談社文庫、一九九七年

豊下楢彦『安保条約の成立—吉田外交と天皇外交』岩波書店、一九九六年
豊田祐基子『「共犯」の同盟史』岩波書店、二〇〇九年
樋渡由美『戦後政治と日米関係』東京大学出版会、一九九〇年
中島琢磨『沖縄返還と日米安保体制』有斐閣、二〇一二年
新原昭治『あばかれた日米密約』新日本出版社、一九八七年
新原昭治『「核兵器使用計画」を読み解く　アメリカ新戦略と日本』新日本出版社、二〇〇二年
新原昭治『日米「密約」外交と人民のたたかい』新日本出版社、二〇一一年
西川吉光『日本の安全保障政策』晃洋書房、二〇〇八年
西村熊雄『サンフランシスコ平和条約　日米安保条約』中公文庫、一九九九年
日米京都会議実行委員会編『沖縄及びアジアに関する日米京都会議・報告』日米京都会議実行委員会、一九六九年
NHK取材班『NHKスペシャル「戦後50年その時日本は」1—国産乗用車・ゼロからの発進／60年安保と岸信介・秘められた改憲構想』日本放送出版協会、一九九五年
「NHKスペシャル」取材班『〝核〟を求めた日本　被爆国の知られざる真実』光文社、二〇一二年
波田野澄雄『歴史としての日米安保条約　機密外交記録が明かす「密約」の虚実』岩波書店、二〇一〇年
原　彬久『岸信介　権勢の政治家』岩波書店、一九九五年
原　彬久『岸信介証言録』毎日新聞社、二〇〇三年
原　彬久『戦後日本と国際政治：安保改定の政治力学』中央公論社、一九八八年
原　彬久『日米関係の構図　安保改定を検証する』NHK出版、一九九一年
春名幹男『秘密のファイル』上・下、新潮文庫、二〇〇三年
モートン・H・ハルペリン、岡崎維徳訳『アメリカ新核戦略』筑摩書房、一九八九年
ジョージ・R・パッカード、森山尚美訳『ライシャワーの昭和史』講談社、二〇〇九年
福田赳夫『回顧九十年』岩波書店、一九九五年
藤本一美、浅野一弘『日米首脳会談と政治過程—1951年〜1983年』龍渓書舎、一九九四年

藤本博、島川雅史編著『アメリカの戦争と在日米軍　日米安保体制の歴史』社会評論社、二〇〇三年
布施祐仁『日米密約　裁かれない米兵犯罪』岩波書店、二〇一〇年
船橋洋一『同盟漂流』岩波書店、一九九七年
細谷千博監修、A50日米戦後史編集委員会編『日本とアメリカ　パートナーシップの50年』ジャパン・タイムズ、二〇〇一年
アーミン・H・マイヤー、浅尾道子訳『東京回想』朝日新聞社、一九七六年
前田哲男『在日米軍基地の収支決算』ちくま新書、二〇〇〇年
松永信雄『ある外交官の回想　日本外交の五十年を語る』日本経済新聞社、二〇〇二年
宮沢喜一『東京―ワシントンの密談』備後会、一九七五年
宮里政玄『日米関係と沖縄　1945-1972』岩波書店、二〇〇〇年
村川一郎編『ダレスと吉田―プリンストン大学所蔵ダレス文書を中心として』国書刊行会、一九九一年
毛里和子、増田弘監訳『周恩来　キッシンジャー機密会談録』岩波書店、二〇〇四年
森田吉彦『評伝　若泉敬　愛国の密使』文春文庫、二〇一一年
森本敏『安全保障論　21世紀世界の危機管理』PHP研究所、二〇〇〇年
安川荘『忘れ得ぬ思い出とこれからの日米外交―パールハーバーから半世紀』世界の動き社、一九九一年
山本武彦『安全保障政策―経世済民・新地政学・安全保障共同体』日本経済評論社、二〇〇九年
吉田真吾『日米同盟の制度化　発展と深化の歴史過程』名古屋大学出版会、二〇一二年
吉田文彦『核のアメリカ』岩波書店、二〇〇九年
マイケル・M・ヨシツ、宮里政玄・草野厚訳『日本が独立した日』講談社、一九八四年
吉野孝監修、蟻川靖浩、浦田秀次郎、谷内正太郎、柳井俊二編著『変容するアジアと日米関係』東洋経済新報社、二〇一二年
吉村克巳『池田政権・一五七五日』行政問題研究所、一九八五年
エドウィン・O・ライシャワー、徳岡孝夫訳『ライシャワー自伝』文藝春秋、一九八七年
エドウィン・O・ライシャワー、国弘正雄訳『ライシャワーの日本史』講談社、二〇〇一年
ダニエル・ロング編著『小笠原学ことはじめ』二〇〇〇年、南方新社

林代昭著、渡辺英雄訳『戦後中日関係史』柏書房、一九九七年
不破哲三『日米核密約　歴史と真実』新日本出版社、二〇一〇年
ティム・ワイナー、藤田博司、山田侑平、佐藤信行訳『ＣＩＡ秘録』上・下、文藝春秋、二〇〇九年
若泉　敬『他策ナカリシヲ信ゼムト欲ス（新装版）』文藝春秋、二〇〇九年
渡邉昭夫編『戦後日本の対外政策―国際関係の変容と日本の役割』有斐閣選書、一九八五年
渡邉昭夫編『戦後日本の宰相たち』中央公論社、一九九五年

Allison, John M., *Ambassador from the Prarie or Allison Wonderland* (Hughton Mifflin, 1973)
Buckley, Roger, *US-Japan Alliance Diplomacy, 1945–1990* (Cambridge University Press, 1992)
Clark, Lee Ben, *Worst Cases* (University of Chicago press, 2006)
Gaddis, John L., *Strategies of Commitment* (Oxford University Press, New York, 1982)
Halberstam, David, *The Best and the Brightest* (Ballantin Books, 1993)
Immerman, Richard H. ed., *John Foster Dulles and the Diplomacy of the Cold War* (Princeton University press, 1990)
Newtan, Samuel Upton, *Nuclear War I and Other Nuclear Disasters of the 20th Century* (Author House, 2007)
Putnam, Robert D., et. al. (eds.), *Double Edged Diplomacy: International Bargaining and Domestic Politics* (Berkeley: University of California Press, 1993)
Sneider, Richard, *US-Japaese Security Relations: A Historical Perspective* (Columbia University Press, 1997)
Twigge, Stephen and Len Scott, *Planning Armageddon: Britain, the United States, and the Command of Western Nuclear Forces, 1945–1964* (Amsterdam: Harwood Academic Publishers, 2000)

〔論　文〕
小谷哲男「空母『ミッドウェイ』の横須賀母港化をめぐる日米関係」『同志社アメリカ研究』四一号、二〇〇五年
中西　寛「吉田・ダレス会談再考―未完の安全保障対話」京都大学法学会『法学論叢』第一四〇巻一＝二号、一九九六年一一月

坂元一哉「日米安保事前協議制の成立をめぐる疑問―朝鮮半島有事の場合」『阪大法学』第四六巻四号、一九九六年一〇月
日本国際政治学会編「沖縄返還交渉の政治過程」『国際政治』第五二号、有斐閣、一九七四年
日本国際政治学会編「日米安保体制：持続と変容」『国際政治』第一一五号、有斐閣、一九九七年
日本国際政治学会編「国際政治のなかの沖縄」『国際政治』第一二〇号、有斐閣、一九九九年
吉次公介「池田＝ケネディ時代の日米安保体制」『国際政治』第一二六号、有斐閣、二〇〇一年

Burr, William and Jeffrey Richelson, "Whether to strangle the baby in the cradle; The United States and the Chinese Nuclear Program 1960-64", *The International Security*, Winter 2000/01
Eldridge, Robert D., and Ayako Kusunoki, "To Base or Not to Base?: Yoshida Shigeru, the 1950 Ikeda Mission, and Post-Treaty Japanese Security Conceptions", *Kobe University Law Review*, No. 33 (1990)
Kristensen, Hans M., "Japan Under the Nuclear Umbrella: U.S. Nuclear Weapons and Nuclear War Planning in Japan During the Cold War", The Nautilus Institute, July 1999 (http://www.nukestrat.com/pubs/JapanUmbrella.pdf)
Kristensen, Hans M., "The Neither Confirm nor Deny Policy: Nuclear Diplomacy at Work", Federation of American Scientists, February 2006
(http://www.nukestrat.com/pubs/NCND.pdf)
Mckenzie, Matthew G., Thomas B. Cochran, Robert S. Norris, William M. Arkin, "The U.S. Nuclear War Plan: A Time for Change", National Resources Defense Council, 2001
Norris, Robert S., William M. Arkin & William Burr, "Where they were", *Bulletin of the Atomic Scientist*, November/December 1999
Norris, Robert S., William M. Arkin and William Burr, "How much did Japan know?", *Bulletin of Atomic Scientists*, January/February 2000
Reischauer, Edwin O., "The Broken Dialogue with Japan", *Foreign Affairs*, October 1960
Wolfowitz, Paul, "Thinking about the Imperatives of Defense Transformation", *Heritage Lectures*, April 30, 2004

あとがき

本書は二〇一三年度、早稲田大学大学院公共経営研究科に提出した博士論文に加筆、修正等を行ったものである。共同通信のシンガポール支局長として主に東南アジアと日本を往来する傍らで書き綴った論文は気がつけば膨大な量となり、論文審査に当たった諸先生には苦労をお掛けしたかもしれない。今回、単行本出版に際して大幅な改編を行ったが、紙面の制約や私自身の能力不足もあり、先生方からいただいた有益なアドバイスを生かし切れていない部分もあるかと思う。ともあれ、これまでの研究の成果をこのような形で世に出せるのは望外の喜びである。

記者としての取材を通して日米防衛協力の内実に触れたのは約十年前であった。当時、ブッシュ米政権の対テロ戦争支持をいち早く打ち出した小泉純一郎政権下において日米同盟は緊密度を増していたが、一方では沖縄に依然として集中する米軍基地の存在があった。

日本は数字の上では立派な防衛大国であり、自衛隊は事実上の「軍隊」としての役割を果たすようになっていたが、半世紀前に独立を選んだときと同様に米軍基地を必要としている理由については、いくら取材を重ねても「日米同盟にとって重要」という以外に明確な説明を聞くことはできなかったように思う。私たちの多くが在日米軍基地と日米同盟の関係に直面したとき、なぜ一種の思考停止に陥ってしまうのか。その現象を構造的に理解したいと考えたことが、日米戦後史の研究に踏み出す契機となった。

基地を媒介とした日米間の相互協力関係において、最大のミステリーが事前協議制度であった。米軍の基地使用に関する発言権確保を求める日本の国内世論の要請から安保改定時に設置されたこの制度は、現在に至るまで公式には一度も発動されたことがないにもかかわらず、日本の主体性、あるいは日米間の相互信頼の証明として喧伝されてきた。近年では制度の適用除外を認める密約の存在も明らかになっている。設置時から形骸化を余儀なくされた制度がこれまで存続してきた経緯をたどることは、先の疑問に迫ることでもあった。本書が日米同盟をめぐる「常識」がいかに人工的に形成されてきたのかを理解する一助になればと思う。

それは、集団的自衛権の行使容認に踏み出した安倍晋三政権にあっても、歴代政権が志向した「独立」が難航し、米軍基地への依存が変化しない現実を直視することでもある。日米両政府は近く自衛隊と米軍の役割分担を定めた防衛協力指針を再改定し、地理、分野を横断する「切れ目のない」協力強化を打ち出すという。その枠組みにおいて、自衛隊は自国防衛の範を超えて米軍を補完するが、在日米軍基地は依然、同盟を維持、あるいは「深化」させる上で必要な担保と位置づけられている。あたかも日米間には基地を超える紐帯は存在せず、最大の資産を手放すのを恐れているかのようである。ところで、ガイドライン再改定を報じるメディアの見出しは、「地球規模の同盟」であり「日米の一体化加速」であった。奇妙なことに、これらは一九九〇年代にガイドラインが改定された際、そして二〇〇〇年代半ばに米同時中枢テロを受けた米軍再編合意が成立した際の見出しとほとんど変わらない。日米が基地を媒介にした関係である限り、一体化も対等も到達し得ない座標であり、机上の言葉遊びに終始せざるを得ないことを期せずして示しているのかもしれない。

折しも本書執筆中の二〇一四年一一月の沖縄県知事選では、米軍普天間飛行場の県内移設反対を掲げる翁長雄志氏が圧勝した。名護市辺野古沖での新基地建設を推し進める日米両政府が掲げた「沖縄の海兵隊は抑止力維持に不可欠」とする「常識」に県民がノーを突きつけた瞬間であった。たとえば、原爆が投下された広島、長崎に核関連施設を建設するとなれば、または、東日本大震災で東京電力第一原発事故を経験した福島に新たな原子炉を建設すると言えば、政府がいくら必要性を説いても「非常識」だと世論に一蹴されるだけであろう。一方で、第二次大戦において日本で唯一の地上戦を経験し、その後四半世紀にわたって米軍政下に置かれた沖縄に新たな基地を建設することについては、他策がないと片付けてきたのである。長い間、このような非常識を「常識」に転化させてきた〝からくり〟の中核にあったのが事前協議制度であり、制度にまつわる歴史が映し出すのは、基地の存在に依存し、在るべき安全保障の形について思考することを怠ってきた私たち自身の姿かもしれない。日米両国を取り巻く国際情勢が大きく変化する中、同盟に必要な基地の在り方を問うのではなく、日本の安全保障にとって必要な同盟の在り方を問い直す時が来ている。

約三年に及ぶ執筆期間において、博士論文審査の主査を担われた山本武彦先生には大変お世話になった。大学時代に山本ゼミで鍛えられて以来、今回約二〇年ぶりに指導を受けることになったが、当時と変わらぬ情熱と寛容さにいつも励まされた。特派員生活との両立に苦しむこともあったが、辛抱強く叱咤激励していただき感謝している。早稲田大学を退任され、新たな世界に飛翔された先生に御礼を申し上げるとともに、今後の活躍を祈念したい。

副査として論文審査に当たられた早稲田大学の江上能善先生、田中孝彦先生、山田治徳先生には拙い論理構成を正す上で貴重な助言をいただいた。先生方との刺激に満ちた議論を通じて得た知識は、私の財産になっている。そして、外部から審査に加わることを快諾してくれた琉球大学の我部政明先生に御礼を申し上げる。日米安保の最前線・沖縄にあって同盟の「常識」に冷徹な視点で挑戦し続ける先生の仕事は私の道標でもある。吉川弘文館の永田伸氏にも本書の構成を考える上で的確なアドバイスをいただいた。

また、私が現在籍を置いている共同通信外信部の先輩、同僚の記者たちにもこの場を借りて感謝したい。国境を越えて飛び交う情報を追い、記録し続ける彼等の仕事が研究を進める上でも刺激になっている。日米同盟という「結界」の外では、うねりを上げて変容しつつある世界があることを気づかせてくれるからだ。

最後にいつも私を支えてくれる私との母と尊敬する記者でもある夫に、そしていまは亡き父にも心からの感謝の言葉を贈りたい。ありがとう。

二〇一四年一一月、冬深まる東京・世田谷にて

豊田祐基子

関連年表

年月日	事項
一九四五年　八月一五日	戦争終結の詔書放送、第二次世界大戦終わる。
一九四六年　三月　五日	チャーチル、「鉄のカーテン」演説。
五月　三日	極東国際軍事裁判所開廷（四八年一一月一二日、二五被告に有罪判決）。
五月二二日	第一次吉田茂内閣成立。
一一月　三日	日本国憲法公布（四七年五月三日施行）。
一九四七年　五月二四日	片山哲内閣。
九月一三日	芦田均外相、アイケルバーガー第八軍司令官に米軍駐留提案（「芦田書簡」）。
一九四八年　三月一〇日	芦田均内閣。
一〇月一九日	第二次吉田茂内閣。
一九五〇年　四月二五日〜五月二二日	吉田首相、池田勇人蔵相を米国に派遣。米軍駐留案を託す。
六月二五日	朝鮮戦争始まる（五三年七月二七日、休戦協定調印）。
一九五一年　九月　八日	サンフランシスコ講和条約、日米安全保障条約調印（五二年四月二八日、発効）。同時に「吉田・アチソン交換公文」が交わされる。
一九五二年　二月二八日	日米行政協定調印（安保条約に基づき米軍駐留条件を規定）。
一九五三年　一月二〇日	アイゼンハワー大統領就任。
一〇月　二日	池田勇人自民党政調会長訪米、池田・ロバートソン会談（三〇日まで）。
一九五四年　三月　一日	第五福竜丸事件。
一二月一〇日	鳩山一郎内閣成立。
一九五五年　八月二九〜三一日	重光葵外相訪米。ダレス国務長官に安保改定を申し入れ、拒否される。

年	月日	事項
	一〇月一三日	社会党統一大会。
	一一月一五日	保守合同、自由民主党結成。
一九五六年	七月一七日	「経済白書」で「もはや戦後ではない」。
	一二月一八日	国連総会、日本の国連加盟を全会一致で可決。
	一二月二三日	石橋湛山内閣成立。
一九五七年	一月三〇日	群馬県相馬ヶ原演習場で米兵が主婦を銃殺（ジラード事件）。
	二月二五日	岸信介内閣成立。
	六月一六日〜七月一日	岸首相が訪米し、アイゼンハワー大統領との会談で日米「新時代」を強調。
	一〇月　四日	ソ連が世界初の人工衛星スプートニク一号打ち上げに成功。
一九五八年	八月二三日	中国が金門島砲撃開始、米第七艦隊が台湾海峡で戦闘態勢に。
	一〇月四日	東京で日米安保条約改定交渉開始。
	一〇月八日	政府、警察官職務執行法改正案を国会に提出。反対運動が激化。
一九六〇年	一月　六日	藤山愛一郎外相とマッカーサー駐日米大使、日本への核持ち込みと事前協議の関係を記した「討論記録」と朝鮮有事で自由出撃を認める「日米安全保障協議委員会第一回会合議事録」に署名。
	一月一九日	ワシントンで新日米安保条約・協定に調印。「事前協議制度に関する交換公文」が交わされる。
	五月一九日	新安保条約・協定を強行採決。
	六月一五日	全学連主流派が国会突入、東大生樺美智子死亡。翌日、アイゼンハワー大統領訪日延期決定。
	六月二三日	新安保条約発効。岸首相が退陣を表明。
	七月一九日	池田勇人内閣成立。
一九六一年	一月二〇日	ケネディ大統領就任。
一九六二年	一〇月二二日	ケネディ大統領がキューバ海上封鎖を表明（キューバ危機）。
一九六三年	四月　四日	ライシャワー駐日米大使と大平正芳外相が、「討論記録」の解釈を確認。
	一一月二二日	ケネディ大統領暗殺。ジョンソン副大統領が大統領に就任。

一九六四年	一〇月一六日	中国が初の原爆実験に成功。
	一一月 九日	佐藤栄作内閣成立。
一九六五年	二月 七日	北爆開始。
	八月一九日	佐藤首相沖縄訪問、沖縄返還が実現しない限り「戦後は終わらない」と発言。
一九六七年	一一月一二～二〇日	佐藤首相訪米、日米首脳会談で「両三年内」の沖縄返還目途付けで合意。
一九六八年	一月一九日	米原子力空母「エンタープライズ」が佐世保に初入港。
	一月二七日	佐藤首相、施政方針演説で非核三原則を表明。
	四月 五日	小笠原返還協定調印。三木武夫外相とジョンソン駐日米大使が、核再持ち込みめぐる「口頭了解」。
	一一月一〇日	琉球政府主席に革新系の屋良朝苗氏当選。
一九六九年	一月二〇日	ニクソン大統領就任。
	五月二八日	ＮＳＤＭ13承認。
	七月二五日	グアム・ドクトリン発表。同盟国への防衛負担肩代わりを提唱。
	七月	沖縄返還めぐり若泉敬氏とキッシンジャー大統領補佐官の事前交渉始まる。
	一一月一九～二一日	佐藤・ニクソン会談で一九七二年の沖縄「核抜き・本土並み」返還が決定。
一九七〇年	六月二三日	日米安保条約が自動延長。
一九七一年	六月一七日	沖縄返還協定調印。
	七月一五日	ニクソン大統領が訪中発表。
	八月一五日	ニクソン大統領が金・ドルの一時的交換停止を発表。
一九七二年	五月一五日	沖縄の施政権返還。
	七月 七日	田中角栄内閣成立。
	九月二九日	日中国交正常化。
一九七三年	一月二七日	パリでベトナム和平協定調印。
	一〇月 六日	第四次中東戦争開始。産油国が原油価格引き上げへ。
一九七四年	八月 八日	ニクソン大統領が辞任表明。翌日、フォード副大統領が大統領就任。
	一〇月 六日	米議会が、ラロック退役海軍少将が核搭載艦船の日本寄港を認めた証言公開。

年月日		事項
一九七四年	一一月一八日	フォード大統領訪日、核搭載艦船寄港を認める日本側提案は実行されず。
	一二月　九日	三木武夫内閣成立。
一九七六年	七月二七日	ロッキード事件で田中元首相逮捕。
	一一月　五日	政府、防衛費をGNP一％内と決定。
	一二月二四日	福田赳夫内閣成立。
一九七七年	一月二〇日	カーター大統領就任。
	一二月	政府、在日米軍の労務費負担に合意。
一九七八年	一一月二七日	「日米防衛協力のための指針」（旧ガイドライン）決定。
	一二月	日本政府、労務費に加え在日米軍の施設整備費負担に合意。
	一二月七日	大平正芳内閣成立。
一九七九年	五月　二日	大平首相、カーター大統領と会談。スピーチで米国を「同盟国」と呼ぶ。
	一一月　四日	イランで米大使館占拠事件。
	一二月二七日	ソ連、アフガニスタンに軍事侵攻。
一九八〇年	二月二六日	海上自衛隊、環太平洋合同演習（リムパック）に参加。
	七月一七日	鈴木善幸内閣成立。
一九八一年	一月二〇日	レーガン大統領就任。
	五月七〜八日	鈴木首相がレーガン大統領と会談、記者会見でシーレーン千カイリ防衛を表明。「同盟」問題で紛糾。
	五月一八日	ライシャワー元大使による核搭載船の日本寄港を認めた発言が報道される。
一九八二年	一一月二七日	中曽根康弘内閣成立。
一九八三年	一月一七〜一八日	中曽根首相訪米、レーガン大統領と会談。不沈空母発言が問題に。
一九八七年	一月二四日	防衛費の対GNP比一％枠撤廃。
	一一月　六日	竹下登内閣成立。
一九八九年	一月二〇日	ジョージ・H・W・ブッシュ大統領就任。

	六月三日	宇野宗佑内閣成立。
	八月一〇日	海部俊樹内閣成立。
	一二月二～三日	ブッシュ大統領とゴルバチョフソ連書記長がマルタ島で会談。冷戦終結を表明。
一九九一年	一月一七日	多国籍軍がイラク爆撃、湾岸戦争始まる。
	一一月　五日	宮沢喜一内閣成立。
一九九二年	六月一五日	国際平和協力法（PKO協力法）成立。
	九月三〇日	米国、スービック海軍基地をフィリピンに返還。
一九九三年	一月二〇日	クリントン大統領就任。
	三月一二日	北朝鮮、NPT脱退を決定。
	八月　九日	細川護煕非自民連立内閣が成立。五五年体制が崩壊。
一九九四年	四月二五日	羽田孜内閣成立。
	五月	若泉敬氏が『他策ナカリシヲ信ゼムト欲ス』出版、沖縄核密約を暴露。
	六月二九日	村山富市社会党委員長を首班とする自社さ連立政権が成立。
一九九五年	二月二八日	「東アジア戦略報告」発表。日本での米軍の強力なプレゼンス維持を提唱。
	九月　四日	沖縄米兵による少女暴行事件。
一九九六年	一月一一日	橋本龍太郎内閣が成立。自民党主導政権が復活。
	四月一二日	日米両政府が普天間飛行場返還を発表。
	四月一七日	橋本・クリントン会談、日米安全保障共同宣言に署名。
一九九七年	九月二四日	日米両政府が新ガイドライン決定。
一九九八年	七月三〇日	小渕恵三内閣成立。
一九九九年	五月二四日	ガイドライン関連法（周辺事態法）成立。
	一一月二二日	稲嶺恵一沖縄県知事が普天間飛行場の移設先として名護市のキャンプ・シュワブ水域内を発表。
二〇〇〇年	四月　五日	森喜朗内閣成立。
二〇〇一年	一月二〇日	ジョージ・W・ブッシュ大統領就任。
	四月二六日	小泉純一郎内閣成立。
	九月一一日	米同時多発テロ。

年	月日	事項
	一〇月二九日	テロ対策特別措置法成立。一一月に海自護衛艦が米軍支援のためインド洋に出航
二〇〇三年	三月二〇日	イラク戦争開始。
	六月　六日	武力攻撃事態対処法など有事関連法成立。
	一二月二六日	陸上自衛隊をイラク南部サマワに派遣。
二〇〇六年	五月　一日	米軍再編の最終報告に日米合意。在沖縄海兵隊のグアム移転など決まる。
	九月二六日	安倍晋三内閣成立。
二〇〇七年	九月二六日	福田康夫内閣成立。
二〇〇八年	九月二四日	麻生太郎内閣成立。
二〇〇九年	一月二〇日	オバマ大統領就任。
	八月三〇日	衆院選で自民党が歴史的大敗、麻生首相退陣表明。
	九月一六日	民主、社民、国民新三党の鳩山由紀夫内閣発足。
二〇一〇年	六月　八日	菅直人内閣発足。
	九月　七日	沖縄県尖閣諸島付近で中国漁船が海上保安庁の巡視船に衝突。
二〇一一年	三月一一日	東日本大震災。
	九月　二日	野田佳彦内閣発足。
	一二月一四日	オバマ大統領がイラク戦争終結宣言。
二〇一二年	二月　八日	日米が米軍再編計画の見直しで海兵隊グアム移転を普天間返還と切り離して先行する方針表明。
	九月一一日	日本政府が尖閣諸島国有化。
	一一月六日	米大統領選でオバマ大統領再選。
	一二月二六日	第二次安倍晋三内閣発足。
二〇一四年	四月　一日	武器輸出三原則を撤廃、防衛装備移転三原則を決定。
	七月　一日	政府、集団的自衛権の行使容認を閣議決定。
	八月　八日	米軍がイラクで過激派「イスラム国」への空爆開始。九月にはシリアでも空爆開始。
	一一月一六日	沖縄県知事選で普天間県内移設反対の翁長雄志氏が当選。

索　引

あ　行

か　行

さ　行

た　行

な　行

は　行

ま　行

や　行

ら　行

わ　行

著者略歴

一九七二年　東京都に生まれる。早稲田大学政治経済学部卒

一九九六年　共同通信社入社。社会部で防衛庁、憲法取材班、日本人拉致問題、経済部で日本銀行を担当。シンガポール支局長を経て現職

二〇〇六年九月から一年間、米ジョンズ・ホプキンズ大学高等国際問題研究大学院、エドウィン・ライシャワー東アジア研究所客員研究員

二〇一四年三月　早稲田大学大学院公共経営研究科後期博士課程修了、博士号（公共経営）取得

現在、共同通信社外信部記者

〔主要著書・編書〕

『「共犯」の同盟史　日米密約と自民党政権』（岩波書店、二〇〇九年）、『はるかなる隣人—日朝の迷路』（共著、共同通信北朝鮮取材班、共同通信社、二〇〇四年）、『「密約」の半世紀と日米安保』（藤原書店編『「日米安保」とは何か』藤原書店、二〇一〇年）

日米安保と事前協議制度

「対等性」の維持装置

二〇一五年（平成二十七）三月一日　第一刷発行

著　者　豊《とよ》田《だ》祐《ゆ》基《き》子《こ》

発行者　吉川道郎

発行所　株式会社　吉川弘文館

郵便番号一一三—〇〇三三

東京都文京区本郷七丁目二番八号

電話〇三—三八一三—九一五一〈代〉

振替口座〇〇一〇〇—五—二四四番

http://www.yoshikawa-k.co.jp/

印刷＝株式会社　理想社

製本＝株式会社　ブックアート

装幀＝黒瀬章夫

ISBN978-4-642-03843-0